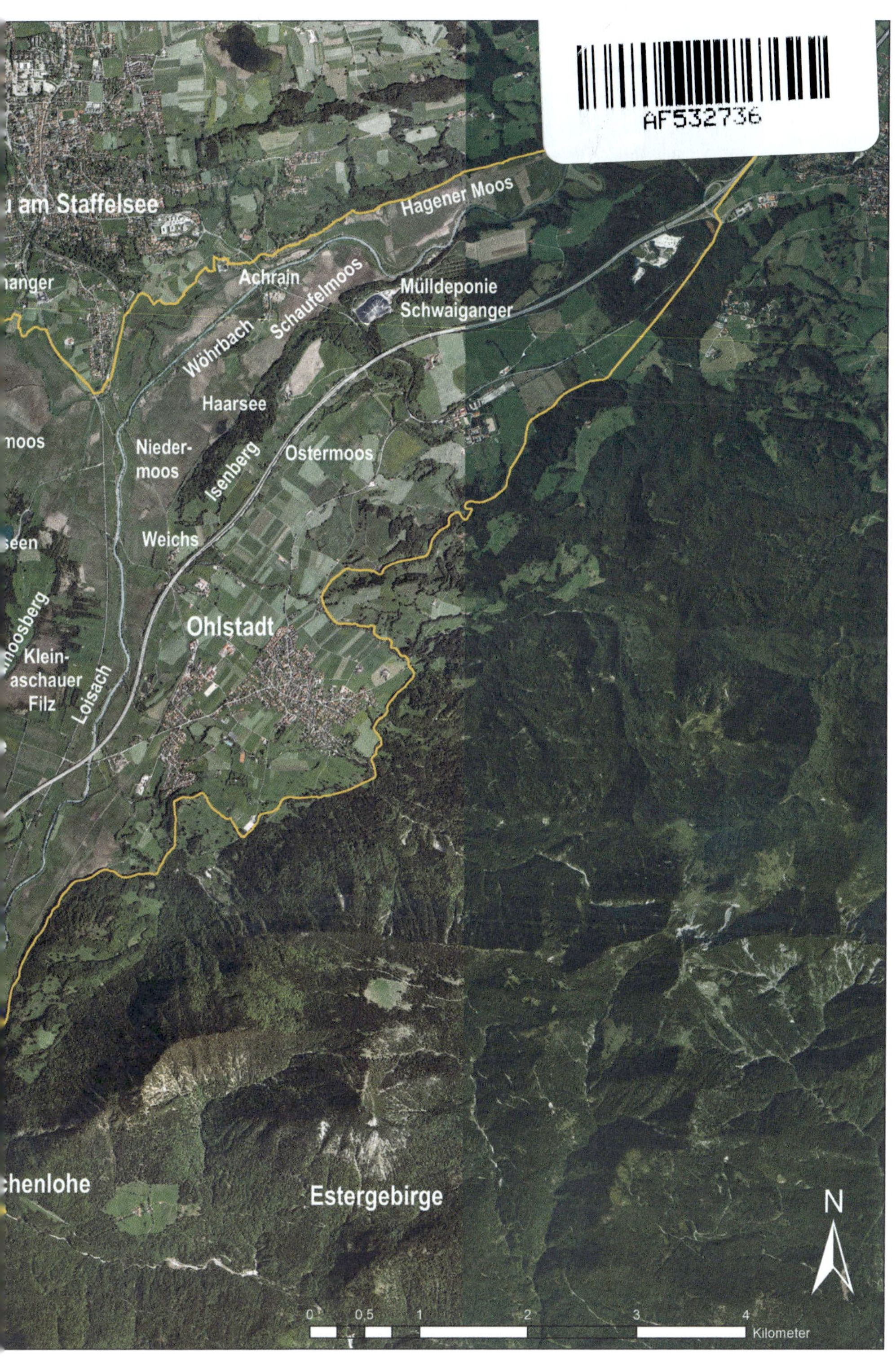

u am Staffelsee
Hagener Moos
anger
Achrain
Schaufelmoos
Mülldeponie
Schwaiganger
Wöhrbach
Haarsee
moos
Nieder-
moos
Isenberg
Ostermoos
Weichs
seen
moosberg
Ohlstadt
Klein-
aschauer
Filz
Loisach
chenlohe
Estergebirge
N
0 0,5 1 2 3 4
Kilometer

Liebel | Fünfstück – Die Vogelwelt im Murnauer Moos

Heiko T. Liebel

Hans-Joachim Fünfstück

Die Vogelwelt im Murnauer Moos

Entwicklung, Bestände und Beobachtungen in einem einzigartigen Naturraum

AULA-Verlag Wiebelsheim

Dr. Heiko T. Liebel
Biologische Station Murnauer Moos
c/o Untere Naturschutzbehörde
Olympiastraße 10
D-82467 Garmisch-Partenkirchen
www.murnauermoos.de

Hans-Joachim Fünfstück
Gsteigstr. 43
D-82467 Garmisch-Partenkirchen

Gefördert durch:

Bibliografische Information der Deutschen Nationalbibliothek
Die Deutsche Nationalbibliothek verzeichnet diese Publikation in der Deutschen Nationalbibliografie; detaillierte bibliografische Daten sind im Internet über http://dnb.d-nb.de abrufbar.

Umschlagabbildungen: J. Bodenbender, A. Geigenberger, S. Hennigs, H. Wolf, B. Wimmer
Topographische Karten und Luftbilder: Bayerische Vermessungsverwaltung Nr. 6/19
Druck und Verarbeitung: Belvédère Print & Packaging b.v., Niederlande
Printed in Europe/Imprimé en Europe
ISBN 978-3-89104-823-8

Inhaltsverzeichnis

Vorwort

Vögel zählen – Heimat durch Wissenschaft neu erlebt

Biologische Vielfalt, in der Fachsprache Biodiversität, ist das Grundprinzip des Lebens und Überlebens auf unserem Planeten. Denn nur durch sie haben Lebewesen Katastrophen der Erdgeschichte überstanden und sind Reparaturen von Zerstörungen durch den Menschen heute überhaupt möglich. Biodiversität ist daher auch die Voraussetzung für eine naturnahe Landschaft und damit Grundlage unserer Lebensqualität, die wir mit Begriffen wie Gesundheit, Erholung, Wohlbefinden, mit künstlerischen Ausdrucksformen oder auch schlicht als Heimat oder Region umschreiben.

Vögel machen nur einen verschwindend geringen Bruchteil der Biodiversität aus, aber einen besonders auffälligen. Von keiner anderen Gruppe tierischer Organismen sind alle Lebensäußerungen so gut bekannt bis hinein in die Moleküle der Erbinformationen. Beobachten und Zählen von Vögeln gibt daher grundlegend wichtige Aufschlüsse über Zustand und Schicksal einer Landschaft und somit der Umwelt, in der wir leben. Kritische Auswertung von hunderttausend und mehr Datensätzen hilft uns auch, rechtzeitig zu erkennen, was wir tun müssen, um unseren Kindern und Kindeskindern eine lebenswerte Umwelt zu hinterlassen. Ein kritischer Blick zurück ist die Voraussetzung für eine klare Sicht in die Zukunft.

Ein Buch, das mit wunderschönen Bildern von Vögeln und ihrem Lebensraum Menschen aus nah und fern eine in Mitteleuropa heute einmalige und nirgends mehr anzutreffenden Landschaft nahebringt, wagt es, dem Leser viele statistische Grafiken, umfangreiches Zahlenwerk, sachliche Zuordnungen in Tabellen und Piktogrammen sowie trockene Fachausdrücke zuzumuten. Aber Verständnis für eine Landschaft und die in ihr wirkenden und auf sie einstürmenden Kräfte fordert nun einmal methodisch sauberes Sammeln von Daten und ihre unvoreingenommene Auswertung. Übrigens haben an den hier veröffentlichten Ergebnissen viele Amateure mitgewirkt, die ehrenamtlich professionell arbeiten. Ihnen liegt der Fortbestand der Lebensgemeinschaften im Moos am Herzen. Die heute so stark betonte und als neue Entwicklung beschworene Bürgerwissenschaft (Citizen Science) ist im Murnauer Moos bereits mehr als fünf Menschengenerationen alt! Schon gegen Ende des 19. Jahrhunderts haben Vogelkundige im Gebiet beobachtet und ihre Ergebnisse notiert.

Aber viel Statistik in diesem Buch ist alles andere als ein notwendiges Übel. Was am Computer in vielen Arbeitsstunden bearbeitet und ausgewertet wurde, ist pralles Leben! In den einzelnen Artabschnitten werden in knappen Worten spannende Vogelschicksale enthüllt. Es lohnt sich, die Zunahme der Beobachtungen von Weißstörchen, Schwarzstörchen, Weißrückenspechten oder Karmingimpeln zu verfolgen. Immer noch rätselhaft ist, warum über mehrere Jahrzehnte fast regelmäßig einzelne Schlangenadler im Moos auftauchen. Und leider muss man auch Verluste dokumentieren. Wer in der Dämmerung der Frühlingstage noch die Balz der Birkhähne um den Fügsee erlebt hat, fährt heute jedes Mal mit Wehmut im Herzen auf der Autobahn an einem verödeten Platz vorbei, der eigentlich immer noch schön grün die ins Werdenfelser Land strömenden Autofahrer begrüßt. Vertiefen Sie sich also in das enorme Angebot an Fakten und Zahlen, um eine Perle der mitteleuropäischen Landschaften verstehen und genießen zu lernen.

Vögel beobachten und zählen enthüllt Realitäten, die wir mit unserem Denken und Fühlen nur schwer begreifen. Natur ist fortdauernde Dynamik in einem komplex vernetzten System. Das bedeutet stark vereinfacht, Zustände sind nie von Dauer, einzelne Kräfte wirken nicht isoliert und in eine Richtung. Wer Natur verstehen lernen will, muss sich also in viele Datenreihen und bewiesene oder vermutete Zusammenhänge einarbeiten. Ursache und Wirkung hängen nicht einfach linear zusammen, mit unerwarteten oder zunächst kaum erklärbaren Ereignissen und Entwicklungen ist immer zu rechnen.

Der Klimawandel war zu Beginn der hier ausgewerteten Beobachtungen noch kein Thema. Die Regressionsgeraden der Grafiken über Erst- und Letztbeobachtungen von Zugvögeln, die einzelnen Artabschnitten beigefügt sind, deuten an, was sich seither verändert hat. Aber die Streuung der Datenpunkte über die Jahre ist erheblich. Das hat im Wesentlichen drei Gründe: (1) Die Beobachtungen sind nicht mit der täglichen Ablesung von Messwerten an Instrumenten vergleichbar; (2) die Wetterdaten verändern sich über die Jahre nicht ohne Ausreißer nach oben und unten und sind für Zugvögel außerdem in Überwinterungs- und Durchzugsgebieten, also großräumig, weniger lokal von Bedeutung; (3) hoch sensible Lebewesen reagieren individuell nicht völlig gleichgeschaltet auf Umwelteinflüsse, denn Vielfalt herrscht nicht nur zwischen verschiedenen Arten, sondern auch innerhalb der Individuen einer Art. Messpunkte machen also wie eindrucksvolle Bilder und guter Text die Tür auf zu einem besseren Verständnis des Lebens um uns. Um Zustände und Entwicklungen zu erkennen, bedarf es Geduld über viele Jahre. Schauen Sie sich also einmal die ein oder andere Grafik sorgfältig an.

Und das alles vollzieht sich nicht isoliert in einem kleinen Ausschnitt unserer Umgebung. Die möglichst lückenlose und übersichtliche Präsentation von Einzelbefunden fasst Mosaiksteine zu einem Bild zusammen, das Biodiversität in ihrer Komplexität und Dynamik vor Augen führt und das Schicksal unserer Heimat in großen räumlichen und zeitlichen Dimensionen erklärt. Das geht nicht mit ein paar flotten Sätzen, da muss man schon genauer hinsehen. Es lohnt sich also, in diesem prächtigen Vogelbuch zu stöbern. Es geht auch nicht nur um ein Stückchen eines Landkreises. Vögel sind über weit führende Linien durch ihre hohe Mobilität miteinander verbunden und so ist die Vogelwelt des Murnauer Mooses ein Stück Europa ohne Grenzen.

Naturschutzgebiet, FFH-Gebiet, Vogelschutzgebiet – es hat lange gedauert, bis sich Gesellschaft und Politik zu nachhaltigem Schutz durchgerungen haben. Manches ist mit bemerkenswerten Anstrengungen erreicht worden, etwa Industrie oder Flugplatz aus dem Gebiet herauszunehmen. Anderes hat schon viel zerstört. Autobahn oder der ständige Druck von allen Rändern her mit Flächenveränderungen durch Nutzungsansprüche verschiedenster Art sind bedrohliche Eingriffe. Manches konnte abgewendet werden, etwa die Pläne einer Müllverbrennung vor Eschenlohe. Die Vogelwelt im Murnauer Moos signalisiert, dass sich die Anstrengungen gelohnt haben.

Ob sich der verbliebene Rest für kommende Generationen bewahren lässt, ist alles andere als gewiss. Auch wenn es keine großen Veränderungen sind: Noch nie bewegten sich so viele Menschen und trotz aller Bitten freilaufende Hunde in und an sensiblen Flächen im Moos. Der Freizeitdruck ist zum großen Problem vieler Schutzgebiete und naturnaher Landschaften im Freistaat geworden. Verantwortungsvolle Planung kann Zustände in den Lebensgemeinschaften auf Dauer nicht bewahren und Veränderungen nicht verhindern, aber hoffentlich den Zugriff des Menschen in naturverträgliche Dimensionen lenken. Voraussetzung dafür ist aber zuverlässige Information und die Einsicht in unersetzliche Güter der biologischen Vielfalt. Ein schönes Vogelbuch, das beides bedient, ist daher mehr als „nur" ein wertvolles Heimatbuch, sondern auch ein Lehrstück für Europa, hier für jedermann einsichtig und eindrucksvoll angeboten.

„Die Vogelwelt im Murnauer Moos" kann aber kein krönender Abschluss jahrzehntelanger naturwissenschaftlicher Heimatforschung und ornithologischer Arbeit sein, denn das Leben geht weiter. Das Buch wird hoffentlich als Zwischenbilanz angenommen, die neben Wissen auf aktuellem Stand auch viele Anregungen vermittelt, kommenden Herausforderungen zu begegnen. Das Murnauer Moos braucht jedenfalls auch in Zukunft viele treue Freunde, die Sachverstand mitbringen.

Einhard Bezzel

Warum eine Avifauna Murnauer Moos?

Das Murnauer Moos ist nicht nur das größte lebende Moor Mitteleuropas. Es umfasst zudem einen ganzen Talraum mit einer Fülle verschiedenster Lebensräume: Offene und verbuschte Hochmoore, weitläufige Wiesen- und Landschilfbereiche, störungsarme naturnahe Mischwälder und totholzreiche Auwälder sowie verschiedenste Gewässertypen. Die Vielfalt wertvoller Lebensräume und die große Flächenausdehnung sind die Grundlage für die hohe Anzahl von über 240 im Murnauer Moos nachgewiesenen Vogelarten, davon 124 Brutvogelarten. Das Moos ist ein überregional bedeutsames Brut-, Rast- und Überwinterungsgebiet.

Diese Avifauna kann ein gutes Vogelbestimmungsbuch nicht ersetzen, aber ergänzen. Sie stellt die Vogelwelt im Moos und ihre Veränderungen im Laufe des Jahres und im Laufe der Jahrzehnte vor. Für dieses Buch haben wir alle dokumentierten Beobachtungsdaten über einen gut 50jährigen Zeitraum (1966-2016) gesammelt und analysiert. Sie umfassen mehr als 100.000 Einträge in der Datenbank. Nur für die wenigsten Schutzgebiete Bayerns liegt eine derartig lückenlose Dokumentation vor, die nun detailliert ausgewertet wurde.

Den Leserinnen und Lesern werden auch Beobachtungstipps gegeben, um einige interessante Bereiche leichter auffinden und erkunden zu können. Dafür haben wir die beste Beobachtungszeit, bevorzugte Lebensräume und Bestandstrends aller jemals beobachteten Arten zusammengestellt und Wanderrouten vorgeschlagen. Über QR-Codes haben Sie mit einem Smartphone oder Tablet Zugang zu einer Auswahl von Tonaufnahmen aus dem Murnauer Moos, die die Klanglandschaft in verschiedenen Lebensräumen oder den Gesang besonderer Arten hörbar machen.

Das Murnauer Moos umfasst eine Vielzahl unterschiedlicher Vogellebensräume.

Bearbeitungsgebiet

Abgrenzung

Als Murnauer Moos wird hier der gesamte Talraum zwischen Eschenlohe im Süden, Grafenaschau im Nordwesten und Großweil im Nordosten bezeichnet (6.647 ha). Das Herzstück des Bearbeitungsgebiets bildet das „Naturschutzgebiet Murnauer Moos“ (1980 ausgewiesen, 2.355 ha groß). Darüber hinaus sind große Teile als „Vogelschutzgebiet Murnauer Moos und Pfrühlmoos“ (4.327 ha) und als „FFH-Gebiet Murnauer Moos“ (3.232 ha; FFH: Flora-Fauna-Habitat-Richtlinie der EU) geschützt.

Im Süden und Westen wird das Moos von den Abhängen des Ester- und Ammergebirges begrenzt, die das Murnauer Moos in eine majestätische Gebirgskulisse einbetten. Im Norden bildet der Höhenzug von Murnau am Staffelsee eine natürliche Begrenzung (Faltenmolasse). In der Ferne thront das Wettersteingebirge mit Deutschlands höchstem Gipfel über der Landschaft, der Zugspitze (2.962 m ü. NN).

Das Murnauer Moos ist seit langer Zeit in Flurbereiche unterteilt, die alle ihre eigenen Namen tragen. Die Lokalnamen erleichtern die Verständigung in der Bevölkerung, insbesondere aber unter Landwirten und Naturschützern. Die Namen der wichtigsten Orte für die Vogelwelt, die in diesem Buch verwendet werden, sind auf der Karte im vorderen Buchumschlag verzeichnet.

Entstehungsgeschichte im Zeitraffer

Der Talraum ist maßgeblich durch die Eiszeiten geformt worden. Während der letzten Eiszeit („Würmeiszeit“ bis vor ca. 15.000 Jahren) schob der Loisachgletscher große Mengen Geröll und weiche Gesteine aus dem Becken heraus. Er stieß jedoch auch auf harte Gesteine, die sich

Blick von Murnau Richtung Süden über das Murnauer Moos. Im Hintergrund ist das Wettersteingebirge zu erkennen.

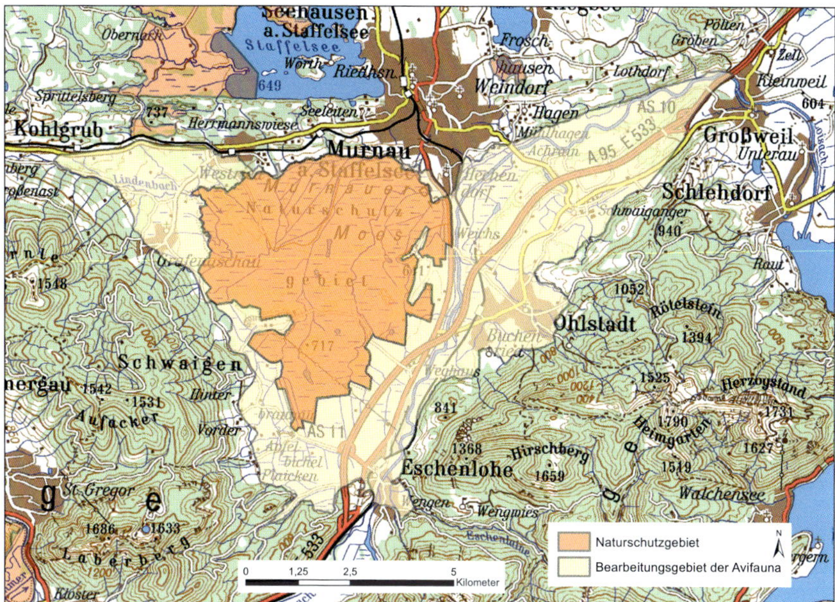

Abgrenzung des Bearbeitungsgebiets und des Naturschutzgebiets Murnauer Moos (Daten aus dem Bayerischen Fachinformationssystem Naturschutz (FIS-Natur); Geobasisdaten: ©Bayerische Vermessungsverwaltung Nr. 6/19).

gegen den Gletscher stemmten und die er nicht komplett abtragen konnte.

Am Nordrand des Beckens überfloss er den widerstandsfähigen Faltenmolassezug, der Murnau wie in einem Hufeisen einschließt (Murnauer Mulde), bevor er sich ins Ammerseebecken ergießen konnte. Zur Zeit des letzten Gletschermaximums lag das Murnauer Moos unter einer 800 Meter mächtigen Eisschicht (Feldmann 2002). Zwei aufeinander stehende Eiffeltürme oder acht Nordtürme der Münchner Frauenkirche hätten damals nicht aus dem Eis herausgeschaut! Am Ende der letzten Eiszeit zog sich der Loisachgletscher zurück und hinterließ zunächst eine karge Tundralandschaft. Große Schotterflächen und liegen gebliebene Toteismassen prägten die Landschaft. Das Becken des heutigen Murnauer Mooses füllte sich gleichzeitig mit dem Rückzug des Gletschers mit Schmelzwasser. Ein großer See entstand, der einen Großteil des Talraums einnahm.

Seine feinkörnigen Ablagerungen bildeten zusätzlich eine wasserundurchlässige Schicht. Über die Jahrtausende verlandete der „Murnauer See" allmählich und Moore entstanden. Bäche transportierten zudem Sedimente in das Becken. Randlich schoben sich große Schwemmkegel aus Schottern und Kies in den Talraum. Im Becken des heutigen Murnauer Mooses ragen die harten Gesteine der Köchel als Hügel wie Inseln aus der Moorlandschaft heraus.

Vor ca. 15.000 Jahren überfloss der Loisachgletscher noch die Köchel (Gesteinsinseln im Moor) und den Murnauer Molassezug (dort Gletscherspalten; Zeichnung: Ludger Feldmann 1998, www.ludger-feldmann.de).

Vor ca. 14.000 Jahren war das Becken vom Murnauer See gefüllt (Zeichnung: L. Feldmann 1998, www.ludger-feldmann.de).

Das Murnauer Moos ist trotz seiner „wilden“ Anmutung überwiegend eine Kulturlandschaft mit einer Jahrhunderte, wenn nicht sogar Jahrtausende währenden Nutzungsgeschichte. Nur einige Hochmoor-, Schwingrasen- und Quellbereiche waren möglicherweise immer ohne Nutzung und waldfrei. Sie sind heute noch offen oder nur locker von Spirken (Moorkiefern) und Latschen (Bergkiefern) bestanden. Die auf dem Moorwasser schwimmenden Schwingrasen werden lokal als „Kuhwampen“ bezeichnet. Beweidung und Wiesenbewirtschaftung sind seit mindestens 600 Jahren schriftlich belegt. Sie sind sicherlich jedoch noch älter (Strohwasser 2018). Sie haben im Murnauer Moos zu großen Offenlandbereichen und einer besonders großen Artenvielfalt in der Pflanzenwelt, unter Libellen, Tagfaltern und auch der Vögel geführt. Der Name Murnau leitet sich wahrscheinlich von „muorin ouwe“, gleichbedeutend mit „morastiges, sumpfiges Wiesenland“, ab (Hruschka 2002).

Vom Moos umgebene Köchel im Herbst; Blick nach Südwest.

Da das Gebiet vermutlich schon zur Zeit der Ersterwähnung Murnaus im Jahre 1150 n. Chr. landwirtschaftlich genutzt war, könnte es damals schon waldarm und durch Beweidung offen gewesen sein.

Das Umfeld des Murnauer Mooses liegt im Nordstau der Alpen und erhält zu große Niederschlagsmengen, um einen ertragreichen Getreideanbau zu ermöglichen (1981-2010: In Murnau durchschnittlich 1.242 mm/Jahr; DWD 2018). Das Mahdgut der Streuwiesen wurde und wird zur Einstreu im Stall genutzt und ersetzt das Stroh des Getreideanbaus in anderen Regionen. Um das Jahr 1900 hatte die Streuwiesennutzung im Murnauer Moos ihren Höhepunkt erreicht.

Traditionell wurde das Mahdgut der Streuwiesen in „Trischen" um vier bis fünf Meter lange Stangen aufgehäuft und bei strengem Frost aus dem Moos geholt. Bis etwa 1930 wurde die Streu auf der Ramsach und anderen Bächen und Gräben auf Kähnen aus dem Gebiet gezogen. Zudem wurde auf der Ramsach Holz geflößt. Auch aus diesem Grund waren die Ufer der Ramsach im beginnenden 20. Jahrhundert noch

Trischen im Weidmoos (Aufnahme 2018).

Trischenlagerplatz am Ödenanger im nördlichen Murnauer Moos zu Beginn des 20. Jahrhunderts (Foto: Postkarte, 1918 abgestempelt).

Identischer Landschaftsausschnitt 100 Jahre nach der Aufnahme von 1918. Neu sind die zahlreichen Gehölze, der Hof und die Pferdekoppel in der Bildmitte. Der Moosberg im Hintergrund wurde in der Zwischenzeit komplett abgebaut.

komplett gehölzfrei. Der heutige Auwaldsaum konnte erst mit der Umstellung auf den Abtransport der Streu mit Ladewägen, dem Wegfallen des Flößerns und einer Mahd entstehen, die oft nicht bis direkt ans Ufer reicht (Strohwasser 2018).

Da es im Moos oft zu nass und der Boden zu weich ist, um die Streu jederzeit aus dem Moos zu holen, wurde ein Trischenlagerplatz am nördlichen Moosrand etwas erhöht angelegt. Dort standen die Trischen trocken. Von hier aus konnte die Streu jederzeit leicht nach Hause geholt werden (Geiersberger 2002). Heute liegt an dieser Stelle der Wanderparkplatz Ödenanger (Nähe Ramsachkircherl). An diesem historischen Ort entsteht 2019 die neue „Biologische Station Murnauer Moos", die den Naturschutz im Moos weiter voranbringen und die Öffentlichkeit über die naturkundlichen Schätze des Gebietes informieren soll.

Die Streuwiesennutzung prägt auch heute noch die Landschaften im Murnauer Moos, wenn auch in geringerem Umfang als im frühen 20. Jahrhundert. Gehölze und Hecken haben sich seither stark ausbreiten können. Trischen werden nur noch sehr vereinzelt und meist aus nostalgischen Gründen gebaut.

Datengrundlage

Die Datenauswertung der Vogelbestände im Murnauer Moos gründet vor allem auf einer Ausspielung aus der „Avifauna Werdenfels“ der Staatlichen Vogelschutzwarte Garmisch-Partenkirchen für die Jahre 1966 bis 2010 (89.997 Datensätze) und aus der Datenbank der Internetplattform des Dachverbands Deutscher Avifaunisten e.V., www.ornitho.de, von 2010 bis 2016 (18.489 Datensätze). Zusätzlich zu den zahlreichen Beobachtungen von Thomas Guggemoos (Ohlstadt), die bereits in den Datenbanken enthalten waren, wurden weitere ca. 2.800 seiner privaten Datensätze für den Zeitraum 2003-2010 ausgewertet. Die Datenreihe wurde durch 768 Datensätze aus dem Bayerischen Avifaunistischen Archiv der Ornithologischen Gesellschaft in Bayern e.V. ergänzt. Die Vogelwarte Radolfzell hat uns Beringungsdaten für das Bearbeitungsgebiet zur Verfügung gestellt.

Die Beobachtungsintensität war zwischen 1966 und 2016 sehr unterschiedlich. Die meisten Beobachtungen wurden in den Monaten April bis Juni gemeldet, wenn

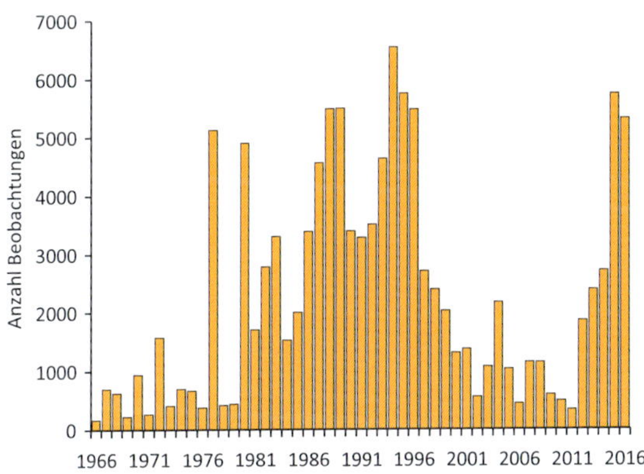

Entwicklung der Beobachtungsdaten im Murnauer Moos zwischen 1966 und 2016.

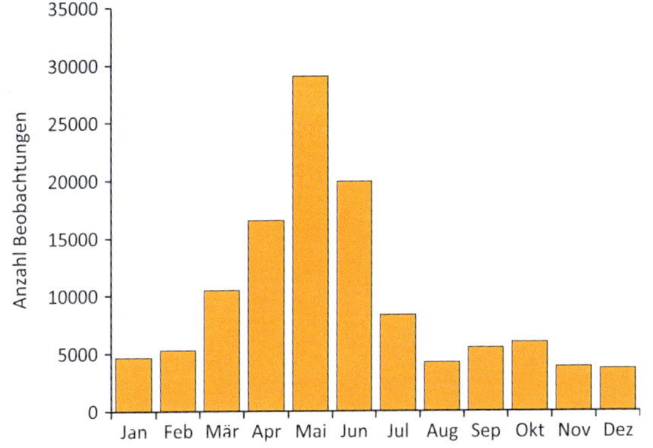

Beobachtungsaktivität nach Monaten aufgeschlüsselt für die Jahre 1966-2016.

die Gesangsaktivität der Singvögel am größten ist. Ein geringfügiger Anstieg der Beobachtungsaktivität ist in den Monaten September/Oktober zu verzeichnen, dem Maximum des herbstlichen Vogelzugs.

Außergewöhnliche Einzeldaten (z. B. Erstbeobachtungen für das Gebiet) aus den Jahren 2017/18 wurden mit ausgewertet. Zudem wurden Veröffentlichungen nach Informationen über die Vogelwelt im Moos durchsucht. Historische Daten umfassen vor allem Tagebuchnotizen mit Zufallsbeobachtungen von August Max Einsele (1861-1869), Gerhart Klammet (1932-1938) und Max Dingler (1941).

Seit 1966 liegen systematische Beobachtungen durch Mitarbeiter des damaligen Instituts für Vogelkunde vor, das heute als staatliche Vogelschutzwarte in Partenkirchen dem Bayerischen Landesamt für Umwelt (LfU) unterstellt ist. In den Jahren 1977, 1980, 2005 (Kerngebiet Murnauer Moos) und 2016 (Kerngebiet und Talraum bis Großweil) wurden umfangreiche systematische Erhebungen der Brutvögel im Murnauer Moos ausgewertet (Bezzel 1989, Geiersberger 2012, Weiss 2016). Für die Erstellung des Pflege- und Entwicklungsplans Murnauer Moos wurde 1996 eine Rasterkartierung in Teilbereichen durchgeführt (Schöpf & Geiersberger 1997). Die verschiedenen Rasterkartierungen dokumentieren die Entwicklung des Brutvogelbestands im Bearbeitungsgebiet.

Die Aufbereitung der Daten orientiert sich an der Avifauna des Chiemseegebietes (Lohmann & Rudolph 2016). So wurde zum Beispiel eine Auswertung nach Dekaden (10-Tagesabschnitte) vorgenommen, um die Daten aus dem Murnauer Moos direkt mit dem Chiemseegebiet vergleichen zu können.

Naturfotograf und Ornithologe Gerhart Klammet beim Bau eines Fotoverstecks im nördlichen Murnauer Moos in den 1930er Jahren.

Lebensräume

Wiesen und Weiden

Wiesen- und Ackervögel haben in den letzten Jahrzehnten die größten Bestandsverluste in Bayern hinnehmen müssen. Deshalb bilden gerade die Wiesenflächen im Murnauer Moos einen wichtigen Rückzugsraum für Wiesenvögel. Niedermoorflächen erhalten einen Großteil ihres Wassers aus dem Untergrund oder werden immer wieder bei Hochwasser überschwemmt. Diese Mineralien- und Nährstoffzufuhr lässt die Vegetation in Niedermooren stark aufwachsen. Nur durch Mahd und Beweidung werden Niedermoore davor bewahrt mit Schilf, Gebüsch und Sumpfwald zuzuwachsen und bleiben für Wiesenvögel attraktiv. Mithilfe der Landwirte, die sich im Vertragsnaturschutzprogramm engagieren, konnten große verbuschte Streuwiesenareale wieder in Nutzung genommen werden. Derzeit werden 1.430 Hektar ungedüngte Wiesenflächen im Bearbeitungsgebiet bewirtschaftet (Stand 2017). Der größte Teil der Feucht- und Streuwiesen wird erst sehr spät, ab dem 1. September, gemäht, wenn die Wiesenvögel ihre Jungen längst aufgezogen haben und wichtige Fettreserven für den Vogelzug angelegt sind. Gleichzeitig wirkt sich der späte Mahdzeitpunkt auch günstig auf spätblühende Pflanzenarten aus, die es erst dadurch schaffen, reife Samen zu produzieren. Seit kurzem werden auch immer mehr Brachstreifen stehen gelassen, in denen Insekten überdauern können und Vögel auch in der kalten Jahreszeit Nahrung finden. Im Frühjahr bieten Brachstreifen wichtige Strukturen für Arten wie Braun- und Schwarzkehlchen, die ihre Jagdflüge nach Insekten von Ansitzwarten aus starten und auf diesen Warten singen, um ihr Revier von Konkurrenten abzugrenzen. Kleine Höhenunterschiede der Geländeoberfläche sorgen für einen Wechsel aus feuchteren (wichtige Nahrungsflächen) und trockeneren Bereichen (Brutplätze).

Braunkehlchen sind auf extensiv genutzte Wiesen und Weiden angewiesen.

Brachstreifen in extensiv bewirtschafteter Streuwiese am Lindenbach.

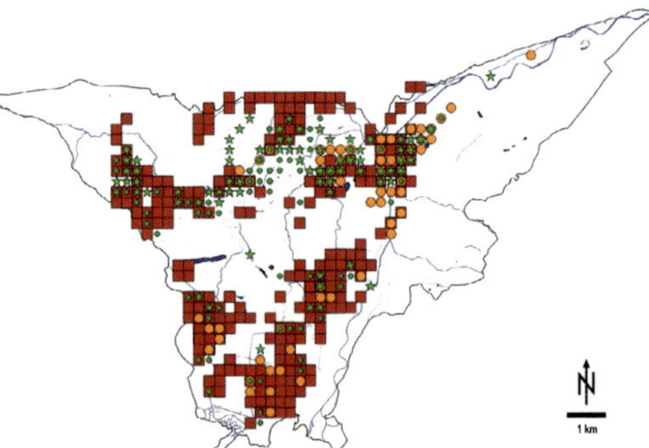

Verbreitung des Braunkehlchens im Bearbeitungsgebiet (Rote Quadrate: Rasterkartierungen 1977/1980, orange Kreise: Rasterkartierung 1996, kleine grüne Kreise: Rasterkartierung 2005, grüne Sterne: Revierkartierung 2016).

Männliches Braunkehlchen, im Hintergrund die St. Nikolaus-Kirche Murnau.

Braunkehlchen waren noch in den 1980er Jahren im ganzen Moos ein häufiger Anblick. Jetzt brüten sie fast ausschließlich in den Streuwiesen nördlich der Köchel, wo sie noch ein ausreichend großes Angebot an Singwarten und spät gemähten Wiesen vorfinden.

Durch die neu ausgeweitete Mahd im sehr nassen Hohenboigenmoos (nordwestliches Murnauer Moos) konnten ideale Lebensräume für die Bekassine wieder hergestellt werden. Die Verbreitungskarte der Bekassine zeigt, dass sie den neu geschaffenen Lebensraum angenommen und ihren Vorkommensschwerpunkt dorthin verlagert hat. Vor allem im südlichen Murnauer Moos (Eschenlohe, Schwaigen, Weghaus) gibt es etwas trockenere Moos-

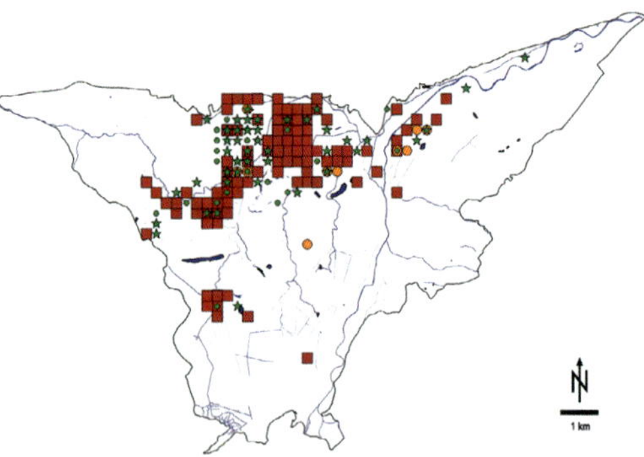

Verbreitung der Bekassine im Bearbeitungsgebiet (Rote Quadrate: Rasterkartierungen 1977/1980, orange Kreise: Rasterkartierung 1996, kleine grüne Kreise: Rasterkartierung 2005, grüne Sterne: Revierkartierung 2016).

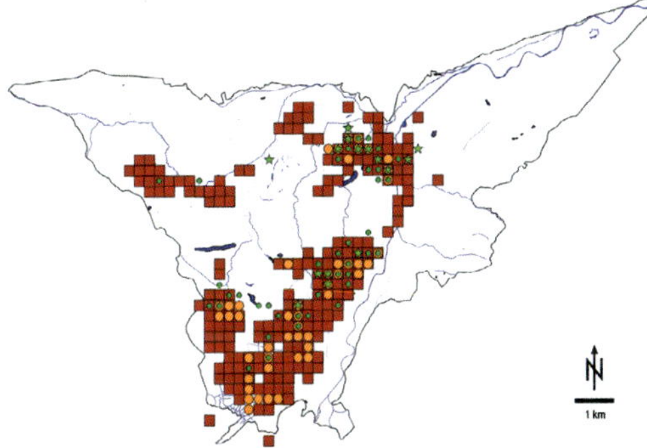

Verbreitung der Feldlerche im Bearbeitungsgebiet (Rote Quadrate: Rasterkartierungen 1977/1980, orange Kreise: Rasterkartierung 1996, kleine grüne Kreise: Rasterkartierung 2005, grüne Sterne: Revierkartierung 2016).

heuwiesen (extensive Futterwiesen), die nur ein- bis maximal zweimal gemäht werden. Sie sind im Gegensatz zu intensiv genutzten Wiesen sehr artenreich. Von der Vielzahl der Pflanzenarten leben auch besonders viele Insektenarten. Sie sind wiederum die Nahrungsgrundlage für viele Vogelarten. Typische Brutvögel der Moosheuwiesen sind (waren) Feldlerchen, Goldammern und Stieglitze. Leider sind nur noch wenige dieser bunten, von Leben wimmelnden Flächen erhalten geblieben. Stattdessen werden sie überwiegend gedüngt (v. a. Gülle) und so häufig gemäht, dass sie stark verarmt sind. Die Intensivierung der Wiesennutzung macht sich vor allem im Süden des Bearbeitungsgebiets bei Eschenlohe deutlich bemerkbar. Hier wurde das Moor im Zuge der Flurbereinigung Ende der 1970er Jahre tiefgründig entwässert (Strohwasser 2018).

Klanglandschaft im Weidmoos. Zu hören sind Großer Brachvogel, Braunkehlchen und Feldlerche (Aufnahme: 6.4.2018, H. Liebel).

Aus diesen Wiesen hat sich selbst die Feldlerche komplett zurückgezogen. Auch in den übrigen Bereichen im Moos sind die Vorkommen rückläufig oder verschwunden. Neuansiedlungen gibt es nur noch äußerst selten.

Magerrasen kommen im Murnauer Moos nur auf kleinen Flächen vor. So zum Beispiel am Heumoosberg bei Ohlstadt. Besonders zur Zugzeit und im Winter finden Vögel dort attraktive Nahrungsflächen, da sie durch die Hanglage besonders schnell ausapern (Schöpf & Geiersberger 1997).

Von der großen Eschenloher Viehweide (einem Kernvorkommen des Wiesenpiepers) abgesehen, gibt es heute nur noch wenige extensiv beweidete Flächen. Durch Beweidung und Mahd in wüchsigen Dauerbrachen könnten neue Strukturen für Wiesenvögel geschaffen werden. In den Niederlanden nennt man Wiesenvögel „weidevogels“, was auf ihre traditionelle Nische in beweideten Offenlandbereichen hindeutet. Auf Weiden ist das Insektenangebot oft höher als auf gemähten Wiesen. Nicht alle seltenen Pflanzenarten im Murnauer Moos vertragen jedoch eine Beweidung und viele Moorflächen kommen für sie nicht in Betracht. Nach Abwägung der Zielarten in den verschiedenen Flächen, könnte sich eine Ausweitung der Beweidung in geeigneten Flächen auf die Vogelwelt dennoch günstig auswirken.

Schilfflächen

Schilf kommt im Murnauer Moos sowohl bach- und seebegleitend als auch im Niedermoor als „Landschilf" häufig vor. Zur Alleinherrschaft kommt es in aufgelassenen ehemaligen Niedermoorstreuwiesen. Häufig sind die Flächen so nass, dass sie nur mit Spezialmaschinen befahren werden können und auch eine Beweidung ganz ausscheidet oder nur mit Wasserbüffeln denkbar wäre. Auf den ersten Blick sehen solche Schilfflächen recht eintönig aus. Bei genauerem Hinsehen unterscheiden sie sich jedoch je nach Boden- und Feuchteverhältnissen und dem Alter des Schilfs in Dichte und Höhe. Die feinen Lebensraumunterschiede erklären die markanten Verbreitungsmuster der Schilfbewohner im Murnauer Moos. Schilfrohrsänger und Rohrschwirl kommen fast ausschließlich in den Bereichen östlich der Bundesstraße (B2) vor. Dort gibt es hohes Altschilf, das häufig überstaut und durch ausgeprägte Knickhorizonte strukturreich ist (Weiss 2016). Tüpfelsumpfhühner dagegen haben einen deutlichen Schwerpunkt im Murnauer Moos westlich der B2, wo lichte, sauergrasreiche, nasse Schilfbestände in feuchten Frühjahren besiedelt werden. Blaukehlchen bevorzugen alte Schilfbestände mit aufkommenden Weidenbüschen und Gehölzen.

Hochmoore, Gebüsche, Baumreihen

Im Gegensatz zu den grundwassergespeisten, mineralienreichen Niedermooren, zeigen regengespeiste, nährstoffarme Hochmoore eine völlig andersartige Vegetation. Torfmoose und Gräser (vor allem Sauergräser und Pfeifengras) bilden eine niedrige Moos- und Krautschicht. Einzelne Moor- und Bergkiefern schaffen Strukturen, die von Schwarzkehlchen und Baumpiepern als Singwarten und von Raubwürgern im Winter als Ansitzwarten für die Kleinvogeljagd genutzt werden. In den großen Hochmoorbereichen (z. B. Ohlstädter Filz und Schwarzseefilz) sind Fitis, Baumpieper und Schwarzkehlchen charakteristische Brutvögel. In fast allen Hochmooren im Gebiet wurden alte Entwässerungsgräben angestaut, um einen intakten Wasserhaushalt wiederherzu-

Schilfflächen in der Nähe des Lindenbachs, großer Hangrutsch am Hechendorfer Berg bei Grafenaschau im Hintergrund.

Verschilfte Altbrache. Einzelne Fichten überragen das Schilf. Sie werden von verschiedenen Vogelarten als Ansitzwarten genutzt, hier ein Braunkehlchen.

stellen, denn nur nasse Hochmoore bleiben am Leben und langfristig baumarm.

Sanfte, gestufte Übergänge (Säume) vom Offenland zum Wald sind besonders wertvolle Lebensräume für Gebüschbrüter. Es gibt sie im Randbereich der Hochmoore, aber auch im sonstigen Offenland. Besonders ausgeprägt kommen sie im Übergang von Dauerbrachen zu Wäldern (z. B. im Umfeld der Köchel) oder im Bereich des ehemaligen Hartsteinwerks am Langen Köchel vor (Abbauende im Jahr 2000). Dort holt sich die Natur einstige Abraumhalden, Schlammabsetzbecken und Betriebsgelände Schritt für Schritt zurück. In wenigen Jahrzehnten werden die heute noch buschreichen Lebensräume zu Wäldern gereift sein.

Hochmoorbereich mit charakteristischen wassergefüllten Moorrissen („Flarken“).

Wälder

Im Bearbeitungsgebiet gibt es viele verschiedene Waldtypen, die oft fließend ineinander übergehen. Die eigentlichen Waldjuwelen finden sich auf den Köcheln und in ihrem direkten Umfeld. Dort gibt es Wälder, die aus mehr als zehn Laubbaumarten aufgebaut sind, bestehend aus Rotbuche, Esche, Eberesche, Berg- und Spitzahorn, Bergulme, Winterlinde, Hängebirke, Trauben- und Vogelkirsche, Grau- und Schwarzerle. Fast alle Grundstücke der Köchel wurden vom Landkreis Garmisch-Partenkirchen mit Mitteln eines Naturschutzgroßprojektes erworben und aus der forstlichen Nutzung genommen. Dort entwickeln sich nun artenreiche Naturwälder, die auch durch ihre Störungsarmut für viele Vogelarten besonders attraktiv sind. Gute Beispiele liegen am Langen Köchel, wo es weiche

Alte Waldkiefer, ein Zeuge aus Zeiten der extensiven Bewirtschaftung im jetzt intensiv genutzten Untermoos bei Schwaigen.

Gebüschinsel mit vielen Weiden im nördlichen Murnauer Moos.

Übergänge zu fichtendominierten Moorwäldern und einzigartigen Erlenbrüchen gibt, die wegen der extremen Nässe kaum von Menschen betreten werden können. Sie bieten störungsempfindlichen Arten wie Kranich, Wespenbussard und Schwarzstorch geeigneten Lebensraum. In der Zukunft könnten sich dort beispielsweise auch Waldwasserläufer ansiedeln. Auf den Köcheln leben alle bayerischen Spechtarten mit Ausnahme von Mittel- (nur zwei undokumentierte Nachweise im Gebiet) und Dreizehenspecht (Nachweise nur in den Bergwäldern der Nachbarschaft und einmal am Langen Köchel und am Isenberg). Zwar ist auf den Köcheln der Totholzvorrat noch zu gering, um eine hohe Dichte an Weißrückenspechten („Urwaldart") zu erreichen, aber mit dem Altern der Wälder sollte der Brutbestand im Wald ansteigen (Gugler 2017). Durch den Reichtum an Spechten und Spechthöhlen gibt es auch eine große Vielfalt an Folgenutzern wie Hohltauben, Kleibern und Meisen. In Einzeljahren wird eine weitere „Urwaldart", der Zwergschnäpper, zur Brutzeit beobachtet. Dann kann mancherorts eine der anspruchsvollsten Waldarten (Zwergschnäpper) und eine der exklusivsten Offenlandarten (Wachtelkönig) gleichzeitig gehört werden – eine Artenkombination, die es in Deutschland an keinem anderen Ort so geben dürfte.

Hochstämmige, baumartenreiche Wälder entstehen auf den Köcheln.

Auch in den bachbegleitenden Auwäldern des Murnauer Mooses leiden Erlen unter einer eingeschleppten Pilzkrankheit *(Phytophthora alni)*. Viele Erlen sterben ab und bleiben als markante Totholzbäume stehen. Nicht nur der Weißrücken- und Kleinspecht profitieren derzeit von einem hohen Vorrat an stehendem Totholz. Auch der Wendehals und zahlreiche weitere Höhlenbrüter, wie Meisen, Stare und Feldsperlinge, nutzen die Spechthöhlen für ihre Gelege (v. a. am Lindenbach und der Ramsach).

Fichtenmonokulturen auf den Köcheln sind inzwischen überwiegend beseitigt und bestehen nur noch in wenigen Einzelbereichen, wo dann erwartungsgemäß nur sehr wenige Vogelarten brüten (darunter Wintergoldhähnchen, Waldbaumläufer und in manchen Jahren Fichtenkreuzschnäbel).

An mehreren Stellen im Moos werden ehemalige Torfstichgebiete wiedervernässt. In solche Bereiche ziehen in kürzester Zeit Libellen, Amphibien, Wasserpflanzen und Vögel (vor allem Wasservögel wie Krick- und Stockente) ein. Durch den ansteigenden Wasserstand sterben Fichten ab und nässetolerante Arten wie Erlen und Weiden siedeln sich an. An diesen Stellen entstehen oft neue, vogelreiche Bruchwälder.

In langjährigen Torfabbaugebieten (z. B. Teile des Langen Filzes) wurde das Hochmoor so stark entwässert (Torfabbaukante > 2 m), dass hier ein neues Hochmoor, wenn überhaupt, erst in der fernen Zukunft aufwachsen kann.

Torfstich am Langen Filz in den 1960er Jahren.

Wiedervernässter Torfstich an der gleichen Stelle heute.

Gewässer

Lange nach der Eiszeit verlandete der große Murnauer See und die offene Wasserfläche wich den Mooren. Restseen konnten sich nur in Bereichen mit Quellaufstößen erhalten, die die wasserundurchlässigen Tonschichten unter dem Moor durchbrechen (z. B. alter Moosbergsee). Wo die Quellen besonders viel schütten, finden sich Seen mit kalkreichem, kristallklarem und nährstoffarmem Wasser (z. B. Krebssee).

Diese Seen sind wegen ihrer Nährstoffarmut für Wasservögel wenig attraktiv. Auch natürliche Gewässer der Hochmoore bieten mit ihrem teefarbenen (Huminsäuren), nährstoffarmen Wasser kaum Nahrung für Wasservögel.

Im Luftbild sind Quellaufstöße in nährstoffarmen Seen deutlich sichtbar.

Nährstoffreichere Seen dagegen gibt es nur an wenigen Stellen im zentralen Murnauer Moos. Das beste Beispiel sind die Schilfseen, die von der nährstoff- und sedimentreichen Ramsach durchflossen werden. Sie machen ihrem Namen alle Ehre und sind von meterhohem Schilf umgeben, das die Gewässer abschirmt.

Klanglandschaft am Langen Köchel. Im Hintergrund sind das Glockengeläut der Murnauer Kirche und folgende Arten zu hören: Zaunkönig, Kuckuck, Waldlaubsänger, Amsel, Buchfink, Zwergschnäpper, Ringeltaube (Aufnahme: 3.6.2016, H. Liebel).

Durch ihre Abgeschiedenheit können dort Wasservögel (vor allem Gründelenten und Watvögel) zur Zugzeit in aller Ruhe nach Nahrung suchen. Dieser Bereich sollte generell nicht aufgesucht werden, um Störungen zu vermeiden. Der Haarsee bei Weichs ist mäßig nährstoffreich (wohl durch mineralstoffreiches Hangwasser) und zudem sehr gut einsehbar. Dort wurden bereits einige seltene Entenarten nachgewiesen (z.B. Bergente, Eiderente, Pfeifente), sodass sich ein Besuch für Vogelbeobachter lohnen kann. Der sogenannte Deponieweiher bei Grafenaschau wurde erst 2003 nach Beseitigung der Mülldeponie im Rahmen der Renaturierung als Feuchtbiotop künstlich angelegt.

Mülldeponie bei Grafenaschau 1982.

Gleiche Stelle im April 2018.

Dort brüten jetzt regelmäßig Blässhühner, Stockenten und neuerdings ein Paar der Kanadagans. Der Weiher ist zwar bisher relativ wenig von Ornithologen beachtet. Die Beobachtung einer Rohrdommel im Winter 2016 (Warnecke, persönliche Mitteilung) zeigt aber sein Potential für spannende Sichtungen. Es gibt noch zwei weitere künstliche Seen, die durch den Gesteinsabbau an den Köcheln entstanden sind. Der neue Moosbergsee wurde in den 1990er Jahren durch Abstellen der Pumpen im Steinbruch geflutet. Er liegt nun an der Stelle des ehemaligen Moosbergs, der das Moos um 35 Meter überragte und auf dessen höchstem Punkt zuvor sogar Reste einer römischen Siedlung erhalten und dann dem Abbau zum Opfer gefallen waren (Garbsch 1984, Abbau des Moosbergs: 1928-1990). Der See am Langen Köchel entstand nach dem Ende des dortigen Gesteinsabbaus im Jahr 2000. Der Abbaustopp wurde als großer Erfolg für den regionalen Naturschutz verbucht. Über viele Jahrzehnte hatten Naturschützer, allen voran Dr. Ingeborg Haeckel und Prof. Dr. Max Dingler, für den Erhalt der Köchel und den Schutz des gesamten Mooses gekämpft (z.B. Dingler 1960, Fluhr-Meyer 2007, Bauer 2010). Beide Abbaugrubengewässer haben steile Felsufer und bieten nur wenigen Wasservogelarten geeignete Nistplätze. In der dünnen Erdauflage am Südufer des neuen Moosbergsees brütete 1995 ausnahmsweise immerhin ein Eisvogel-Pärchen. Auch von anderen fischfressenden Vogelarten (Kormoran, Gänsesäger, Sterntaucher und Haubentaucher) und Enten (z. B. Stock-, Spieß- und Knäkente) werden die Abbauseen hin und wieder genutzt.

Im Gegensatz dazu ist die Vogelwelt entlang der Hauptfließgewässer Lindenbach, Rechtach und Ramsach sehr vielfältig. Dort konnten sich flussbegleitende Auwälder bilden. Im Naturschutzgebiet wird heute teilweise eine natürliche Flussdynamik zugelassen. Am Lindenbach kam es beispielsweise 2017 zum natürlichen Durchstich eines Mäanders. Der neu entstandene Altarm kann sich als Amphibiengewässer entwickeln und dient Reihern und Störchen als zusätzliche Nahrungsfläche.

Selbst im relativ intakten Murnauer Moos gibt es zahlreiche Entwässerungsgräben, die den natürlichen Wasserhaushalt stören und die Moore negativ beeinflussen. Aber auch solche künstlichen Strukturen werden von einzelnen Vogelarten genutzt: Am spannendsten sind wohl überwinternde Zwergschnepfen, die hin und wieder im Winterhalbjahr an Gräben aufgescheucht werden. Wasserrallen brüten vermutlich sogar zu einem Großteil entlang von Entwässerungsgräben und anderen schilfbestandenen Gewässern. Die begradigte Loisach hat insbesondere für Kiesbankbewohner kaum mehr attrak-

Tonaufnahme im Auwald der Ramsach. Zu hören sind Kleinspecht, Weidenmeise, Stockente, Krickente, Zilpzalp (Aufnahme: 11.4.2018, H. Liebel).

Steinbruch Langer Köchel zu Beginn der Flutung im Januar 2001.

Komplett gefluteter Steinbruchsee am Langen Köchel 2018.

Lindenbach unterhalb des Deponieweihers bei Grafenaschau.

Begradigte Loisach bei Achrain.

tive Brutplätze zu bieten. Deshalb werden Flussregenpfeifer und Flussuferläufer nur noch selten im Gebiet beobachtet.

Felsen

Im Murnauer Moos gibt es auf den Kócheln wenige natürliche Gesteinsaufschlüsse, die von Felsbrütern genutzt werden können (z. B. am Steinköchel). Durch den Gesteinsabbau am Langen Köchel entstand im Laufe der Jahrzehnte eine 60 Meter tiefe Grube und eine große, ca. einen Kilometer lange, 70 Höhenmeter aufragende Felswand, die für Felsbrüter attraktiv ist (in manchen Jahren werden Uhu, Kolkrabe und Hausrotschwanz beobachtet). Am Langen Köchel wurden von 1930 bis 2000 kaum vorstellbare 24 Millionen Tonnen Gestein abgebaut (LfU 2018a, b). Das entspricht etwa 1,6 Millionen LKW-Ladungen. Im Bereich der Felswand und ihrem Umfeld häufen sich leider Störungen zur Brutzeit der Felsbrüter durch Erholungssuchende verschiedenster Art (Mineraliensammler, Spaziergänger, Nutzer des Steinbruchsees und unvorsichtige Vogelbeobachter).

Der ehemalige Gesteinsabbau am Langen Köchel hat die größte Felswand im Murnauer Moos hinterlassen.

Im Winter wurden dort schon mehrmals Mauerläufer, Zippammern und Alpenbraunellen gesichtet. In den Randbereichen des Bearbeitungsgebietes bieten natürliche Felsen Lebensraum, in dem typische Felsbrüter regelmäßig vor-

Ramsachkircherl St. Georg.

kommen (z. B. Uhu am Höllenstein nordwestlich Eschenlohe, Felsenschwalbe an der Klammwand bei Eschenlohe).

Siedlungen

Im Talraum liegen mehrere Siedlungen: Grafenaschau, Weichs, Ohlstadt, Achrain, Hechendorf, Eschenlohe, Schwaigen, Westried und Einzelhöfe. Sie sind trotz der bayernweiten Industrialisierung der Landwirtschaft weiterhin von der traditionsreichen, kleinbäuerlichen Landwirtschaft geprägt. Charakteristische Vogelarten der Dörfer profitieren von der Nähe zum Menschen. Rauch- und Mehlschwalben brüten dort weiterhin regelmäßig trotz des anhaltenden bayernweiten Bestandsrückgangs. Dohlen nisten selten in Kirchtürmen und an einer Autobahnbrücke der A95. Hohlräume an Gebäuden werden von Mauerseglern besiedelt. Die Vogelfauna der Ortschaften ist vielfältig und doch typisch für Oberbayern, ohne durch große Besonderheiten herauszustechen. Blüten- und samenreiche Gärten sind leider auch hier seltener geworden. Sterile Vorgärten und die rückläufige Landwirtschaft haben sich wohl negativ auf die Vogelbestände ausgewirkt.

Die Beobachtung gut getarnter Vogelarten im Murnauer Moos erfordert viel Geduld und etwas Glück. Hier rastet eine Zwergschnepfe in einer Streuwiese.

Entwicklung der Brutbestände

Zahlreiche Ornithologen haben das Murnauer Moos in den vergangenen Jahrzehnten besucht und mit ihren Aufzeichnungen für eine große Datenfülle gesorgt. Bis 1980 waren 179 Arten im Murnauer Moos nachgewiesen. Im Jahr 2016 lag die Anzahl nachgewiesener Arten schon bei 246 (unter Berücksichtigung der verschiedenen Schafstelzen-Unterarten und undokumentierter Beobachtungen von Spornammer, Gelbbrauen-Laubsänger und Mittelspecht). Dieser Anstieg ist allerdings nicht unbedingt auf „Verbesserungen“ der Lebensräume im Murnauer Moos zurückzuführen, sondern erklärt sich aus einer immer intensiveren Vogelbeobachtung und dadurch, dass sich die Lebensräume ständig verändern und sich deshalb neue Vogelarten ansiedeln, während andere verschwinden.

Zu Beginn des 19. Jahrhunderts war das Moos noch stärker landwirtschaftlich genutzt und waldärmer als heute. Wiesenvögel kamen noch in großer Zahl vor und schufen eine heute kaum vorstellbare Klangkulisse im Frühjahr. Einen kleinen Einblick vermittelt ein Zeitungsartikel von Gerhart Klammet (damals Angestellter der Vogelschutzwarte Garmisch-Parten-

Das Naturschutzgebiet Murnauer Moos

Ueberall regt sich jetzt reiches Vogelleben

Wie wir bereits gemeldet haben, ist kürzlich das im oberbayerischen Alpenvorland gelegene Murnauer Moos zum Naturschutzgebiet erklärt worden. Die folgende Schilderung vermittelt einen lebhaften Eindruck von den Veränderungen, die sich gerade jetzt im Moor ereignen.

Wenn die Tage länger und wärmer werden, wenn der Schnee sich in die hintersten Schattenwinkel des Waldes verkriecht und der Seidelbast rot aus dem Unterholz aufleuchtet, kommt auch für das Moor die schönste Zeit des Jahres.

Die Kiebitze sind schon da, wenn die unabsehbar weite Riedwiese noch jeden Morgen eine glitzernde Rauhreifdecke trägt, die erst die höher steigende Sonne zum Schwinden bringt. Sie sind die ersten Frühlingsboten, und wo sie sich zeigen, hat der Winter verspielt.

Wenn dann der Föhn von den Bergen kommt, die schwarz und klar das Moor umsäumen, und Schmelzwasser weithin das Tiefland überfluten, hält der Frühling endgültig seinen Einzug.

Scharen von Zugvögeln eilen rastlos gen Norden. Wenn ich in den hellen Nächten vor die Tür meiner Moorkate trete, höre ich unablässig ihre freudigen Lockrufe über mir.

Eines Morgens sind dann die vielen gefiederten Bewohner des Riedes zurückgekehrt. Der Buchenwald hat bereits einen zartgrünen Anflug bekommen. Schlüsselblumen und Schneeglöckchen blühen auf allen Wiesen und darüber hängen singende Lerchen im unendlichen Blau. Im Dorf pfeifens die Spatzen von den Dächern und die Stare aus allen Obstbäumen:

Der Frühling ist da!

Birkhähne balzen im Morgengrauen überall auf den Heideblüten zwischen den Legföhrendickungen. Ihr dumpfes kokero-kokero-oh, das sie stundenlang, fast ohne Unterbrechung, hören lassen, füllt die einsame Landschaft. Oft und oft habe ich den kleinen, stahlblau schillernden Rittern und ihrem wunderlichen Treiben am Balzplatz von dem gut verblendeten Schirm aus zugesehen, den ich mir dort in einen dichten Busch unauffällig einbaute.

Aber nicht allein die Birkhähne sind tonangebend im Moor. Viele Vögel gibt es da, die nach Stimme und Aussehen den meisten Menschen völlig unbekannt sind.

Die Bekassine läßt des Abends aus der Luft ihr seltsam-dumpfes Meckern hören, das ihr den Namen „Himmelsziege“ eingetragen hat.

Im Schilfwald brüllt die Rohrdommel, vom Volksmund auch „Mooskuh“ genannt. Man kann ihren unheimlich klingenden Ruf, der dem Brüllen eines Rindes tatsächlich täuschend ähnelt, kilometerweit vernehmen.

Ueber eine ebenfalls recht ansehnliche Stimmbegabung verfügt auch Kolüt, der große Brachvogel, dessen schallendes tlaüd-tlaüd wohl überhaupt als der schönste und klangvollste Vogelruf im Moor bezeichnet werden kann.

Kiebitze gaukeln zu Dutzenden über den Riedwiesen. Zwischen den unzähligen rosa Mehlprimeln und tiefdunkelblauen Enzianglocken, die dort blühen, haben sie ihre Nester.

Die auf den flachen Grasblüten brütenden Rotschenkel und Kiebitze umflattern dich mit ängstlichem Geschrei, wenn du ihren Gelegen zu nahe kommst. Glaube aber nicht, daß du diese nun findest. Wenige Schritte nur stehst du vom Neste entfernt und siehst doch die großen Eier zu denen Füßen nicht, die ihre bunte, dem Untergrund vortrefflich angepaßte Färbung so wunderbar zu schützen vermag, obgleich das Gelege völlig frei auf einem kleinen Rasenhügelchen liegt.

Ein paar Wochen später regen sich die Jungen in den bunten Schalen. Leise piepend zerstören sie mit den schwachen Schnäbeln die lästig gewordene Hülle.

Mit besorgten Rufen umkreisen uns die alten Vögel. Wir wollen sie nicht lange ängstigen, sondern lieber ein paar Stunden später oder in der Frühe des folgenden Tages wiederkommen, wenn die Kleinen sich befreit haben und wie farbige Dunenbällchen eng zusammengekuschelt in der warmen Nestmulde sitzen. Mit großen dunklen Augen gucken sie verwundert in die Welt, die geheimnisvoll und unerforscht um sie her gebreitet liegt.

Nimmst du eines von ihnen auf die Hand, so wird es dich ohne Scheu vertrauensvoll anblicken, um dann hurtig auf langen unbeholfenen Beinen im Grase wegzulaufen, wenn du ihm die Freiheit wiedergibst.

Die meisten Moorvögel verlassen das Nest, in dem sie ihre Jungen erbrütet haben, für immer, wenn letztere kaum ein paar Stunden alt sind. Sie führen ihre Küken dann am liebsten an die unzugänglichen Stellen im Seggensumpf, wo es Nahrung in Hülle und Fülle gibt und das hohe Gras die tollpatschigen Kleinen vor dem Rohrweih sicher zu schützen vermag.

Wenn dann der Sommer kommt, sind die vielen Vogelkinder, die das Moor gezeugt, herangewachsen. Der Zugtrieb erfaßt sie, kaum daß sie die Kraft ihrer Schwingen erprobt, und entführt sie über Nacht aus der Heimat.

Uebers Jahr aber im Frühling, wenn der Föhn von den Bergen kommt und den Schnee im Moore schmilzt, wenn die Erlen ihre gelben Blütentroddeln im Winde wehen lassen und die Birkhähne auf der großen Wiese vor meinem Hause zu kollern beginnen, sind sie plötzlich alle wieder da und füllen das erwachende Land mit ihren wohlklingenden Rufen.

Gerhart Klammet

Die Ausweisung als Naturschutzgebiet war damals eine Falschmeldung. Im Jahr 1939 war das Naturschutzgebiet wohl debattiert und 1940 „sichergestellt“, aber erst 1980 als solches ausgewiesen worden (Archiv des Landratsamts Garmisch-Partenkirchen).

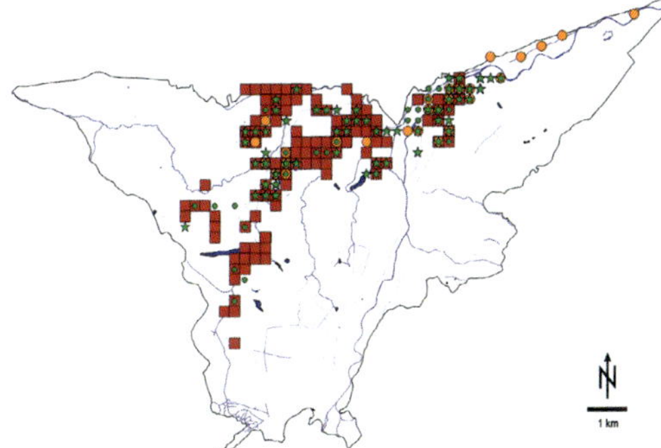

Verbreitung des Teichrohrsängers im Bearbeitungsgebiet (Rote Quadrate: Rasterkartierungen 1977/1980, orange Kreise: Rasterkartierung 1996, kleine grüne Kreise: Rasterkartierung 2005, grüne Sterne: Revierkartierung 2016).

kirchen) aus dem Garmisch-Partenkirchener Tagblatt vom 12.4.1939, (siehe S. 28 unten).

Seit 1945 hat sich die Waldfläche im Murnauer Moos mehr als verdoppelt (Kleiner 2006). Folglich haben sich besonders im Wald lebende Arten ausbreiten können. Deutlich zugenommen haben beispielsweise Grauspecht, Kleiber, Waldbaumläufer und Haubenmeise. Der nun gut vertretene Weißrückenspecht nutzt seit einigen Jahren sogar absterbende Grauerlen entlang der Bäche zur Nahrungssuche und brütet dort und in den geschlossenen Wäldern der Köchel in Laubbäumen.

Schilfbrüter profitieren von Schilfflächen, die sich in nicht mehr genutzten ehemaligen Streuwiesenbereichen ausbreiten. Sie haben dort inzwischen große Bestände. Weit über 300 Paare der Rohrammer brüten im Gebiet. Die versteckt lebenden Wasserrallen erreichen wohl 100 Paare (Weiss 2016). Die Bestandsentwicklung ist aber nicht bei allen Schilfbrütern gleich gut. Die fast amselgroßen Drosselrohrsänger sind schon seit Jahrzehnten als Brutvögel im Moos ausgestorben und auch das Vorkommen des kleineren Teichrohrsängers ist seit 1980 im Gebiet deutlich rückläufig.

Großer Brachvogel am Gelege. In den 1930er Jahren konnten solche Szenen noch häufig beobachtet werden.

Kiebitz am Brutplatz im Murnauer Moos, man beachte die ungewöhnliche Gelegegröße mit fünf statt vier Eiern (Aufnahme aus den 1930er Jahren).

Unter einem alle Arten umfassenden, ungebremsten Rückgang leiden die Wiesenvögel. Er vollzieht sich im Murnauer Moos zwar gedämpfter als im bayernweiten Durchschnitt, ist aber dennoch sehr beunruhigend. Die Lebensbedingungen haben sich für Wiesenbrüter im 20. Jahrhundert deutlich verschlechtert. Gebüsche und Gehölze haben sich in ihrem Lebensraum breitgemacht. Große Flächen sind verbracht und für Wiesenvögel nicht mehr nutzbar gewesen. 1977 wurde dann die Autobahn von Ohlstadt bis nach Eschenlohe auf Kosten wertvoller Offenlandflächen verlängert und die Moorlandschaft zerschnitten (Strohwasser 2018). Außerdem konnten sich Feinde der Wiesenvögel ausbreiten. Der Fuchs hat seit der Ausrottung der Tollwut bayernweit stark zugenommen. Außerdem kommen inzwischen Wildschweine und in geringer Zahl auch Waschbären und Marderhunde im Gebiet vor. 1968 brüteten noch um die 20 Paare des Brachvogels gesellig im Murnauer Moos. Seit Jahren hält sich dort regelmäßig nur noch ein einsames Brutpaar auf, das sich allein kaum gegen Feinde wehren kann und folglich auch keinen Bruterfolg mehr hat. Seit 2016 wird versucht, Nest und Jungvögel mittels Elektrozäunen gegen Bodenfeinde zu schützen. Der Kiebitz ist inzwischen komplett als Brutvogel verloren gegangen; 1977 waren es noch 21 Brutpaare.

Um den Wiesenbrütern zu helfen, werden gemeinschaftlich von Landwirten, Naturschutzbehörden und -verbänden Gegenmaßnahmen ergriffen. Etwa seit der Jahrtausendwende wurde die Streuwiesenmahd wieder deutlich ausgedehnt. Dadurch konnten ehemalige Lebensräume für Wiesenbrüter erneut nutzbar gemacht werden. Zahlreiche Landwirte haben die Streuwiesennutzung wieder aufgenommen oder verstärkt und unterstützen so den Wiesenbrüterschutz aktiv. Ob der negative Trend wenigstens lokal umgekehrt werden kann? Bei Braunkehlchen und Feldlerche beispielsweise ist zu befürchten, dass der fast flächige Rückzug aus der bayerischen Kulturlandschaft selbst von einem großen Schutzgebiet wie dem Murnauer Moos nicht aufgefangen werden kann. Die Arten sind bislang rückläufig, trotz zahlreicher Maßnahmen zur Verbesserung ihrer Lebensräume im Moos.

Ungeachtet der genannten Rückgänge bleibt das Murnauer Moos das bedeutendste Brutgebiet in Bayern für den deutschlandweit vom Aussterben bedrohten Wachtelkönig und für die Bekassine. Weiterhin gehört es zu den wichtigsten bayerischen Brutgebieten von Wiesenpieper, Braun- und Schwarzkehlchen.

Die individuenstärkste Vogelartengruppe im Murnauer Moos sind die Singvögel. 1980 zählten die Kartiererinnen und Kartierer jeweils mindestens 300 Paare von Wacholderdrossel, Baumpieper, Fitis und Buchfink (Bezzel 1989). Die zuletzt genannten Arten gehören weiterhin zu den häufigsten Arten mit jeweils weit über 300 Paaren (Geiersberger 2005). Die Wacholderdrossel dagegen hat im gesamten Werdenfelser Land stark abgenommen (-82 % von 1980 bis 2009,

Im Murnauer Moos brütender Rotschenkel am Gelege (1935).

Rohrdommel, im Murnauer Moos in den 1930er Jahren aufgenommen.

probeflächenbasiert, Bezzel 2015). Eine ganze Reihe von Singvogelarten teilt ihr Schicksal mit der Wacholderdrossel. Die häufigste Nichtsingvogelart mit über 50 rufenden Männchen war 1977 der Kuckuck. 2016 wurde der Bestand von Weiss auf nur noch 28-30 Brutpaare geschätzt. Auch im gesamten Werdenfelser Land und in ganz Bayern ist die Individuenzahl häufiger Brutvogelarten seit 1980 um über ein Drittel zurückgegangen. Die Gründe für Abnahmen sind vielfältig: Nahrungsengpässe, Brut- und Individuenverluste durch Bewirtschaftung, Störungen, Zerstörung der Lebensräume und Änderungen der Bedingungen im Überwinterungsgebiet und längs der Vogelzugrouten. Mehrere einstige Brutvögel sind inzwischen ganz ausgestorben. Die letzten brütenden Rotschenkel wurden 1951 gesichtet. Seitdem gibt es selbst in der Durchzugszeit kaum noch Beobachtungen, obwohl im Murnauer Moos weiterhin passende Lebensräume für Rotschenkel zur Verfügung stehen (nasse Streuwiesen mit flachen wassergefüllten Senken). Das Verschwinden steht vermutlich in Zusammenhang mit dem großflächigen Rückzug der Art aus Südbayern.

Im Murnauer Moos balzender Birkhahn (Aufnahme aus den 1930er Jahren).

Zwischen Preisel- und Heidelbeeren gut verstecktes Gelege des Birkhuhns im Murnauer Moos (Aufnahme aus den 1930er Jahren).

Die Rohrdommel war bis in die 1970er Jahre noch regelmäßiger Brutvogel in störungsarmen Schilfbereichen der Gewässer im Murnauer Moos. Heute besteht nur sehr selten Brutverdacht.

Das Birkhuhn ist seit 1979 verschollen, auch wenn es weiterhin passend erscheinende Lebensräume gibt. Niemand weiß, warum der einstige Charaktervogel der Voralpenmoore so rasch verschwunden ist. Man kann nur spekulieren, ob zum Beispiel zunehmende Störungen am Balzplatz, Krankheit oder Parasitenbefall der Flachlandvögel zum flächendeckenden Verschwinden der Art im gesamten Alpenvorland geführt haben.

Der jüngste Verlust unter den Brutvögeln im Murnauer Moos ist der Raubwürger. Er kam noch Ende der 1990er Jahre mit fünf Brutpaaren im Gebiet vor. Er lebte vor allem am Rand von Hochmooren in strukturreichen Lebensräumen mit Anschluss an Streuwiesenbereiche. Der Raubwürger ist auch in ganz Bayern stark rückläufig und steht jetzt kurz vor dem bayernweiten Aussterben. Die genauen Gründe für den Rückgang sind noch nicht erkannt.

Es gibt aber auch Neuansiedlungen und positive Entwicklungen. Schwarzkehlchen werden im Moos erst seit 1965 beobachtet und haben seitdem einen fortlaufenden Bestandsanstieg erfahren. Sie überwintern im nahe gelegenen Mittelmeerraum und in Westeuropa. Dadurch können sie auf Klimaveränderungen kurzfristig reagieren. In günstigen Jahren brüten sie mehrmals und können so für viele Nachkommen sorgen. Die Strategie scheint aufzugehen.

In den 1970er Jahren tauchten erstmalig im Rahmen der Arealausweitung nach Westen Karmingimpel im Gebiet auf. Inzwischen ist die Art regelmäßiger Brutvogel und einer der wenigen Ver-

Tabelle 1: Verantwortungsarten im Bearbeitungsgebiet (Arten mit mehr als 5% Anteil des bayerischen Brutbestands; Datengrundlage *Weiss 2016, **Liebel 2015 bei Wiesenbrütern und Rödl et al. 2012 bei sonstigen Arten).

Vogelart	Anzahl Brutpaare Murnauer Moos*	Anteil des bayerischen Brutbestands**
Wachtelkönig *Crex crex*	34 - 44	22 - 29%
Tüpfelsumpfhuhn *Porzana porzana*	16	23 - 32%
Wasserralle *Rallus aquaticus*	71 - 105	6 - 13%
Bekassine *Gallinago gallinago*	46 - 49	15%
Wiesenpieper *Anthus pratensis*	114 - 132	20 - 24%
Braunkehlchen *Saxicola rubetra*	75 - 95	14 - 17%
Schwarzkehlchen *Saxicola torquatus*	222 - 236	37 - 59%
Schilfrohrsänger *Acrocephalus schoenobaenus*	29 - 34	5 - 9%
Rohrschwirl *Locustella luscinioides*	14 - 18	7 - 12%
Karmingimpel *Carpodacus erythrinus*	22 - 25	24 - 42%
Rohrammer *Emberiza schoeniclus*	310 - 361	2 - 7%

treter der Ostzieher im Murnauer Moos. Er überwintert in Indien. Derzeit ist das Murnauer Moos das bedeutsamste Brutgebiet des Karmingimpels in Bayern. Alpenbirkenzeisige brüten seit 1973 regelmäßig im Gebiet. Sogar vom Kranich und Schwarzstorch gab es in den vergangenen Jahren gehäuft Beobachtungen zur Brutzeit. Bei beiden Arten ist eine Ansiedlung im Gebiet im Zusammenhang mit deren Arealausweitung in Deutschland durchaus zu erwarten. 2017 brütete die Rohrweihe erstmalig seit 1959 wieder im Moos.

Besonders Wiesen- und Schilfbrüterarten haben im Moos große Bestände, die mehr als 5 % des bayerischen Brutbestands ausmachen. Diese Arten sollten im Fokus des lokalen Vogelschutzes stehen und werden deshalb auch Verantwortungsarten genannt.

Aktuelle Beobachtungen

Interessieren Sie sich für die aktuellen Vogelbeobachtungen im Murnauer Moos? Dann können Sie folgenden QR-Code einscannen. Ihnen werden unmittelbar alle Beobachtungen der letzten 15 Tage angezeigt (Ausnahme: Sensible Daten). Tragen auch Sie Ihre Beobachtungen aus dem Murnauer Moos auf www.ornitho.de ein!

Der QR-Code wurde dankenswerterweise durch den Dachverband Deutscher Avifaunisten (DDA) e.V. bereitgestellt.

Artenporträts

Zu allen jemals im Talraum des Murnauer Mooses dokumentierten Vogelarten wurden Artenporträts zusammengestellt. Sie enthalten Informationen zum lokaltypischen Lebensraum, zum jahreszeitlichen Auftreten (Phänologie) und zu Gefährdung und Schutzmaßnahmen. Wenn der Brutbestand im Murnauer Moos und in Bayern bekannt ist, haben wir die Bedeutung des Gebiets für die verschiedenen Arten abgeschätzt. Wenn mehr als 5 % des bayerischen Bestands im Gebiet brütet, dann wird von Verantwortungsarten gesprochen. Da sich die Bestände kontinuierlich verändern, muss die Einschätzung in einigen Jahren neu überprüft werden. Zu Beginn jeden Artporträts verschaffen Symbole einen schnellen Überblick über den Status (Brutvogel oder Gast), Zugstrategie, bevorzugte Lebensräume und die jahreszeitliche Anwesenheit. Bei sehr seltenen Gästen werden nur die wichtigsten Informationen zu den wenigen Beobachtungen vorgestellt.

Status

B Regelmäßiger Brutvogel (mindestens in 60 % aller Jahre von 1966 bis 2016)

B! Unregelmäßiger Brutvogel

† Ausgestorbener Brutvogel

G Regelmäßiger Gast (mindestens in 60 % aller Jahre von 1966 bis 2016)

G! Unregelmäßiger Gast

Zugstrategie

 Langstreckenzieher (Überwinterung südlich der Sahara oder in Asien)

 Kurzstreckenzieher (Überwinterung in Mittel- und Südeuropa, Nord-Afrika)

 Standvogel

Bedeutung des Murnauer Mooses

 Verantwortungsart im Murnauer Moos (> 5 % der bayerischen Brutpopulation)

Lebensräume

 Wald

 Gewässer

 Schilf

 Fels

 Wiese

 Siedlung

 Gebüsch

Jahreszeitliches Auftreten

Anzahl Beobachtungen im Monat (1966–2016)

(hellblau)	<10	sehr selten / unregelmäßig
(mittelblau)	10–50	selten / mäßig häufig
(dunkelblau)	>50	häufig / sehr häufig

Höckerschwan *(Cygnus olor)*

En: Mute swan

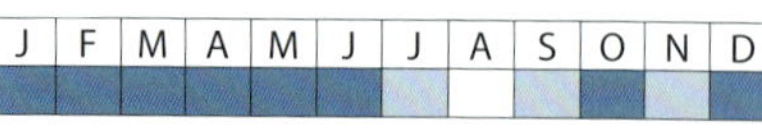

Lebensraum: Höckerschwäne können auf den verschiedensten Gewässern angetroffen werden. Am zuverlässigsten findet man sie an der Ramsach südlich von Murnau bis zur Mündung in die Loisach und am Haarsee bei Weichs. Nester werden nur am Rand von nährstoffreichen Gewässern angelegt.

Zeitraum (Phänologie): Ganzjährig anwesend mit bis zu neun Individuen gleichzeitig. Die Lücke der Beobachtungen im August dürfte auf die Vollmauser in diesem Zeitraum des Jahres zurückzuführen sein. Höckerschwäne sind für ca. sechs Wochen flugunfähig (Bauer *et al.* 2005) und halten sich dann auf größeren, nahrungsreichen Seen auf, die im Moos nicht vorhanden sind.

Bestandsentwicklung: Im Murnauer Moos kann man derzeit von maximal zwei bis drei Brutpaaren ausgehen. Seit den 1970er und 1980er Jahren hat sich am lokalen Bestand wenig geändert. Bereits bei Bezzel (1989) galt die Art als »nicht ganz regelmäßiger Brutvogel«. Brut am Haarsee 2018 mit sechs Pulli. Weitere Brutorte lagen in der Vergangenheit unter anderem am Wöhrbach, am Krebssee und an den Schilfseen.

Gefährdung und Schutz: Das Murnauer Moos ist mit seinen meist nährstoffarmen Seen wenig für Höckerschwäne geeignet. Die Brutvorkommen an den wenigen, nährstoffreicheren kleinen Gewässern wie Haarsee und Ramsach ermöglichen kaum weitere Revierpaare. Denkbar wäre derzeit noch eine Ansiedlung am »Deponieweiher« bei Grafenaschau. An seinen Brutorten besteht die Gefahr der Störung durch Spaziergänger, Angler und freilaufende Hunde. Die Art gilt in Bayern als ungefährdet.

Bedeutung: Gering. Der bayerische Brut-

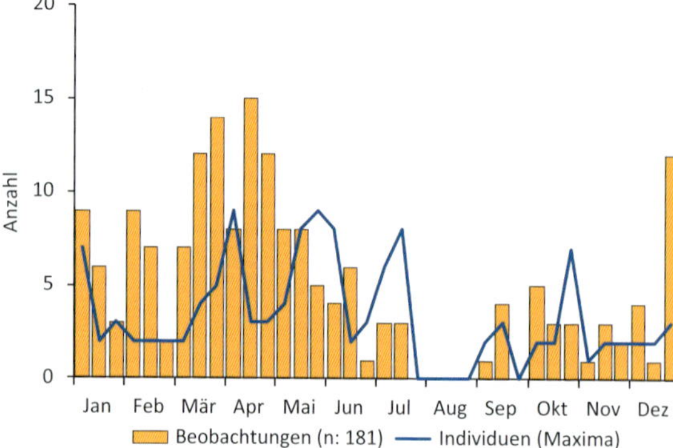

Jahreszeitliche Verteilung der Beobachtungen im Murnauer Moos und Individuenmaxima.

Singschwan *(Cygnus cygnus)*

En: Whooper swan

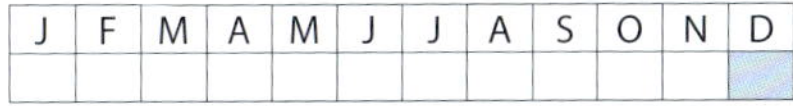

bestand liegt bei 1.200 bis 1.700 Brutpaaren (RÖDL *et al.* 2012).

Lebensraum: Ausnahmegast mit Winterbeobachtungen auf dem neuen Moosbergsee. Dort wurde 1996 sogar ein Pärchen balzend beobachtet. Singschwäne leben meist in lebenslanger Einehe.

Zeitraum (Phänologie): Bisher nur zwei Beobachtungen im Dezember (23.12.1996 und 19.12.2002).

Saatgans *(Anser fabalis)*

En: Bean goose

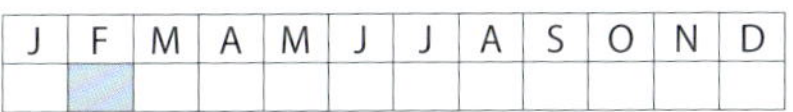

Lebensraum: Ausnahmegast. Nur zwei Beobachtungen. Trupp mit 13-15 Individuen am 4.2.1979 über das Eschenloher Moos fliegend. Einzelvogel am 8.2.1987 im Loisach begleitenden Moor östlich der B2.

Zeitraum (Phänologie): Beide Beobachtungen im Februar.

Graugans *(Anser anser)*

En: Greylag goose

J	F	M	A	M	J	J	A	S	O	N	D

Lebensraum: Noch Ausnahmegast. Beobachtungen auf verschiedenen Streuwiesen bzw. auf dem alten und neuen Moosbergsee schwimmend. Im Frühjahr 2018 hielt sich ein Pärchen regelmäßig zur Brutzeit in schwer zugänglichen Bereichen nördlich der Köchel auf. Ob es zur Brut kam, ist nicht bekannt.

Zeitraum (Phänologie): Nur sieben Beobachtungen bis 2016: Jan. 1985 ein Individuum überfliegend, am 10.1.2003 und am 2.11.2008 jeweils 26 überfliegende Graugänse (Gebietsmaximum), ein Individuum am 26.4.2008 und drei Beobachtungen im April 2016 mit unterschiedlichen Truppgrößen (max. acht Individuen am 15.4.).

Bedeutung: Gering. Im Jahr 2015 brüteten erstmals Graugänse im Landkreis Garmisch-Partenkirchen am Nordufer des Riegsees. Der bayerische Brutbestand liegt bei 1.800 bis 3.100 Brutpaaren (Rödl *et al.* 2012).

Blässgans *(Anser albifrons)*

En: Greater white-fronted goose

J	F	M	A	M	J	J	A	S	O	N	D

Lebensraum: Ausnahmegast. Beobachtungen vom nördlichen Rand des Murnauer Mooses und vom Wöhrbachgebiet.

Zeitraum (Phänologie): Nur zwei Beobachtungen: Ein Trupp mit vier Individuen am 14.7.1980 und ein Einzelvogel im zweiten Kalenderjahr am 9.2.1996.

Kanadagans *(Branta canadensis)*

En: Canada goose

J	F	M	A	M	J	J	A	S	O	N	D

Lebensraum: Kanadagänse wurden bis 2014 nur einmal an den Schilfseen und im Ostermoos bei Ohlstadt überfliegend gesehen. Seit 2015 wurde der Deponieweiher bei Grafenaschau besiedelt.

Zeitraum (Phänologie): Beobachtungen zwischen dem 17.3. und 31.5.

Bestandsentwicklung: Vor 2015 gab es nur zwei Beobachtungen am 23.4.1986 aus dem Ostermoos und am 25.4.2010 vom neuen Moosbergsee. Das Revierpaar von 2015 ist in den Folgejahren bis mindestens 2019 zurückgekehrt. Eine erste erfolgreiche Brut wurde dort 2017 beobachtet. Der Brutplatz lag auf der Insel in der Seemitte. Das Gebiet kann von einer kleinen Anhöhe am Nordende des Weihers gut eingesehen werden.

Gefährdung und Schutz: Kanadagänse sind nicht gefährdet. Der Brutplatz am Deponieweiher ist störungsarm (kein Angelbetrieb) und auf der Insel vor Bodenfeinden geschützt.

Die erste Brut der Kanadagans im Murnauer Moos auf dem Deponieweiher bei Grafenaschau wurde am 1.5.2017 von ANTJE GEIGENBERGER fotografisch dokumentiert.

Bedeutung: Gering. Seit der ersten Brut in Bayern 1928 (BAUER *et al.* 2005) ist der bayerische Brutbestand auf derzeit 300 bis 410 Brutpaare (RÖDL *et al.* 2012) angestiegen.

Rostgans *(Tadorna ferruginea)*

En: Ruddy shelduck

J	F	M	A	M	J	J	A	S	O	N	D

Lebensraum: Rostgänse wurden bislang nur sechsmal, immer paarweise, beobachtet: Einmal am Heumoosberg 2018, am neuen Moosbergsee und am ehemaligen Segelflugplatz bei Weghaus 2017, zweimal im Ostermoos (Streuwiesengebiet) 2013 und einmal 2010 an der Loisach unter der Autobahnbrücke bei Kleinweil.

Zeitraum (Phänologie): Beobachtungen zwischen dem 12.3. und 2.6.

Bedeutung: Gering. Seit der ersten Brut in Bayern 1993 (BEZZEL *et al.* 2005) ist der bayerische Brutbestand auf derzeit 20 Brutpaare (Rödl *et al.* 2012) angestiegen. Alle Bruten gehen vermutlich auf Gefangenschaftsflüchtlinge und deren Nachkommen zurück. Der nächstgelegene, bekannte und regelmäßig besetzte Brutplatz liegt am Premer Lechstausee (Landkreis Ostallgäu). Eine Brutansiedlung im Gebiet im Rahmen der Zunahme in Südbayern ist in der Zukunft wahrscheinlich. Die natürliche westliche Verbreitungsgrenze der östlichen Art liegt in Bulgarien.

Mandarinente *(Aix galericulata)*

En: Mandarin duck

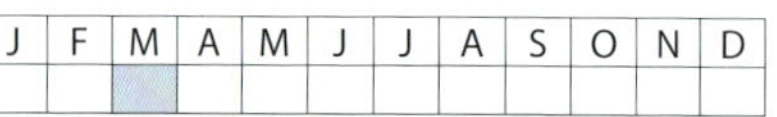

J	F	M	A	M	J	J	A	S	O	N	D

Lebensraum: Es gibt nur einen Nachweis einer Mandarinente im Bereich des Murnauer Mooses, nämlich aus den Beuteresten eines Uhus im zentralen Murnauer Moos 1999.

Bedeutung: Gering. Nächste Brutvorkommen liegen am Lech und in München. Der bayerische Brutbestand liegt bei etwa 20 Brutpaaren (Rödl *et al.* 2012).

Stockente *(Anas platyrhynchos)*

En: Mallard

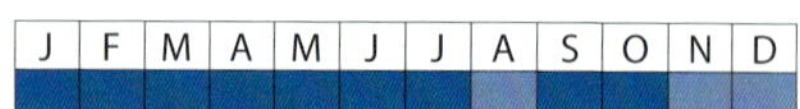

J	F	M	A	M	J	J	A	S	O	N	D

Lebensraum: Stockenten sind an allen Gewässern im Moos zu beobachten. Sie bevorzugen als Gründelenten vor allem Bereiche mit seichtem Wasser und flachen Ufern.

Zeitraum (Phänologie): Ganzjährig anwesend mit bis zu 140 überwinternden Individuen (22.1.1999) gleichzeitig.

Bestandsentwicklung: Der Bestand gilt deutschlandweit als langfristig stabil und kurzfristig fluktuierend (Gedeon *et al.* 2014). Auch im Murnauer Moos sind keine starken Bestandsänderungen aufgefallen. Der Brutbestand variierte auch früher stark: 1977 55 Brutpaare; 1980 20 Brutpaare. 2005 bestand bei mindestens 27 Paaren Brutverdacht.

Gefährdung und Schutz: Akute Gefährdungen sind derzeit nicht erkennbar.

Bedeutung: Gering. Der bayerische Brutbestand liegt bei 13.500 bis 32.000 Brutpaaren (Rödl *et al.* 2012).

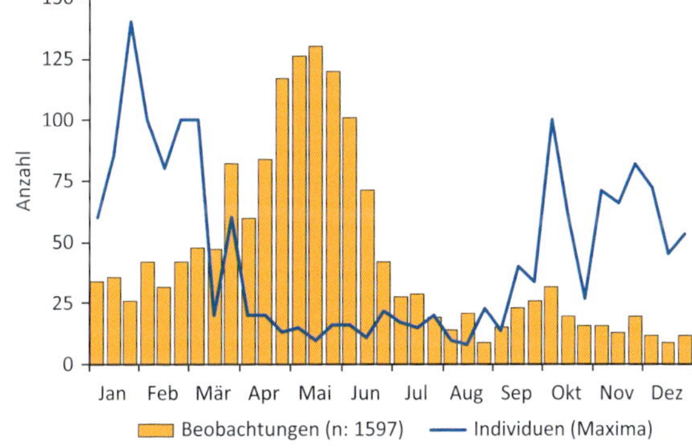

Jahreszeitliche Verteilung der Beobachtungen im Murnauer Moos und Individuenmaxima.

Schnatterente *(Mareca strepera)*

En: Gadwall

J	F	M	A	M	J	J	A	S	O	N	D

Lebensraum: Schnatterenten rasten vor allem im Winterhalbjahr gerne auf nährstoffreicheren Seen wie dem Haarsee. Es gibt aber auch Beobachtungen auf dem alten Moosbergsee, den Schilfseen und an verschiedenen Gräben im Moos. Da die Art vegetationsreiche und störungsarme Seen zur Brut bevorzugt und im Moos nährstoffarme Gewässer die Mehrzahl sind, findet sie dort kaum geeignete Bruthabitate.

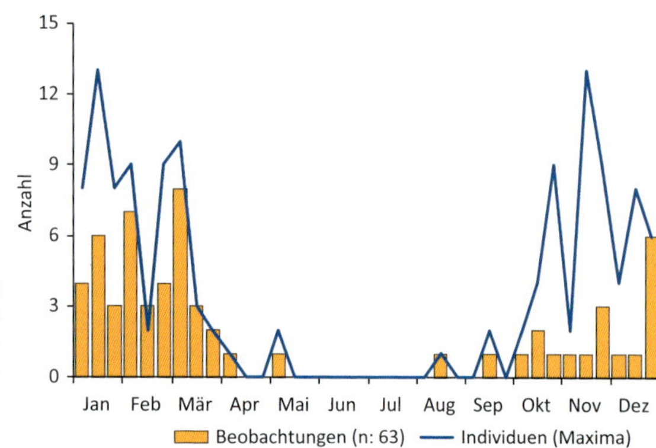

Jahreszeitliche Verteilung der Beobachtungen im Murnauer Moos und Individuenmaxima.

Zeitraum (Phänologie): Beobachtungen rastender Schnatterenten vom 15.8. bis 1.5. Die größten Trupps wurden mit 13 Individuen am 9.11.1994 und 15.1.1999 registriert.

Bestandsentwicklung: Der Brutbestand der Schnatterente in Deutschland hat seit den 1970er Jahren deutlich zugenommen. Etwas verspätet machte sich die Entwicklung auch im Murnauer Moos als Rastgebiet bemerkbar. Die erste Beobachtung erfolgte 1993. Von da an sind Schnatterenten fast regelmäßig im Gebiet anzutreffen gewesen. Nach einer ersten Einzelbrut im Landkreis Garmisch-Partenkirchen am Riegsee 1999 kam es ab 2010 zu regelmäßigen Bruten am Isarstausee Krün. Auch im Winter 2017 wurde im Murnauer Moos ein Trupp mit 6 Männchen festgestellt. Deutschlandweit sind die Winterrastbestände ansteigend (Wahl *et al.* 2011).

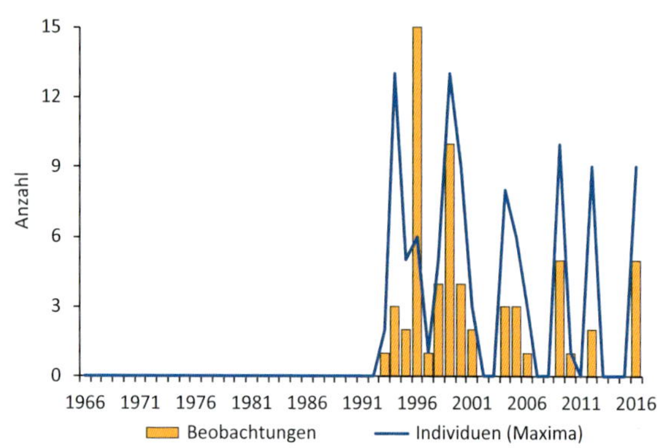

Beobachtungen im Murnauer Moos von 1966 bis 2016.

Gefährdung und Schutz: Akute Gefährdungen sind im Gebiet derzeit nicht erkennbar.

Bedeutung: Gering. Eine Ansiedlung als Brutvogel ist derzeit unwahrscheinlich. Brutlebensraum gäbe es am ehesten am Deponieweiher bei Grafenaschau. Der bayerische Brutbestand liegt bei 440 bis 700 Brutpaaren (Rödl *et al.* 2012).

Spießente *(Anas acuta)*

En: Northern pintail

J	F	M	A	M	J	J	A	S	O	N	D

Lebensraum: Im Murnauer Moos rasten Spießenten vor allem auf dem neuen Moosbergsee. Es gibt aber auch Beobachtungen vom Krebssee, Fügsee, Haarsee, den Schilfseen und von der Ramsach.

Zeitraum (Phänologie): Beobachtungen vom 19.9. bis 15.4.

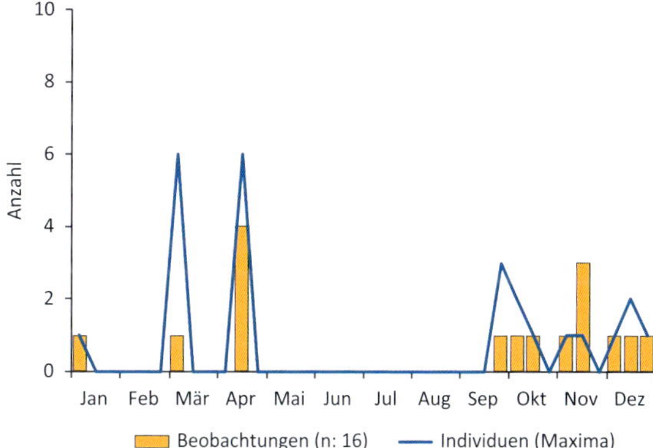

Jahreszeitliche Verteilung der Beobachtungen im Murnauer Moos und Individuenmaxima.

Bestandsentwicklung: Nachdem Max Dingler 1941 Spießenten als Durchzügler im Moos bezeichnet hatte, ließ die zweite dokumentierte Beobachtung einer Spießente im Murnauer Moos lange auf sich warten und glückte erst am 14.4.1986. Seitdem sind die Beobachtungen häufiger geworden (zuletzt 2013, 2015, 2016 und 2018). Der Anstieg der Beobachtungen steht in Einklang mit der Zeitreihe vom Chiemseegebiet (Lohmann & Rudolph 2016) und könnte den positiven Bestandstrend der kleinen mitteleuropäischen Brutpopulation widerspiegeln. Die großen Populationen Nord- und Osteuropas dagegen sind rückläufig (Bauer *et al.* 2005). Die größten Trupps mit sechs Individuen wurden im Winter 1986 und 1991 beobachtet.

Gefährdung und Schutz: Akute Gefährdungen sind im Gebiet nicht erkennbar.

Pfeifente *(Mareca penelope)*

En: Eurasian wigeon

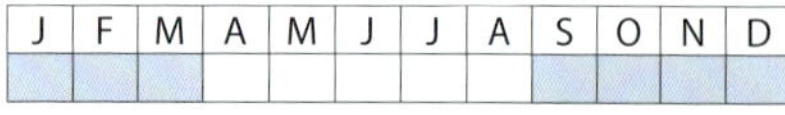

Lebensraum: Die meisten Beobachtungen der nordisch verbreiteten Pfeifenten liegen vom Haarsee vor. Außerdem rasteten Pfeifenten auch bereits auf der Ramsach und dem Wöhrbach. In einzelnen Jahren kommt es auch zu Überwinterungen (z. B. 2017/18 am Wöhrbach).

Zeitraum (Phänologie): Beobachtungen im Moos vom 6.9. bis 29.3.

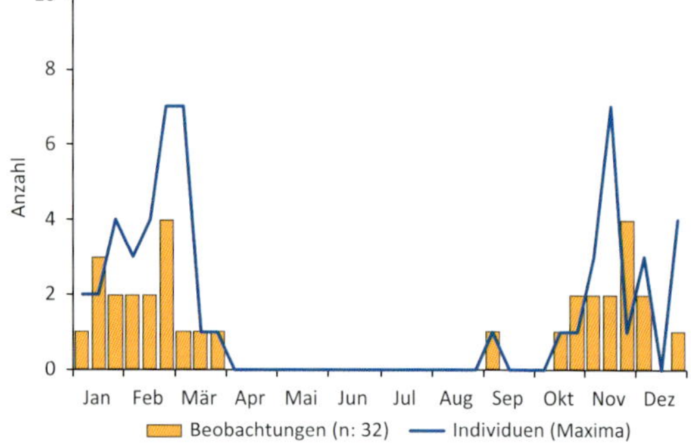

Jahreszeitliche Verteilung der Beobachtungen im Murnauer Moos und Individuenmaxima.

Bestandsentwicklung: Nach der ersten Beobachtung am 2.12.1990 häuften sich die Nachweise. In den vergangenen Jahren wird die Art fast jährlich gesehen: Zuletzt 2012, 2015, 2016, 2017 und 2018. Die Zunahme der Beobachtungen im Murnauer Moos seit 1990 deckt sich mit der Zunahme der Winterrastbestände am Chiemsee (Lohmann & Rudolph 2016) und in ganz Deutschland (Wahl *et al.* 2011). Trotz der Zunahme des Rastbestands scheint die Art weltweit im Rückgang begriffen zu sein (Birdlife International 2017). Sie verlagert offensichtlich ihre Rastgebiete.

Gefährdung und Schutz: Akute Gefährdungen sind im Gebiet derzeit nicht erkennbar.

Bedeutung: Gering.

Krickente *(Anas crecca)*

En: Eurasian teal

J	F	M	A	M	J	J	A	S	O	N	D

Lebensraum: Krickenten brüten vor allem im Bereich deckungsreicher Seen und Gräben. Brutzeitbeobachtungen liegen weiterhin von vernässten Torfstichen und Bächen vor. Es ist im Moment nicht klar, ob Krickenten weiterhin auch in Erlenbrüchen im Moos brüten. Da Erlenbrüche oft sehr schwer begehbar sind, können hier Bruten unentdeckt geblieben sein.

Zeitraum (Phänologie): Ganzjährig im Gebiet mit größten rastenden Trupps von über 100 Individuen im Dezember/Januar. Das Gebietsmaximum mit 130 Individuen wurde am 16.1.2015 an der Kläranlage bei Eschenlohe beobachtet.

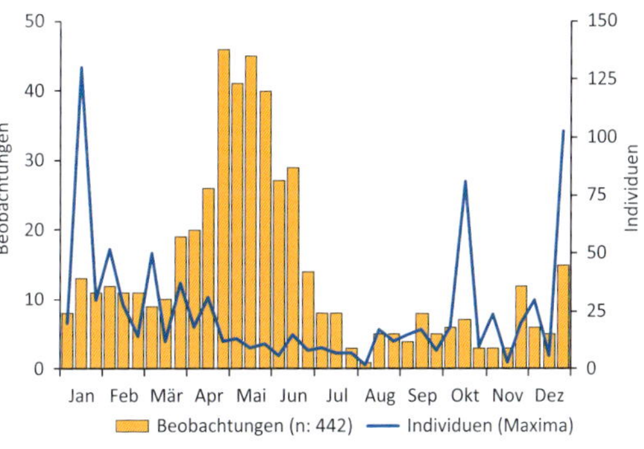

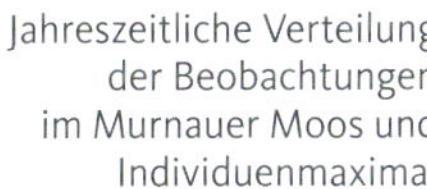
Jahreszeitliche Verteilung der Beobachtungen im Murnauer Moos und Individuenmaxima.

Bestandsentwicklung: Die Brutverbreitung der Krickente im Murnauer Moos hat sich verkleinert. Von 1977 bis 2005 ging die Verbreitung basierend auf Rasterkartierungen um 67 % zurück (GEIERSBERGER 2012). Waren 2005 noch sieben Raster besetzt, liegt der aktuelle Brutbestand nur noch bei vier Paaren (WEISS 2016). Die Rastbestände sind deutschlandweit leicht zunehmend (WAHL *et al.* 2011). Einen Hinweis darauf geben auch die drei größten je beobachteten Trupps im Talraum des Murnauer Mooses mit über 100 Individuen, die alle nach 2013 gemeldet wurden.

Gefährdung und Schutz: Störungen an den Brutplätzen sind vor allem durch Angler zu erwarten. Drei der vier Brutplätze 2016 lagen tatsächlich an Gewässern in denen derzeit nicht gefischt wird.

Bedeutung: Gering. Der bayerische Brutbestand liegt bei 230 bis 340 Brutpaaren (RÖDL *et al.* 2012).

Knäkente *(Spatula querquedula)*

En: Garganey

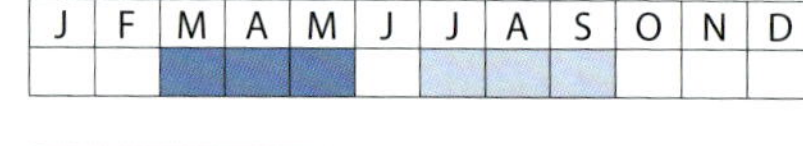

Lebensraum: Knäkenten bevorzugen nährstoffreiche, flache Gewässer, die im Murnauer Moos Mangelware sind. Die Art wird deshalb vor allem als rastender Durchzügler gemeldet. Einzelne Bruten kamen aber schon vor.

Zeitraum (Phänologie): Sommervogel. Beobachtungen zwischen 9.3. und 19.9. Größter Trupp mit 14 Individuen am 28.3.1982.

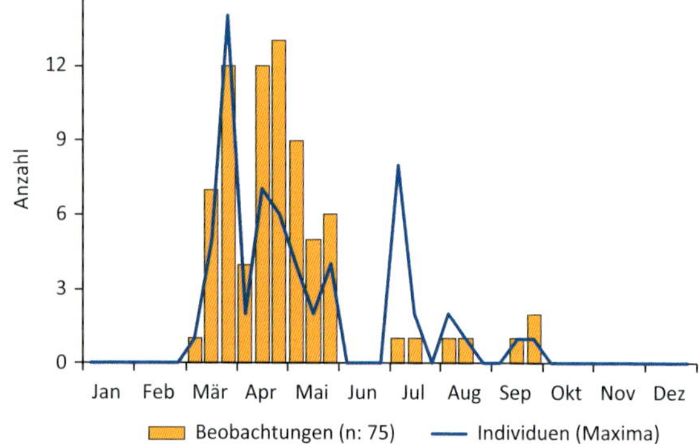

Jahreszeitliche Verteilung der Beobachtungen im Murnauer Moos und Individuenmaxima.

Bestandsentwicklung: Der letzte Brutnachweis mit sieben nicht-flüggen Jungvögeln stammt aus dem Juli 1982 im zentralen Murnauer Moos. Die letzten Brutzeitbeobachtungen liegen aus dem Jahr 1993 vor. Auch zuvor galt die Art nur als seltener, unregelmäßiger Brutvogel (z.B. bei Klammet 1932-38, Bezzel 1989) oder als Durchzügler (Dingler 1941). Nach 1993 gab es nur noch Beobachtungen im Frühjahr oder Herbst rastender Individuen. Sie bevorzugten dann die künstlich geschaffenen, damals noch vegetationsarmen Tümpel am ehemaligen Moosberg.

Gefährdung und Schutz: Akute Gefährdungen sind im Gebiet derzeit nicht erkennbar.

Bedeutung: Gering. Der bayerische Brutbestand liegt bei 45 bis 60 Brutpaaren (Rödl *et al.* 2012). Eine dauerhafte Ansiedlung als regelmäßiger Brutvogel im Murnauer Moos ist unwahrscheinlich.

Löffelente *(Spatula clypeata)*

En: Northern shoveler

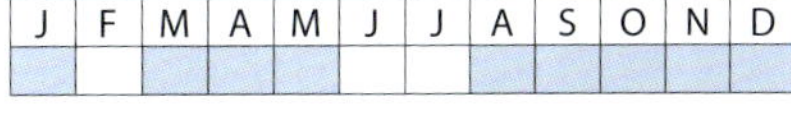

Lebensraum: Löffelenten bevorzugen schlammreiche, nährstoffreiche Gewässer. Am ehesten findet die Art im Haarsee geeignete Nahrungsflächen für wenige Tage Aufenthalt während des Durchzugs. Einzelne Beobachtungen gab es aber auch auf den Schilfseen, in einem mittlerweile komplett zugewachsenen Hochwasserrückhaltebecken an der Loisach und am Moosbergsee.

Zeitraum (Phänologie): Sehr seltener Durchzügler im Frühjahr (20.3. - 9.5.) und Herbst (26.8. - 1.12.).

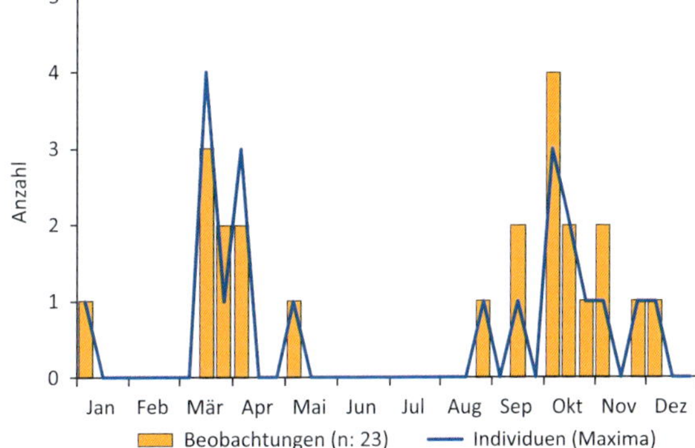

Jahreszeitliche Verteilung der Beobachtungen im Murnauer Moos und Individuenmaxima.

Bestandsentwicklung: Nach der ersten Beobachtung eines Weibchens am 28.3.1982 kamen eine Handvoll weiterer Beobachtungen dazu. Es ist keine Häufung zu erkennen. Der letzte Nachweis gelang am 28.10.1997 und liegt somit bereits über 20 Jahre zurück. Deutschlandweit ist der Bestand stabil mit 2.500 bis 2.900 Brutpaaren (GEDEON *et al.* 2014)

Gefährdung und Schutz: Akute Gefährdungen sind im Gebiet nicht erkennbar.

Bedeutung: Gering. Das Gebiet ist wenig für Löffelenten geeignet. Eine Ansiedlung ist daher unwahrscheinlich. Der bayerische Brutbestand liegt bei 30 bis 40 Brutpaaren (RÖDL *et al.* 2012).

Tafelente *(Aythya ferina)*

En: Common pochard

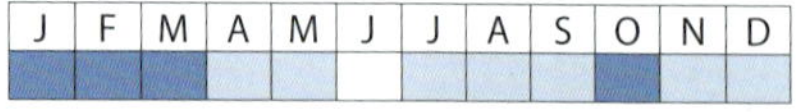

Lebensraum: Tafelenten überwintern besonders auf dem Haarsee, können aber auch auf allen anderen Gewässern im Moos auftreten. Selbst auf nährstoff- und unterwasservegetationsarmen Gewässern in Hochmooren wurden Tafelenten schon beobachtet.

Zeitraum (Phänologie): Beobachtungen gibt es im Herbst, Winter und Frühjahr. Im Sommer wurden vom 8.5. bis 11.7. bislang keine Tafelenten beobachtet. Größter Trupp am 19.3.1996 mit 27 Individuen.

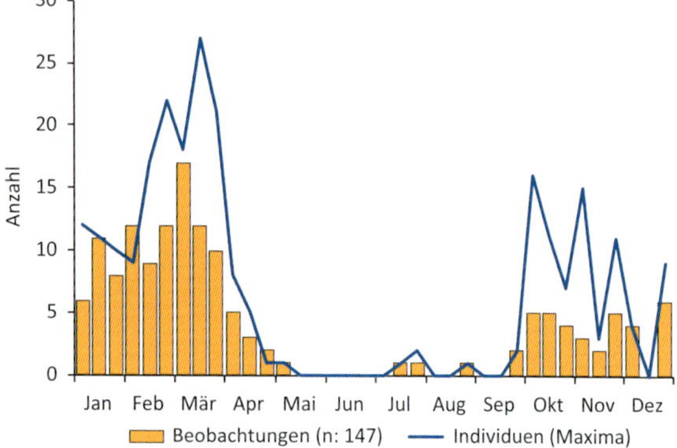

Jahreszeitliche Verteilung der Beobachtungen im Murnauer Moos und Individuenmaxima.

Bestandsentwicklung: Die größten Tafelententrupps sind fast alle in den 1990er Jahren aufgetreten. Seitdem werden nur noch kleinere Trupps festgestellt. Es muss von abnehmenden Rastbeständen ausgegangen werden. Auch deutschlandweit sind die Winterrastbestände seit 2000 abnehmend (Wahl *et al.* 2011).

Gefährdung und Schutz: Akute Gefährdungen sind derzeit nicht erkennbar.

Bedeutung: Gering. Eine Ansiedlung als Brutvogel ist derzeit unwahrscheinlich. Der bayerische Brutbestand liegt bei 900 bis 1.300 Brutpaaren (Rödl *et al.* 2012).

Kolbenente *(Netta rufina)*

En: Red-crested pochard

J	F	M	A	M	J	J	A	S	O	N	D

Lebensraum: Kolbenenten bevorzugen vegetationsreiche Gewässer mit mildem Klima. Die wenigen Beobachtungen der Kolbenente beschränken sich auf rastende Vögel im Winter auf dem Haar-, Moosberg-, Krebssee und der Loisach.

Zeitraum (Phänologie): Nur fünf Beobachtungen (1991, 1996, 1998, 2000). Beobachtungen zwischen dem 1.11. und dem 14.3.

Bestandsentwicklung: Der Brutbestand der Kolbenente ist in Bayern ansteigend. Das nächstgelegene, jedoch neue Brutvorkommen liegt nur wenige Kilometer nördlich des Murnauer Mooses am Staffelsee. Dennoch lassen Beobachtungen nach 2000 auf sich warten.

Gefährdung und Schutz: Akute Gefährdungen sind nicht erkennbar.

Bedeutung: Gering. Eine Brutansiedlung ist unwahrscheinlich da Kolbenenten größere, nährstoffreiche Gewässer bevorzugen, die es im Murnauer Moos nicht gibt. Der bayerische Brutbestand liegt bei 300 bis 410 Brutpaaren (Rödl *et al.* 2012).

Juvenile Kolbenente am Staffelsee.

Reiherente *(Aythya fuligula)*

En: Tufted duck

J	F	M	A	M	J	J	A	S	O	N	D

Lebensraum: Reiherenten bevorzugen mäßig bis stark nährstoffreiche Gewässer mit Deckung gebender, dichter Ufervegetation und flachen Ufern. Im Moos brüten sie vor allem am Haarsee und an der Ramsach. Bei Ohlstadt gab es auch Bruten am Schnaitbach.

Zeitraum (Phänologie): Ganzjährig, mit größten rastenden Trupps im Spätwinter mit bis zu 46 Individuen am 29.3.1996 am Haarsee. Alle Ansammlungen mit über 30 Individuen wurden in den 1990er Jahren beobachtet.

Nicht-flügger Jungvogel.

Bestandsentwicklung: Sowohl DINGLER (1941) als auch Tierfotograf KLAMMET (1932-38) geben Reiherenten »nur« als Durchzügler an. Die erste Brut wurde 1977 bekannt. Dann stieg der Bestand auf bis zu acht Paare 1988 an. Aus der Datenbank »Avifauna Werdenfels« und den Daten aus ornitho.de lässt sich nicht ableiten, ob und wie viele Reiherenten jährlich im Moos brüten. 2005 wurden an neun Stellen Reiherentenpaare zur Brutzeit beobachtet.

Gefährdung und Schutz: Störungen an den Brutplätzen sind vor allem durch Angler zu erwarten.

Bedeutung: Gering. Der bayerische Brutbestand liegt bei 4.800 bis 7.500 Brutpaaren (RÖDL *et al.* 2012).

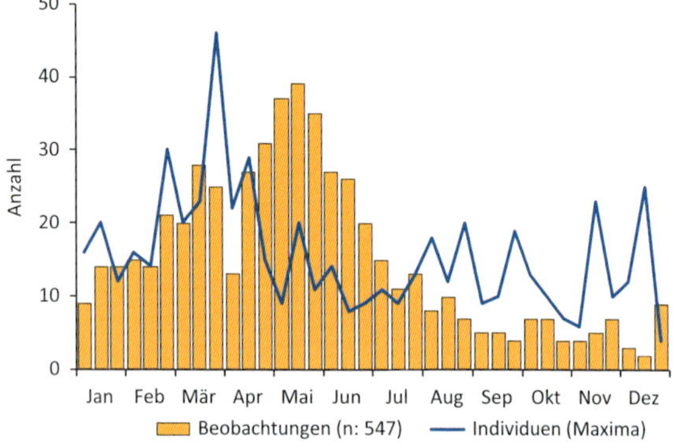

Jahreszeitliche Verteilung der Beobachtungen im Murnauer Moos und Individuenmaxima.

Bergente *(Aythya marila)*

En: Greater scaup

J	F	M	A	M	J	J	A	S	O	N	D

Lebensraum: Nur ein Weibchen im 1. Kalenderjahr vom 10.-15.11.1995 am Haarsee anwesend. Bergenten überwintern vorwiegend an den Küsten Mittel- und Nordeuropas.

Eiderente *(Somateria mollissima)*

En: Common eider

J	F	M	A	M	J	J	A	S	O	N	D

Lebensraum: Nur zwei Beobachtungen: 1) 15.11.1988: drei Individuen nach Süden überfliegend, südlich Ohlstadt und 2) 25.6.1989: zwei Individuen vom Haarsee aus überfliegend beobachtet. Rastende Eiderententrupps treten unregelmäßig in Bayern vor allem an den großen Seen des Alpenvorlandes auf (allen voran am Boden- und Chiemsee).

Schellente *(Bucephala clangula)*

En: Common goldeneye

J	F	M	A	M	J	J	A	S	O	N	D

Lebensraum: Schellenten brüten vor allem in verlassenen Schwarzspechthöhlen aber auch in anderen natürlichen Höhlen oder sogar Nistkästen, am liebsten in der Nähe bewaldeter, nährstoffarmer Gewässer. In Ausnahmefällen liegen die Brutplätze mehrere Kilometer vom nächsten Nahrungsgewässer entfernt. Im Murnauer Moos fehlen passende Brutbedingungen. Der Großteil der wenigen Beobachtungen stammt von der Loisach unterhalb Achrain.

Zeitraum (Phänologie): Beobachtungen vom 22.10. bis 1.4.

Bestandsentwicklung: Schellenten brüten seit 1976 in Bayern und erst 1978 wurde die erste oberbayerische Brut am Walchensee bekannt (Gauckler *et al.* 1978). Der darauffolgende Bestandsanstieg in Bayern auf 110 bis 150 Brutpaare (Rödl *et al.* 2012) machte sich zunächst durch häufigere Beobachtungen bis 2005 bemerkbar. Seitdem gab es jedoch keine neuen Nachweise mehr.

Gefährdung und Schutz: Akute Gefährdungen sind nicht erkennbar.

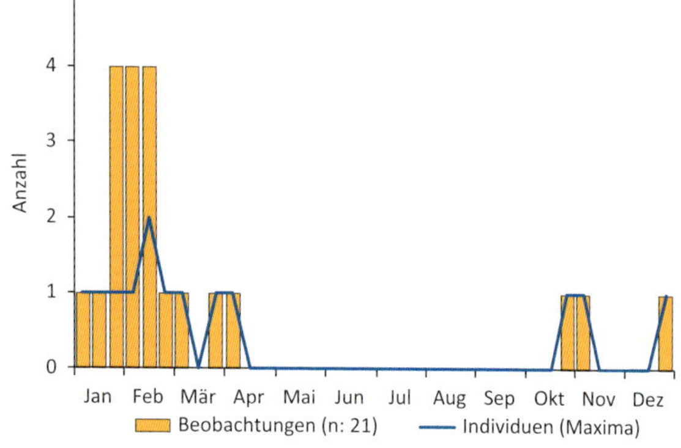

Jahreszeitliche Verteilung der Beobachtungen im Murnauer Moos und Individuenmaxima.

Zwergsäger *(Mergellus albellus)*

En: Smew

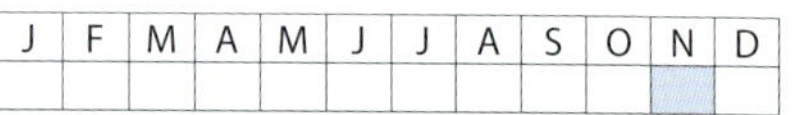

J	F	M	A	M	J	J	A	S	O	N	D

Lebensraum: Nur eine Beobachtung zweier Individuen im Schlichtkleid auf dem Moosbergsee am 20.11.1983. Rastende Zwergsäger treten in Bayern unregelmäßig vor allem an den großen Seen des Alpenvorlandes auf.

Gänsesäger *(Mergus merganser)*

En: Common merganser

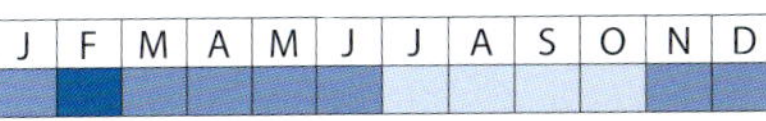

Lebensraum: Gänsesäger sind fischfressende Höhlenbrüter, die klare Bäche und Flüsse als Nahrungsgewässer bevorzugen. Nester werden in Bruthöhlen alter Bäume, aber auch in künstlichen Höhlen an Scheunen, auf Dachböden oder sogar in Schornsteinen angelegt. An der Loisach brütete 1990 ein Paar in einem Nistkasten des Landesbunds für Vogelschutz (LBV). Weitere Bruten wurden am Lindenbach, am Mühlbach, an der Ramsach und an der Loisach bekannt. Gänsesäger werden immer wieder bei der Nahrungssuche auf den größeren Seen im Gebiet beoachtet (Moosbergsee, See am Langen Köchel).

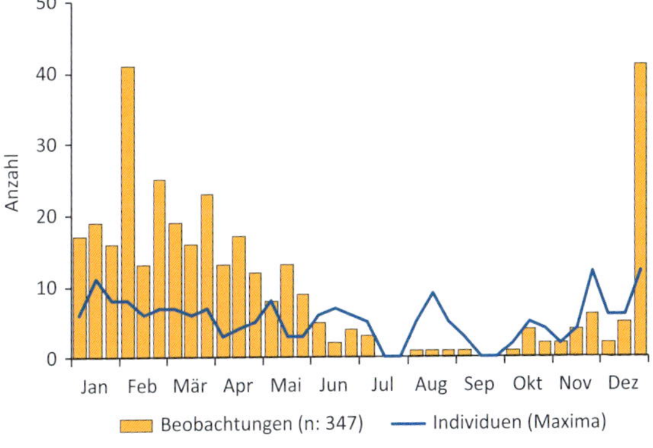

Jahreszeitliche Verteilung der Beobachtungen im Murnauer Moos und Individuenmaxima.

Zeitraum (Phänologie): Ganzjährig, mit größten rastenden Trupps im Winter 1993, 1998 und 2004 mit jeweils 12, bzw. 11 Individuen.

Bestandsentwicklung: Die letzte bekanntgewordene erfolgreiche Brut wurde an der Loisach bei Eschenlohe 2010 festgestellt. Der Gänsesäger ist trotz der bayernweiten Bestandserholung ein seltener, unregelmäßiger Brutvogel im Bereich des Murnauer Mooses und der Loisachmoore bis Großweil.

Gefährdung und Schutz: Störungen an den Brutplätzen sind vor allem durch Erholungssuchende an der Loisach (Schlauchbootfahrer und Angler) zu erwarten. Im Murnauer Moos werden sich die Brutbedingungen voraussichtlich weiter verbessern, da bachbegleitende Wälder alt werden dürfen, sodass sich das Angebot geeigneter Bruthöhlen erhöhen wird.

Bedeutung: Gering. Der bayerische Brutbestand liegt bei 420 bis 550 Brutpaaren (Rödl *et al.* 2012).

Auerhuhn *(Tetrao urogallus)*

En: Western capercaillie

J	F	M	A	M	J	J	A	S	O	N	D

Lebensraum: Nur vier Beobachtungen wurden in die Datenbanken eingetragen (1984, zweimal 2006 und 2016). Bezzel (1989) geht dagegen davon aus, dass Auerhühner »gelegentliche Gäste« im Murnauer Moos sind. Vermutlich rasten Einzeltiere immer wieder bei dem Versuch, von einem zum nächsten Gebirgsstock zu fliegen. Auerhühner sind regelmäßige Brutvögel in den angrenzenden Bergwäldern des Estergebirges und der Ammergauer Alpen. Am 21.10.2006 wurde ein Männchen beobachtet, als es von Südosten kommend in Vorderbraunau in einem kleinen Teich »notlandete«. Nach der Landung war der Hahn flugunfähig und wurde zur Pflege in den Alpenzoo Innsbruck überführt. Es gibt keine Hinweise auf Bruten auf den Köcheln.

Bedeutung: Gering. Der bayerische Brutbestand wird auf 600 bis 900 Paare geschätzt (Rödl *et al.* 2012).

Birkhuhn *(Lyrurus tetrix)*

En: Black grouse

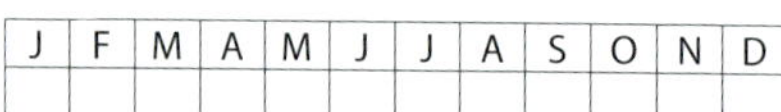

J	F	M	A	M	J	J	A	S	O	N	D

Lebensraum: Birkhühner bevorzugen in Talböden halboffene Landschaften mit Mooren, die zur Gruppenbalz genutzt werden und von beerstrauchreichen, lockeren Wäldern umgeben sind. Bereits in der ersten Hälfte des 20. Jahrhunderts kam es zu markanten Rückgängen des ehemaligen Charaktervogels des Murnauer Mooses. Dingler (1941, S. 59) schreibt beispielsweise: »Ein bis vor kurzem zahlreich im Moos vertretenes Federwild, das Birkwild, hat sich heute auf einen kleinen

Die letzte Birkhuhnbalz wurde im Murnauer Moos im Frühjahr 1977 (2 Hähne, 2 Weibchen) beobachtet (Aufnahmeort: Trondheim, Bymarka, Norwegen).

Raum am Heumoosberg zurückgezogen. Spielhahnbalz im Hohenboigenmoos beim ersten Morgengrauen – schöne, nur wenige Jahre zurückliegende Erinnerung!« In den folgenden Jahrzehnten hat sich die Anzahl balzender Hähne im Frühjahr zwar etwas schwankend aber im Trend ungebremst reduziert. Ein vorübergehendes Hoch gab es 1969 mit 14 kullernden Hähnen. Noch 1975 wird das Vorkommen im Murnauer Moos als »besonders bedeutsam« eingeschätzt (Bezzel & Lechner 1976). Die letzten balzenden Hähne wurden 1977, das letzte Birkhuhn im Moos 1980 gesehen. Am 22.4.1989 wurden noch einmal zwei Birkhühner im Bereich des Fügsees gesichtet, die womöglich im Gebiet bei dem Versuch rasteten, zwischen zwei Gebirgsstöcken zu wechseln. Das gleiche gilt wohl für eine Birkhenne, die am 18.6.2005 auf einer Kiefer saß. Das Aussterben des Birkhuhns im Murnauer Moos geschah zeitgleich mit dem Rückzug der Art aus dem gesamten Alpenvorland. Die genauen Gründe sind nicht bekannt.

Bedeutung: Gering. Der bayerische Brutbestand wird auf 700 bis 1.200 Paare geschätzt (Rödl *et al.* 2012).

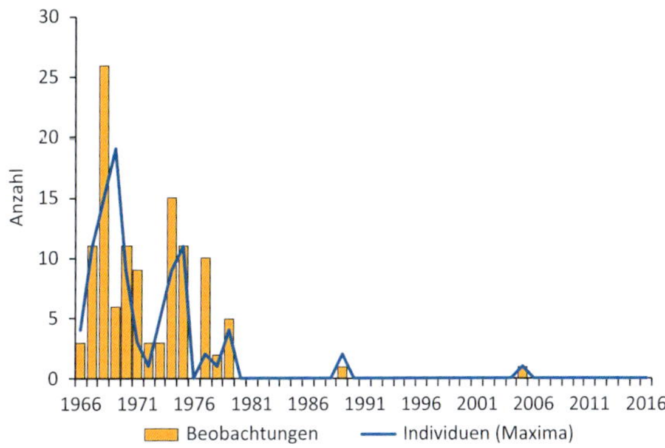

Beobachtungen im Murnauer Moos von 1966 bis 2016.

Wachtel *(Coturnix coturnix)*

En: Common quail

J	F	M	A	M	J	J	A	S	O	N	D

Lebensraum: Wachteln werden meist aus trockeneren Bereichen der Streu- und zweimähdigen Extensivwiesen rufend gehört. Wichtig ist eine hohe Krautschicht, die ausreichend Deckung bietet. Das lokale Kerngebiet bildet das Weidmoos.

Zeitraum (Phänologie): Sommervogel. Beobachtungen zwischen 14.4. und 29.10.

Bestandsentwicklung: Die erste dokumentierte Beobachtung bei Murnau stammt aus dem Jahr 1862 (EINSELE 1861-

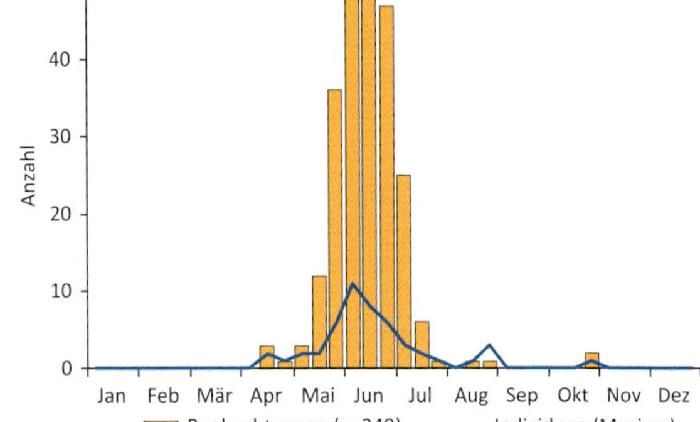

Jahreszeitliche Verteilung der Beobachtungen im Murnauer Moos und Individuenmaxima.

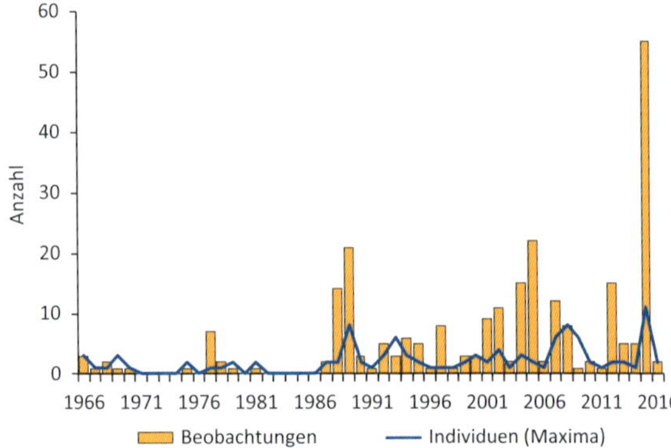

Beobachtungen im Murnauer Moos von 1966 bis 2016.

1869). Der Bestand im Murnauer Moos muss deutlich geringer eingeschätzt werden als der des Wachtelkönigs (max. 11 rufende Männchen 1988, Bezzel 1989). Er scheint stabil zu sein, auch wenn es starke Schwankungen zwischen Einzeljahren gibt (siehe auch Geiersberger 2012). In besonders nassen Jahren sind nur wenige Wachteln im Gebiet (z. B. 2016).

Gefährdung und Schutz: In den Randbereichen des Murnauer Mooses sind Wachteln vor allem durch die Intensivierung der Wiesen und häufige Mahd bedroht. Wachteln werden im Mittelmeerraum und Nordafrika weiterhin stark bejagt.

Bedeutung: Gering. Der bayerische Brutbestand liegt bei 4.900 bis 8.000 Brutpaaren (Rödl *et al.* 2012).

Lebensraum der Wachtel im Weidmoos.

Jagdfasan *(Phasianus colchicus)*

En: Common pheasant

J	F	M	A	M	J	J	A	S	O	N	D

Lebensraum: Jagdfasane sind zur Jagd angesiedelte Vögel, die vor allem in der Agrarlandschaft leben. Alle Beobachtungen liegen im Randbereich des Murnauer Mooses außerhalb des Naturschutzgebietes.

Zeitraum (Phänologie): Ganzjährig.

Bestandsentwicklung: Es gibt nur sieben Nachweise, wobei die Richtigkeit einzelner Beobachtungen angezweifelt wird. Eine Häufung der Beobachtungen gab es in den 1970er und 80er Jahren. In dieser Zeit wurden bei Aidling Jagdfasane ausgewildert. Die im Moos beobachteten Individuen stammen vermutlich daher.

Bedeutung: Keine. Der bayerische Brutbestand wurde von Rödl *et al.* (2012) auf 14.000 bis 35.000 Brutpaare geschätzt.

Zwergtaucher *(Tachybaptus ruficollis)*

En: Little grebe

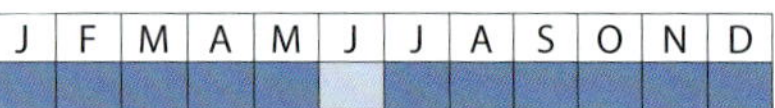

Lebensraum: Zwergtaucher bevorzugen Kleingewässer mit Deckung gebender, dichter Ufervegetation. Im Moos ist der Haarsee vermutlich das Gewässer mit der längsten Bruttradition. Die wenigen Nachweise von Zwergtauchern an anderen Gewässern im Moos täuschen einen seltenen Brutvogel vor, trotz mutmaßlich regelmäßiger Brutvorkommen an den Schilfseen, am Moosbergsee oder dem Fügsee. Während der Flutung des Steinbruchs am Langen Köchel haben Zwergtaucher dort regelmäßig gebrütet.

Zeitraum (Phänologie): Ganzjährig, mit größten rastenden Trupps von bis zu 12 Individuen.

Bestandsentwicklung: Zwergtaucher galten bei Klammet in den 1930er Jahren als seltene Brutvögel im Moos. Auch Bezzel (1989) schätzte den Zwergtaucher als nicht-regelmäßigen Brutvogel ein. In den letzten Jahren haben sich Zwergtaucher vermutlich im Zuge des Klimawandels mit seltener auftretenden Kältewintern an mehreren Stellen im Landkreis neu ansiedeln können (bis hinauf zum Wildensee bei Mittenwald, 1136 m ü. NN) und

auch im Murnauer Moos brütet die Art höchstwahrscheinlich regelmäßig.

Gefährdung und Schutz: Zwergtaucher sind im Moos vor allem durch Störungen an den Brutplätzen durch Angler gefährdet. An einigen Gewässern wird das uferbegleitende Schilf gemäht, um Angelplätze freizuhalten. Dadurch können potenzielle Brutplätze verloren gehen. Strenge Winter können den Zwergtaucherbestand vorübergehend stark reduzieren.

Bedeutung: Gering. Der bayerische Brutbestand liegt bei 2.400 bis 3.600 Brutpaaren. Die Bestandsentwicklung ist positiv (Rödl *et al.* 2012).

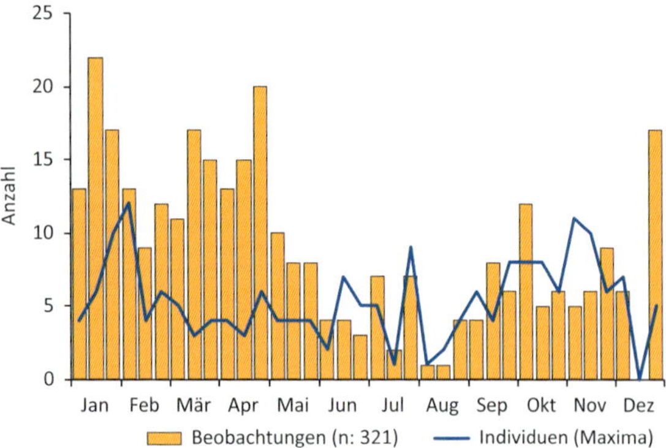

Jahreszeitliche Verteilung der Beobachtungen im Murnauer Moos und Individuenmaxima.

Haubentaucher *(Podiceps cristatus)*

En: Great crested grebe

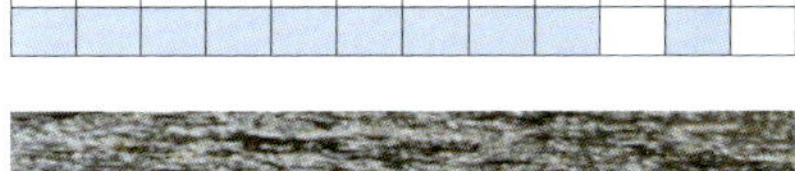

Lebensraum: Haubentaucher sind bislang sehr seltene Gäste mit einer Häufung der Beobachtungen in den letzten Jahren. Bisher wurden nur zwei erfolgreiche Bruten 1997 am Wöhrbach und 2015 auf dem neuen Moosbergsee bekannt.

Zeitraum (Phänologie): Bislang noch keine Nachweise im Oktober und Dezember.

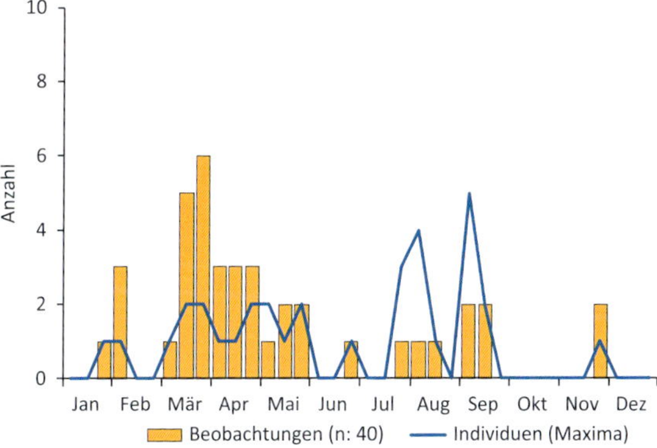

Jahreszeitliche Verteilung der Beobachtungen im Murnauer Moos und Individuenmaxima.

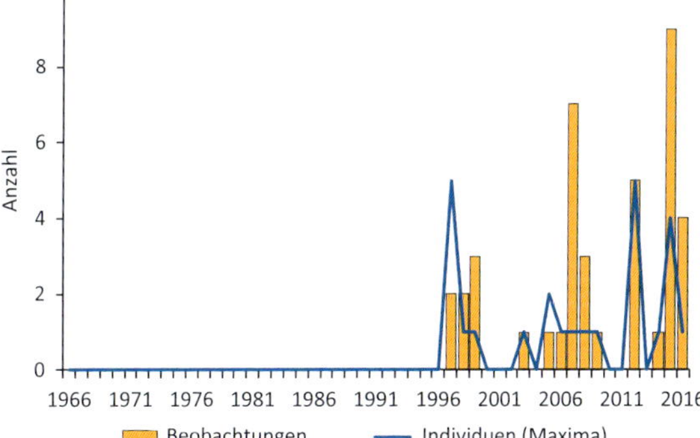

Beobachtungen im Murnauer Moos von 1966 bis 2016.

Bestandsentwicklung: Die Häufung der Beobachtungen und die vorübergehende Ansiedlung eines Haubentaucherpaares am neuen Moosbergsee könnte ein Resultat der Bestandszunahme in Bayern und im Landkreis Garmisch-Partenkirchen sein.

Nachdem der Brutplatz 2016 und 2017 wieder verwaist war, bleibt abzuwarten, ob sich die Art im Murnauer Moos in der Zukunft dauerhaft etablieren kann.

Gefährdung und Schutz: Haubentaucher sind am neuen Moosbergsee am ehesten durch Badegäste gefährdet, die während der Brutzeit zu Störungen führen können. Im neuen Moosbergsee wird derzeit offiziell nicht geangelt.

Bedeutung: Gering. Der bayerische Brutbestand liegt bei 2.000 bis 3.200 Brutpaaren. Die Bestandsentwicklung ist positiv (Rödl *et al.* 2012).

Rothalstaucher *(Podiceps grisegena)*

En: Red-necked grebe

J	F	M	A	M	J	J	A	S	O	N	D

Lebensraum: Rothalstaucher wurden im Murnauer Moos nur zweimal beobachtet: Zwei Individuen am 18.8.1981 auf dem Krebssee und ein Vogel am 8.9.1994 am Moosbergsee rastend.

Bedeutung: Gering. Rothalstaucher überwintern regelmäßig auf den oberbayerischen Voralpenseen und dem Walchensee. Der nächste bekannte Brutplatz liegt in Hessen weit außerhalb des regulären Brutgebiets, das nördlich und östlich der Elbe liegt (König & Stübing 2017).

Sterntaucher *(Gavia stellata)*

En: Red-throated loon

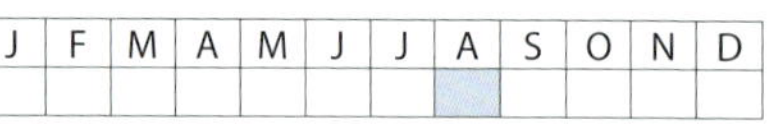

J	F	M	A	M	J	J	A	S	O	N	D

Lebensraum: Es wurden bislang nur am 16.8.1993 Sterntaucher festgestellt. Es hielten sich zwei Altvögel gemeinsam mit zwei diesjährigen Vögeln kurzzeitig auf dem Haarsee auf. Bei einer weiteren unsicheren Beobachtung eines Seetauchers im April 2013 dürfte es sich laut Beschreibung des Beobachters ebenfalls um einen Sterntaucher gehandelt haben (Bemerkung: »mit aufgeworfenem Schnabel«). Rastende Sterntaucher treten in Bayern regelmäßig auf den großen Seen des Alpenvorlandes auf.

Prachttaucher *(Gavia arctica)*

En: Black-throated loon

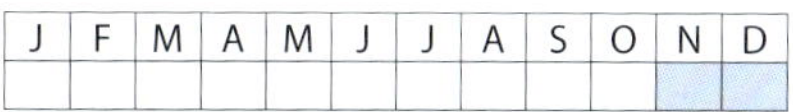

Lebensraum: Prachttaucher wurden bislang nur zweimal registriert (12.12.1967 und 13.11.1985). Der Vogel 1985 musste im Schneetreiben auf festem Boden notlanden und konnte ohne Wasserfläche nicht mehr selbstständig starten. Auch der Vogel 1967 wurde vom damaligen Wärter des Hartsteinwerks am Langen Köchel aufgegriffen. Beide Vögel wurden vom Institut für Vogelkunde (heute Staatliche Vogelschutzwarte, Partenkirchen) untersucht, beringt und jeweils auf dem Eib-, bzw. Staffelsee wieder freigelassen. Rastende

Prachttaucher treten in Bayern regelmäßig auf den großen Seen des Alpenvorlandes auf.

Kormoran *(Phalacrocorax carbo)*

En: Great cormorant

Lebensraum: Kormorane werden meist als »überfliegend« gemeldet. Es handelt sich vor allem um durchziehende Trupps. Immer wieder nutzen Kormorane aber auch die Gewässer verschiedenster Art im Moos zur Nahrungssuche, bevor die Vögel meist kurze Zeit später weiterziehen. An der Ramsach überwinterte 2018 ein Trupp.

Zeitraum (Phänologie): Ganzjährig, mit größten Trupps von bis zu 500 Individu-

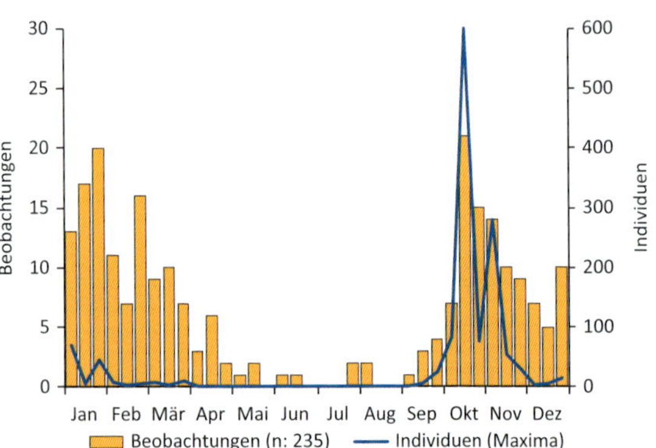

Jahreszeitliche Verteilung der Beobachtungen im Murnauer Moos und Individuenmaxima.

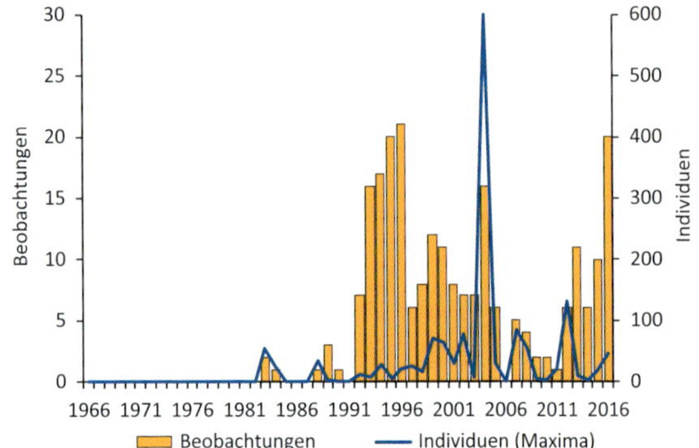

Beobachtungen im Murnauer Moos von 1966 bis 2016.

en (überfliegend) und einer maximalen Tagessumme von 600 Kormoranen.

Bestandsentwicklung: Kormorane wurden im 20. Jahrhundert als Nahrungskonkurrenten des Menschen scharf verfolgt und in Europa beinahe ausgerottet. Seit 1980 ist die Art in allen Ländern Europas unter Schutz gestellt worden. Die Bestände haben sich seitdem erholt. Der Anstieg der Population zeigt sich in der Häufung der Nachweise im Murnauer Moos seit den 1990er Jahren.

Gefährdung und Schutz: Es sind keine Gefährdungen für nahrungssuchende Kormorane erkennbar.

Bedeutung: Gering. Der bayerische Brutbestand lag 2008 bei ca. 620 Brutpaaren (Rödl *et al.* 2012). Die nächste Brutkolonie des Kormorans liegt am Ammersee.

Rohrdommel *(Botaurus stellaris)*

En: Eurasian bittern

J	F	M	A	M	J	J	A	S	O	N	D

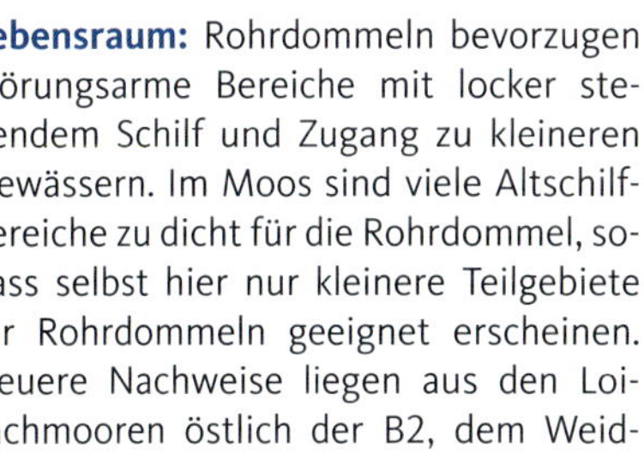

Lebensraum: Rohrdommeln bevorzugen störungsarme Bereiche mit locker stehendem Schilf und Zugang zu kleineren Gewässern. Im Moos sind viele Altschilfbereiche zu dicht für die Rohrdommel, sodass selbst hier nur kleinere Teilgebiete für Rohrdommeln geeignet erscheinen. Neuere Nachweise liegen aus den Loisachmooren östlich der B2, dem Weidmoos und dem Umfeld des Steinköchels vor.

Zeitraum (Phänologie): Ganzjährig. Bislang keine Nachweise im August und November.

Bestandsentwicklung: Die Rohrdommel galt zu Beginn des 20. Jahrhunderts als regelmäßiger Brutvogel in mehreren Paaren (KLAMMET 1932-1938, DINGLER 1941). BEZZEL (1989) gibt die Rohrdommel nach 1970 »als Brutvogel verschwunden« an. Auch gab es seither keine Brutnachweise mehr. Überwinternde Rohrdommeln werden im Gebiet fast jährlich, meist bis in den März registriert. Zur Brutzeit rufende Rohrdommeln (Wertungsgrenzen Anfang März bis Ende Juli, SÜDBECK *et al.* 2012) wurden nach 1980 nur 1982, 2016 und 2018 gehört. Eine Wiederansiedlung als Brutvogel ist nicht ausgeschlossen.

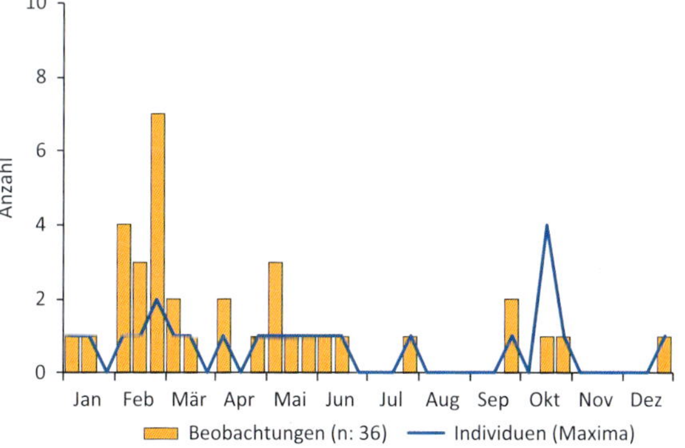

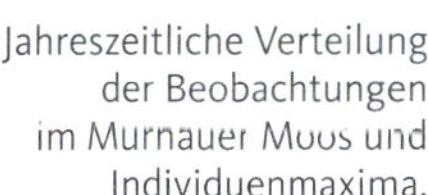

Jahreszeitliche Verteilung der Beobachtungen im Murnauer Moos und Individuenmaxima.

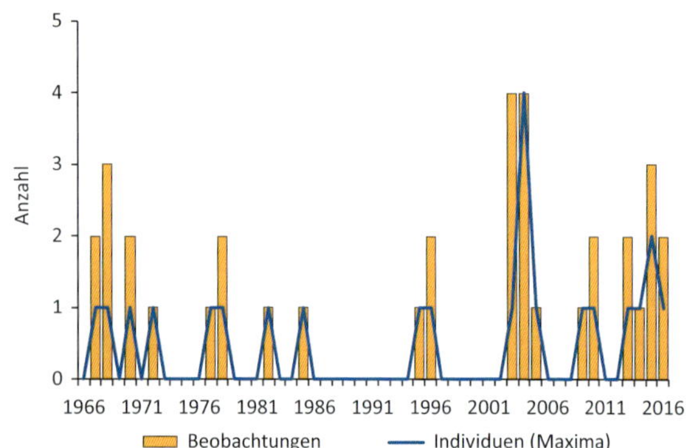

Beobachtungen im Murnauer Moos von 1966 bis 2016.

Gefährdung und Schutz: Rohrdommeln brüteten mindestens bis in die 1930er Jahre regelmäßig am Krebssee. Dort muss davon ausgegangen werden, dass Störungen durch die Fischerei und Erholungssuchende, die den See über einen Bohlensteg leicht erreichen können, eine Ansiedlung der störungsempfindlichen Art verhindern. Die Tendenz zu hohen, dichten Altschilfbeständen im Murnauer Moos durch Eutrophierung entlang der Ramsach und Loisach führt zu ungeeigneten Lebensräumen. Entwässerung führt in Teilgebieten dazu, dass zur Nahrungssuche notwendige schilfumgebene Kleingewässer verschwinden. An der Staatsstraße zwischen Schwaiganger und Achrain kommt es im Winter immer wieder zu Kollisionen von Rohrdommeln mit Fahrzeugen. Bisher sind dort mindestens vier Rohrdommeln ums Leben gekommen (zwei davon allein im Dezember 2017).

Überfahrene Rohrdommel bei Achrain.

Bedeutung: Gering. Der bayerische Brutbestand liegt bei ca. neun Brutpaaren (Rödl *et al.* 2012).

Biber schaffen neue Lebensräume für die Rohrdommel.

Zwergdommel *(Ixobrychus minutus)*

En: Little bittern

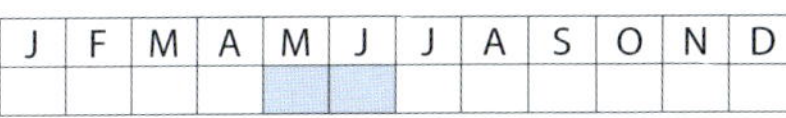

J	F	M	A	M	J	J	A	S	O	N	D

Lebensraum: Zwergdommeln wurden in neuerer Zeit neben einer Beobachtung am 24.5.2009 im nördlichen Murnauer Moos, nur an zwei Stellen im Jahr 2016 beobachtet (Weiss 2016). Es handelte sich vermutlich um einen Durchzügler und ein besetztes Revier an einem störungsarmen, starkwüchsigen Uferröhricht mit offenen Wasserstellen. Klammet (1938) berichtet von einer zur Brutzeit rufenden Zwergdommel im Moos. Womöglich gab es schon zu dieser Zeit Einzelbruten.

Zeitraum (Phänologie): Bisher Beobachtungen nur im Mai und Juni.

Gefährdung und Schutz: Brutreviere der Zwergdommel sollten derzeit geheim bleiben, um Störungen am Brutplatz durch „Interessierte" zu verhindern. Im Moos gibt es nur wenige kleine Teilbereiche mit geeignetem Lebensraum. Diese sollten möglichst erhalten werden.

Bedeutung: Gering. Der bayerische Brutbestand liegt bei 60 bis 70 Brutpaaren (Rödl *et al.* 2012). Die nächstgelegenen (unregelmäßigen) Brutvorkommen liegen in den Loisach-Kochelseemooren (Weiss 2015a) und am Ammersee (Weiss 2015b).

Nachtreiher *(Nycticorax nycticorax)*

En: Black-crowned night heron

J	F	M	A	M	J	J	A	S	O	N	D

Lebensraum: Nur sieben Beobachtungen (1967, 1972 zweimal, 1977, 1999, 2010 zweimal) am neuen Moosbergsee, an verschiedenen Stellen der Ramsach, bei Achrain und westlich des Langen Köchels. Es handelt sich vermutlich bei allen Beobachtungen um Durchzügler bzw. umherstreifende, nichtgeschlechtsreife Jungvögel (Erstbrut meist im 2. oder 3. Lebensjahr; Bauer *et al.* 2005).

Bedeutung: Gering. Der bayerische Brutbestand lag 2015 bei 16 bis 20 Brutpaaren. Die nächsten Brutvorkommen liegen an der Mittleren Isar (Rödl *et al.* 2012; König & Stübing 2017).

Seidenreiher *(Egretta garzetta)*

En: Little egret

J	F	M	A	M	J	J	A	S	O	N	D

Lebensraum: Nur zwei Beobachtungen (30.4.-3.5.1989, 9.5.2008) bei Hechendorf und im Kernbereich des Murnauer Mooses (nördlich des Ohlstädter Filzes). Bei beiden Vögeln dürfte es sich um eine Zugverlängerung auf dem Heimzug handeln, da nördlich keine regelmäßigen Brutkolonien bekannt sind.

Bedeutung: Gering. Ausnahmegast.

Silberreiher *(Ardea alba)*

En: Great egret

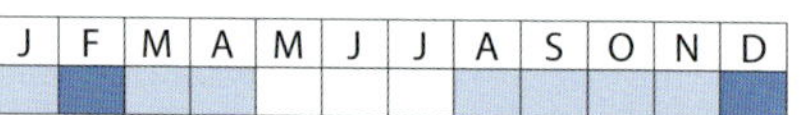

J	F	M	A	M	J	J	A	S	O	N	D

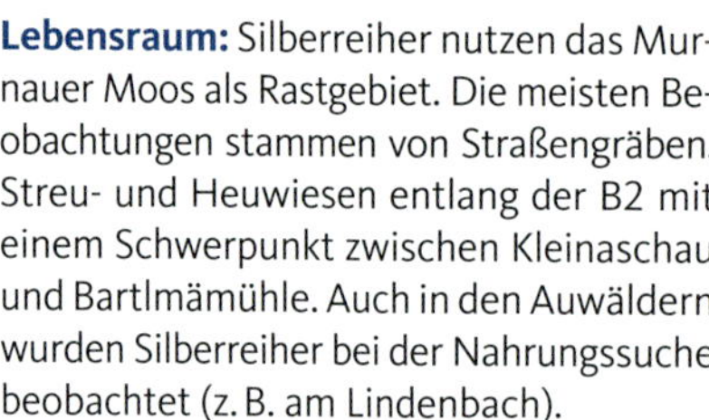

Lebensraum: Silberreiher nutzen das Murnauer Moos als Rastgebiet. Die meisten Beobachtungen stammen von Straßengräben, Streu- und Heuwiesen entlang der B2 mit einem Schwerpunkt zwischen Kleinaschau und Bartlmämühle. Auch in den Auwäldern wurden Silberreiher bei der Nahrungssuche beobachtet (z. B. am Lindenbach).

Zeitraum (Phänologie): Die Beobachtungen beschränken sich bislang auf die Monate außerhalb der Brutzeit vom 25.8. bis 24.4.

Bestandsentwicklung: Die Zunahme der Beobachtungen im Winterhalbjahr deckt sich mit dem deutschlandweiten Trend. Seit etwa 20 Jahren wandern immer mehr Silberreiher aus östlicher Richtung (Österreich, Ungarn, Schwarzmeerraum) vorübergehend nach Deutschland und Bayern. Das Phänomen wird damit erklärt, dass Silberreiher neuerdings Mäuse

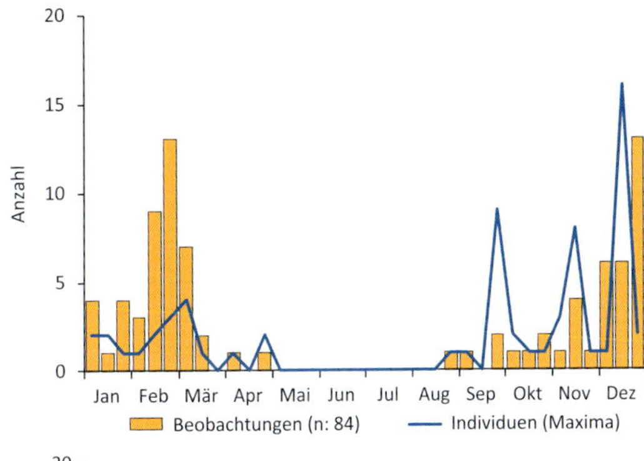

Jahreszeitliche Verteilung der Beobachtungen im Murnauer Moos und Individuenmaxima.

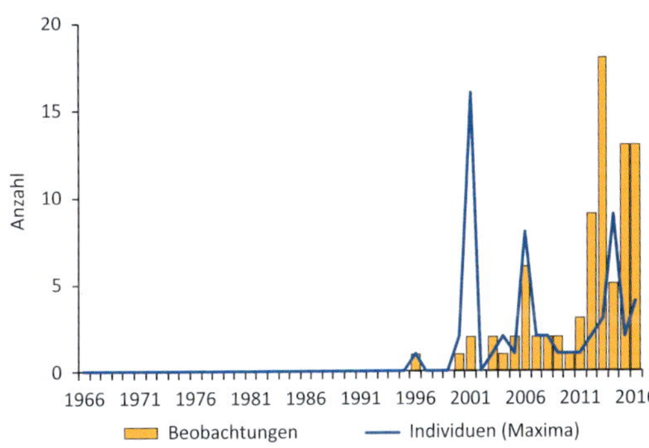

Beobachtungen im Murnauer Moos von 1966 bis 2016.

in ihr Beutespektrum aufgenommen haben (WAHL *et al.* 2011).

Gefährdung und Schutz: Es sind keine Gefährdungen erkennbar.

Bedeutung: Gering. Der Rastbestand im Moos ist bislang deutlich geringer als in den nördlichen Intensivwiesenbereichen des Landkreises Garmisch-Partenkirchen oder am Riegsee. Silberreiher brüten seit 2012 in sehr geringer, aber stetig ansteigender Zahl auch in Deutschland (FEIGE & MÜLLER 2012, KÖNIG & STÜBING 2017).

Graureiher *(Ardea cinerea)*

En: Grey heron

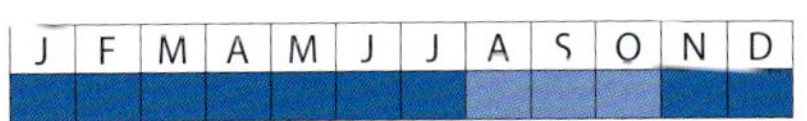

Lebensraum: Graureiher nutzen vor allem das Grünland im südlichen Murnauer Moos und Gräben im gesamten Gebiet zur Nahrungssuche. Eine Brutkolonie bei Schwaiganger liegt im Randbereich des Murnauer Mooses. Einzelbruten treten sonst im Gebiet nur unregelmäßig auf.

Zeitraum (Phänologie): Ganzjährig. Größter durchziehender Trupp mit 95 Individuen am 1.10.2004.

Bestandsentwicklung: Die Anzahl rastender Graureiher fluktuiert von Jahr zu Jahr und über das Jahr hinweg. Nachdem der Graureiher Mitte der 1960er Jahre ganzjährig geschont wurde, konnte sich der Bestand erholen. Seit 1994 steigt die Anzahl nicht mehr weiter. Bei Schwaiganger brüteten 2008 16 Paare.

Gefährdung und Schutz: Graureiher gelten als Nahrungskonkurrenten des Menschen. Deshalb darf die Art in einem sechswöchigen Zeitfenster an geschlossenen Gewässern bejagt werden. In dieser Zeit werden mehr Graureiher geschossen (über 5.000 Individuen) als in Bayern brüten (LfU 2017a). In der Jagdsaison 2016/17 liegen keine Daten über Abschüsse im Landkreis Garmisch-Partenkirchen vor (Landesjagdverband Bayern 2018). Außerhalb der Jagdzeit ist die Art im Murnauer Moos von illegaler Verfolgung bedroht.

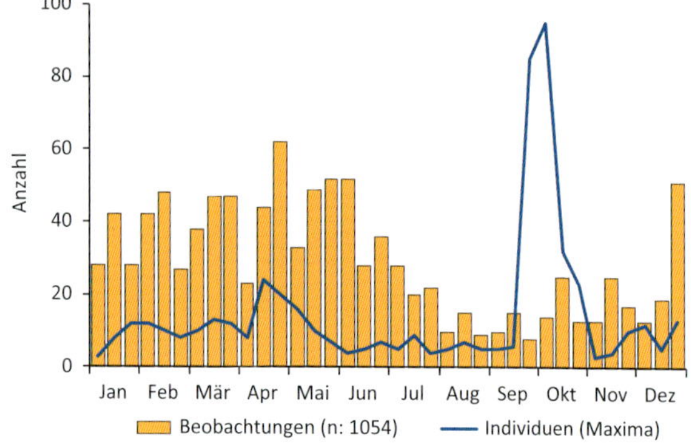

Jahreszeitliche Verteilung der Beobachtungen im Murnauer Moos und Individuenmaxima.

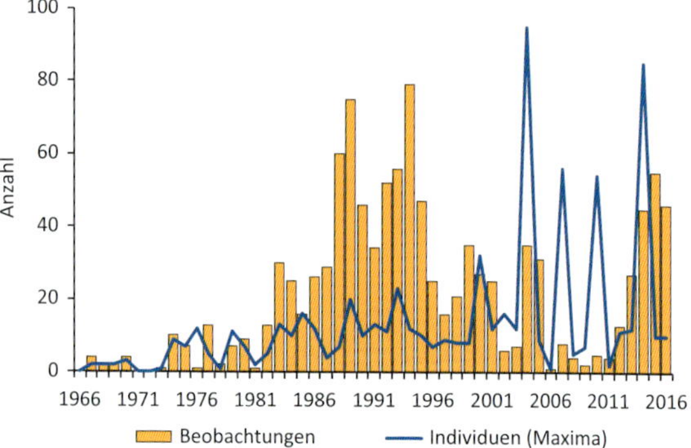

Beobachtungen im Murnauer Moos von 1966 bis 2016.

Bedeutung: Gering. Der bayerische Brutbestand lag bei der letzten landesweiten Erhebung bei 2.128 Brutpaaren (Rödl *et al.* 2012).

Purpurreiher *(Ardea purpurea)*

En: Purple heron

J	F	M	A	M	J	J	A	S	O	N	D

Lebensraum: Die wenigen Purpurreiherbeobachtungen (13 Beobachtungen) gelangen in den verschiedensten Bereichen des Murnauer Mooses, darunter an den Schilfseen, am Moosrundweg beim Ähndl oder bei Eschenlohe. Erstmalig wurde 1990 ein Purpurreiher im Moos festgestellt. Seitdem gibt es eine leichte Häufung der Beobachtungen, zuletzt 17.-24.5.2015. Der bayerische Brutbestand lag 2016 bei ca. 19 Paaren (Franz 2016).

Weißstorch *(Ciconia ciconia)*

En: White stork

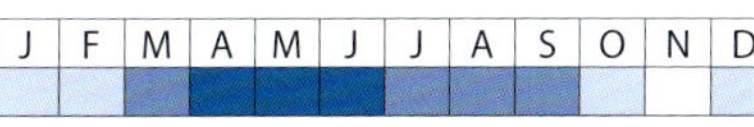

J	F	M	A	M	J	J	A	S	O	N	D

Lebensraum: Weißstörche werden im Kerngebiet Murnauer Moos nur selten und dann meist überfliegend beobachtet. Ab und zu werden Wiesen zur Nahrungssuche aufgesucht. Offensichtlich sind die Nahrungsbedingungen im nördlichen Landkreis im intensiver bewirtschafteten Grünland besser. Dort lassen sich Weißstörche leicht beobachten. Seit 2013 brütet ein Weißstorchpaar jährlich auf einem Kamin der Emanuel-von-Seidl-Schule in Murnau.

Zeitraum (Phänologie): Beobachtungen in allen Monaten des Jahres, außer November, mit einem Schwerpunkt der Beobachtungen von März bis September. Am 21.7.2016 wurden 11 Weißstörche über dem besetzten Horst in Murnau (zwei adulte und zwei flügge Jungvögel) kreisend beobachtet. Mit 15 Weißstörchen ist das die individuenreichste Beobachtung.

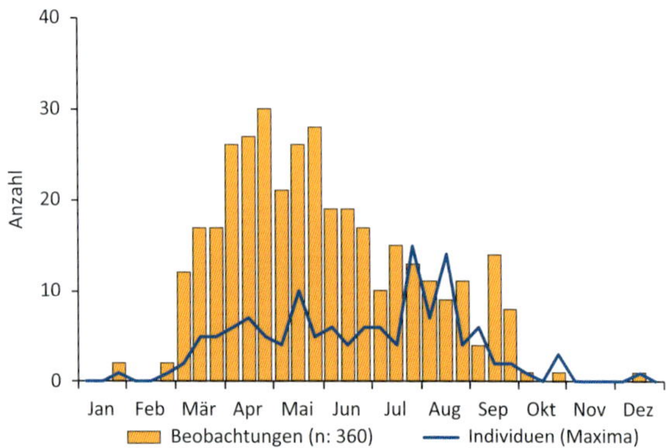

Jahreszeitliche Verteilung der Beobachtungen im Murnauer Moos und Individuenmaxima.

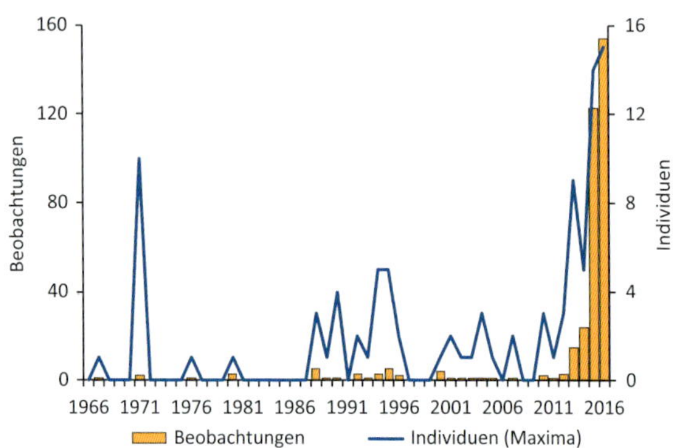

Beobachtungen im Murnauer Moos von 1966 bis 2016.

Bestandsentwicklung: Der Bestand des Weißstorchs in Bayern ist durch die intensive Brutbetreuung (künstliche Nistplätze, Anlage von Nahrungsflächen in der Umgebung) und die geänderte Zugtradition ansteigend (einst reiner Langstreckenzieher, jetzt häufige Überwinterung in Spanien und sogar Mitteleuropa). Dieser Trend zeigt sich auch in der Beobachtungshäufigkeit im Murnauer Moos. Die Ansiedlung eines Brutpaars in Murnau ist verantwortlich für den sprunghaften Anstieg der Beobachtungen seit 2013.

Gefährdung und Schutz: Die Streuwiesen im Murnauer Moos spielen für den Weißstorch nur eine untergeordnete Rolle für die Nahrungssuche. Es sind keine Gefährdungen vor Ort erkennbar. Den Jungvögeln des Brutpaars in Murnau drohen beim Verlassen des Nests vor der kompletten Flugfähigkeit verschiedenste Gefahren, z. B. Verkehr und Stress durch den Mangel an ruhigen Rückzugsorten.

Bedeutung: Gering. 2017 wurden in Bayern etwa 480 besetzte Storchennester festgestellt. Die Bestandsentwicklung ist positiv (LBV & LfU 2017).

Schwarzstorch *(Ciconia nigra)*

En: Black stork

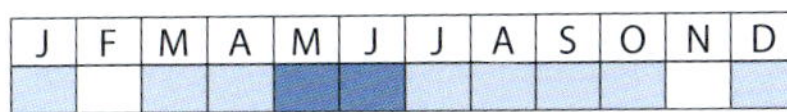

Lebensraum: Schwarzstörche werden meist nur überfliegend beobachtet. In den vergangenen Jahren suchten sie ihre Nahrung unter anderem am Krebssee, zwischen Langem und Steinköchel und bei Grafenaschau. Geeignete Bruthabitate, störungsarme, abwechslungsreiche Waldbestände mit Lichtungen, Bächen und Waldwiesen gibt es vor allem im Bereich der Köchel.

Zeitraum (Phänologie): Schwarzstörche können, wie auch Weißstörche, fast das ganze Jahr über angetroffen werden. Die meisten Beobachtungen gelingen jedoch von März bis Oktober. Der Ab-/Durchzug erfolgt also etwa einen Monat später als beim Weißstorch. Der größte Trupp wurde mit sechs Individuen am 9.8.2009 gesichtet.

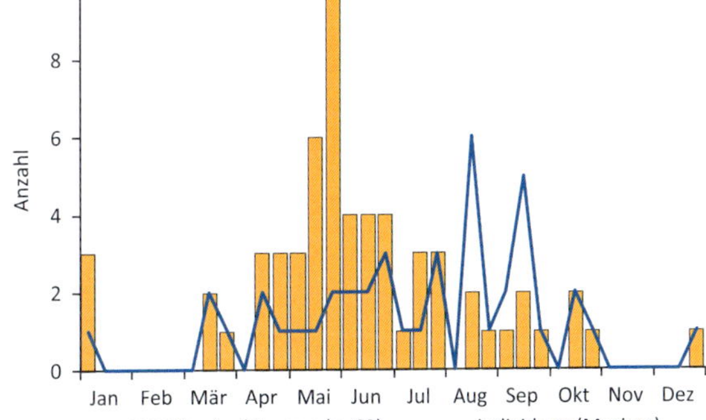

Jahreszeitliche Verteilung der Beobachtungen im Murnauer Moos und Individuenmaxima.

Bestandsentwicklung: Seit der ersten Beobachtung 1980 ist die Anzahl der Sichtungen kontinuierlich angestiegen. In den letzten Jahren mehren sich besonders die Brutzeitbeobachtungen, sodass spekuliert wird, dass die Art bereits heimlich im Gebiet brüten könnte.

Gefährdung und Schutz: Die Art ist im Murnauer Moos vor allem durch Störungen an potenziellen Neststandorten gefährdet. Selbst in den abgelegenen Köchelwäldern wird der Borkenkäfer teils auch zur Brutzeit bekämpft und Fichten mit viel Lärm gefällt. Die Veränderung der Nestumgebung ist jedoch für den Schwarz-

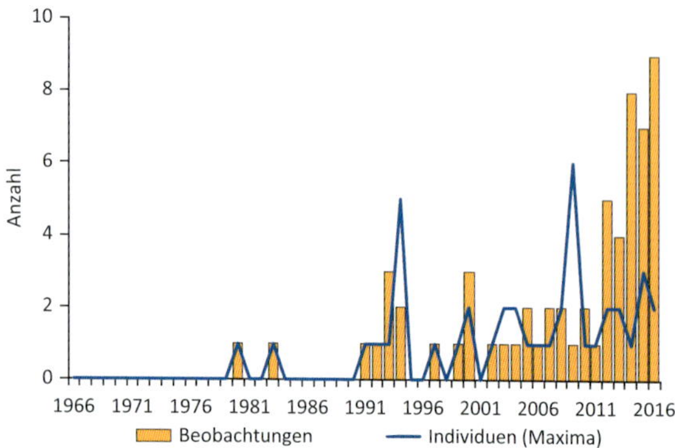

Beobachtungen im Murnauer Moos von 1966 bis 2016.

storch ein großer Störfaktor. Die Freizeitnutzung erreicht auch im Moos die abgelegensten Winkel.

Bedeutung: Gering. Der bayerische Brutbestand liegt bei ca. 150 Paaren. Die Bestandsentwicklung ist positiv (Rödl *et al.* 2012).

Fischadler *(Pandion haliaetus)*

En: Western osprey

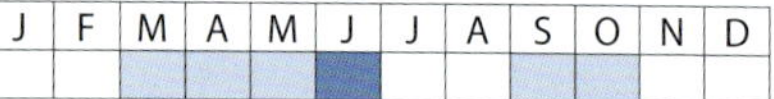

Lebensraum: Fischadler werden immer wieder in Gewässernähe rastend oder aufkreisend und abfliegend beobachtet. Jagende Fischadler wurden bislang am Krebssee, an den Schilfseen und im Weidmoos gesehen.

Zeitraum (Phänologie): Beobachtungen während des Frühjahrszugs, 31.3. - 23.6. und des Herbstzugs, 30.8. - 31.10.

Bestandsentwicklung: Fischadler waren in Bayern ausgestorben. Erst seit 1992 brüten Fischadler wieder in geringer, aber kontinuierlich ansteigender Zahl in Bayern. Die Mehrzahl der rastenden und durchziehenden Fischadler dürfte aber von den großen Populationen Nord- und Osteuropas stammen.

Gefährdung und Schutz: Keine Beeinträchtigungen erkennbar.

Bedeutung: Gering. Der bayerische Bestand lag 2017 bei 14 Brutpaaren (Weixler *et al.* 2018).

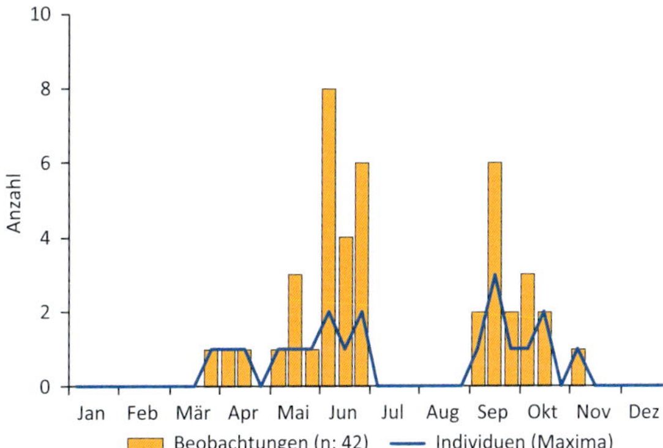

Jahreszeitliche Verteilung der Beobachtungen im Murnauer Moos und Individuenmaxima.

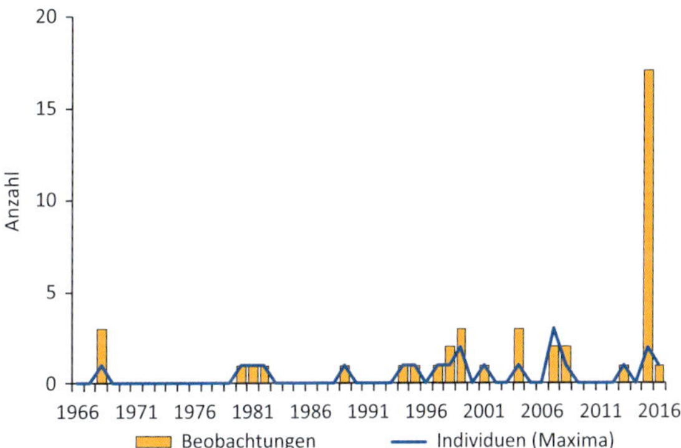

Beobachtungen im Murnauer Moos von 1966 bis 2016.

Wespenbussard *(Pernis apivorus)*

En: European honey buzzard

J	F	M	A	M	J	J	A	S	O	N	D

Lebensraum: Wespenbussarde leben deutlich heimlicher und zurückgezogener in den Wäldern als Mäusebussarde. Im Murnauer Moos sind sie höchstwahrscheinlich regelmäßige Brutvögel, auch wenn nur selten ein Horst gefunden wurde. Nachweise häufen sich erwartungsgemäß im Bereich der Köchelwälder und im Randbereich des Mooses.

Zeitraum (Phänologie): Beobachtungen zwischen dem 13.4. und 28.10. Größter Trupp am 10.5.2010 mit 60 durchziehenden Individuen.

Bestandsentwicklung: Bezzel (1989) geht von einer Bestandsabnahme in den

1980er Jahren aus. Neuere Daten lassen keine Aussage über einen Trend zu. Die Art wird weiterhin jährlich während des Durchzugs und zur Brutzeit beobachtet.

Gefährdung und Schutz: Wespenbussarde sind durch ihre auf Wespen und Hummeln spezialisierte Lebensweise schwer zu vergiften. Auch illegaler Abschuss dürfte bei uns kaum eine Rolle spielen. Die Art ist auf störungsarme Wälder zur Brutzeit angewiesen. Traditionelle Horstbäume sollten bewahrt und weitgehend geheim gehalten werden.

Bedeutung: Gering. Der bayerische Brutbestand liegt bei 750 bis 950 Paaren (RÖDL *et al.* 2012).

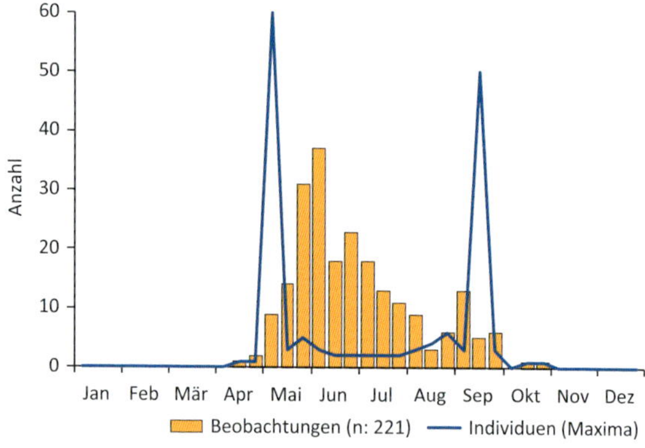

Jahreszeitliche Verteilung der Beobachtungen im Murnauer Moos und Individuenmaxima.

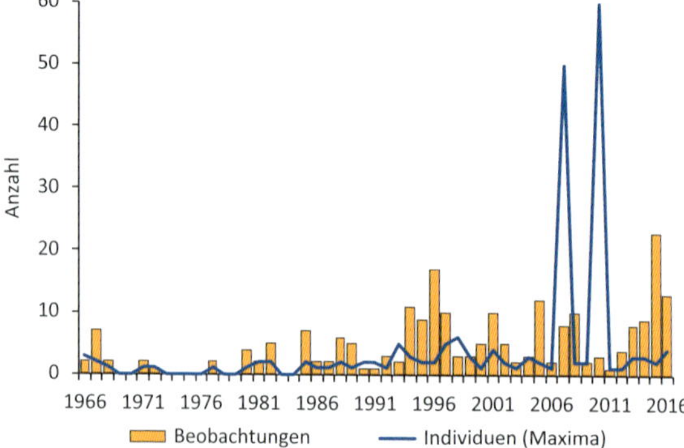

Beobachtungen im Murnauer Moos von 1966 bis 2016.

Schlangenadler *(Circaetus gallicus)*

En: Short-toed snake eagle

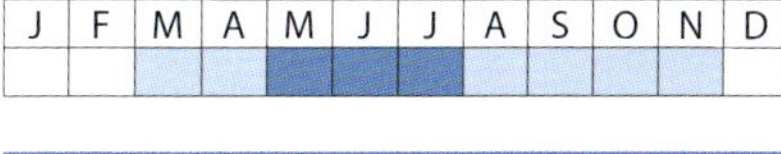

J	F	M	A	M	J	J	A	S	O	N	D

Lebensraum: Bereits in den 1950er Jahren übersommerten immer wieder einzelne Schlangenadler im Murnauer Moos. Die Vögel ernähren sich im Gebiet vor allem von Ringelnattern und Kreuzottern, die sie in den offenen Bereichen erbeuten. Ein wichtiges Nahrungsgebiet sind die Moore um den Krebssee.

Zeitraum (Phänologie): Sichtungen vom 2.3. bis 12.11. Maximal wurden am 23.6.2007 drei Schlangenadler gleichzeitig im Gebiet beobachtet.

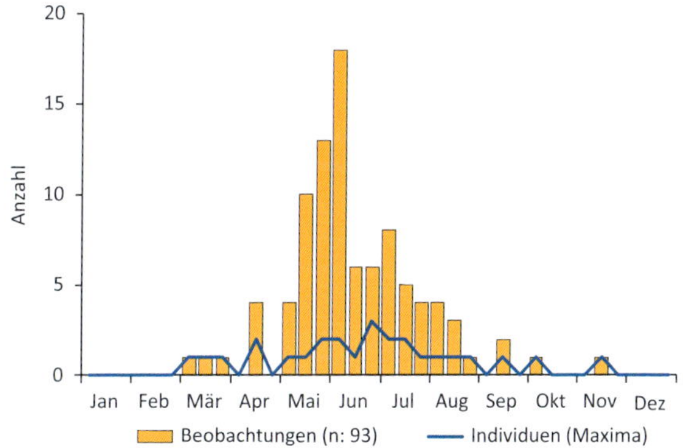

Jahreszeitliche Verteilung der Beobachtungen im Murnauer Moos und Individuenmaxima.

Bestandsentwicklung: Nach nur einzelnen Jahren mit übersommernden Schlangenadlern, konnten in den vergangenen 20 Jahren fast jährlich Nachweise erbracht werden. Wie es zu dieser Häufung kommt, ist schwer erklärbar, da in Ländern mit den nächsten Brutvorkommen nordöstlich von Deutschland (Polen, Ungarn) von abnehmenden Beständen berichtet wird (Bauer *et al.* 2005).

Gefährdung und Schutz: Entscheidend für den Schlangenadler ist eine hohe Reptiliendichte. Ein adulter Adler benötigt ein bis zwei mittelgroße Schlangen täglich. Deshalb ist eine große Dichte der häufigeren Schlangen im Moos (Ringelnatter und Kreuzotter) für sie besonders wichtig.

Bedeutung: Gering. Schlangenadler waren bis ins 19. Jahrhundert regelmäßige Brutvögel in Deutschland. Heute werden sie nur noch nicht-brütend beobachtet (Bauer *et al.* 2005).

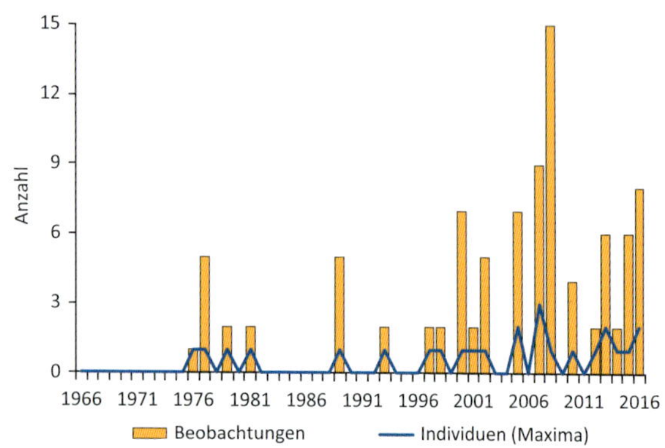

Beobachtungen im Murnauer Moos von 1966 bis 2016.

Gänsegeier *(Gyps fulvus)*

En: Griffon vulture

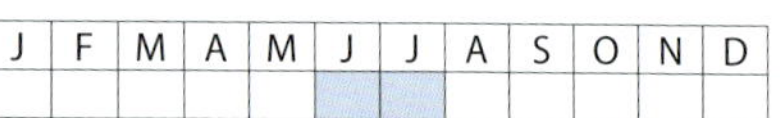

Lebensraum: Gänsegeier wurden zweimal 1997 auf der damals nicht abgedeckten Mülldeponie von Schwaiganger beobachtet (jeweils fünf und drei Tage im Juni und Juli). Dabei handelte es sich um den ersten Nachweis eines Wildvogels in Deutschland. Er stammte aus Kroatien. Am 12.7.2008 wurde noch ein Individuum per Fotobeleg über Hechendorf fliegend nachgewiesen. Die nächstgelegenen Brutvorkommen von Gänsegeiern liegen in Kroatien und Frankreich.

Die Abdeckung der Mülldeponie Schwaiganger ist ein Gewinn für die Umwelt, auch wenn weniger Möwen, Raben- und Greifvögel angelockt werden.

Schreiadler *(Clanga pomarina)*

En: Lesser spotted eagle

J	F	M	A	M	J	J	A	S	O	N	D

Lebensraum: Vom Schreiadler gab es nur eine glaubwürdige Beobachtung vom 16.-23.7.1987 im Eschenloher Moos. Bezzel (1989) berichtet von einem Schreiadler der am 21.6.1902 in Murnau erlegt wurde. In Nordostdeutschland brüten etwa 100 Schreiadler (Gedeon *et al.* 2014).

Zwergadler *(Hieraaetus pennatus)*

En: Booted eagle

J	F	M	A	M	J	J	A	S	O	N	D

Lebensraum: Über dem Murnauer Moos wurden erst zweimal Zwergadler ziehend innerhalb weniger Tage beobachtet: 23.6.2013 (helle Morphe) und 2.7.2013 (dunkle Morphe). Am östlichen Rand des Bearbeitungsgebietes wurde außerdem am 29.8.2010 ein durchziehender Zwergadler (helle Morphe) beobachtet. Zwergadler brüten in Südwesteuropa und lückig auch in Osteuropa. Mitteleuropa stellt eine Verbreitungslücke dar. Vereinzelt kam es aber auch in Deutschland schon zu Bruten (Gedeon *et al.* 2014).

Steinadler *(Aquila chrysaetos)*

En: Golden eagle

Lebensraum: Steinadler werden selten in den Randbereichen des Murnauer Mooses auf Nahrungssuche beobachtet. Selbst im Kerngebiet fallen immer wieder Steinadler auf, die dann meist von anderen Greifvögeln attackiert werden.

Zeitraum (Phänologie): Steinadler wurden bisher in allen Monaten vereinzelt beobachtet, außer im Januar, Februar und September.

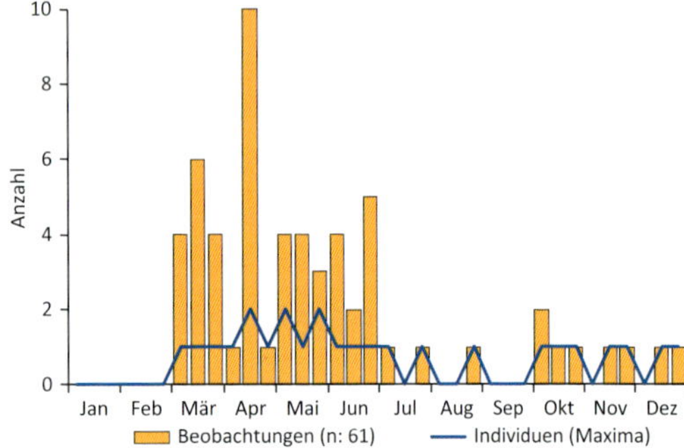

Jahreszeitliche Verteilung der Beobachtungen im Murnauer Moos und Individuenmaxima.

Bestandsentwicklung: Die erste Beobachtung gelang erst 1980. Die Anzahl der Beobachtungen von Steinadlern im Moos hat seitdem zugenommen.

Gefährdung und Schutz: Keine Beeinträchtigungen erkennbar.

Bedeutung: Gering. Der bayerische Brutbestand liegt bei etwa 45 Paaren (RÖDL *et al.* 2012).

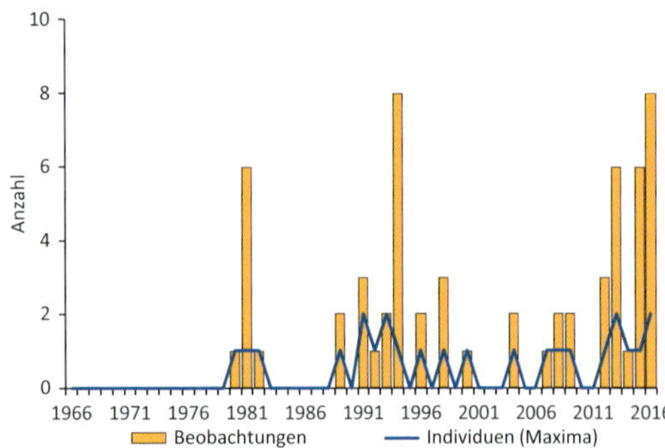

Beobachtungen im Murnauer Moos von 1966 bis 2016.

Habichtsadler *(Aquila fasciata)*

En: Bonelli's eagle

J	F	M	A	M	J	J	A	S	O	N	D

Lebensraum: Vom 24. bis 30.5.1976 hielt sich ein Habichtsadler im Moos im Bereich des Fügsees auf. Die Beobachtung war der erste Nachweis der Art in Deutschland (Wüst 1976). Nächstgelegene Brutvorkommen liegen im Mittelmeerraum.

Rohrweihe *(Circus aeruginosus)*

En: Western marsh harrier

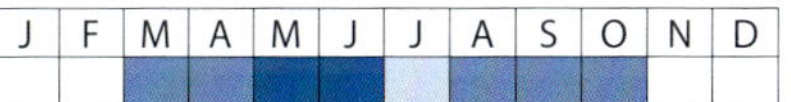

J	F	M	A	M	J	J	A	S	O	N	D

Lebensraum: Rohrweihen werden alljährlich während des Durchzugs beobachtet. Häufig rasten die Vögel dann im Grünland und verbringen Zeit zur Nahrungssuche über Schilfflächen (Dauerbrachen) oder Streuwiesen und Wirtschaftsgrünland, bevor sie weiterziehen. Die extrem seltenen Bruten fanden in Altschilfbeständen statt.

Zeitraum (Phänologie): Beobachtungen zwischen 15.3. und 31.10. Die größte Zahl durchziehender Rohrweihen (20 Ind.) wurde am 8.9.2007 erfasst.

Bestandsentwicklung: Bereits Klammet gibt im Moos ein Brutpaar in den Jahren 1932-1938 an. Nach den Bruten von 1950 und 1959 gab es über 50 Jahre vermutlich keine Brut mehr. 2017 und 2018 kam es nun wieder zu Bruten (2017: drei flügge Jungvögel).

Gefährdung und Schutz: Rohrweihen sind durch illegale Verfolgung in Bayern gefährdet. Brutplätze der Rohrweihe sollten aufgrund der Störungsanfälligkeit weitgehend geheim gehalten werden.

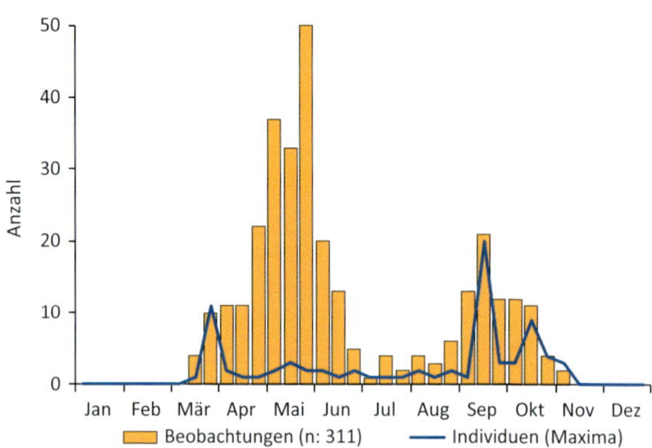

Jahreszeitliche Verteilung der Beobachtungen im Murnauer Moos und Individuenmaxima.

Beobachtungen im Murnauer Moos von 1966 bis 2016.

Freilaufende Hunde und eine hohe Dichte natürlicher Prädatoren können den Bruterfolg der am Boden nistenden Art verringern oder zunichtemachen.

Bedeutung: Gering. Der bayerische Brutbestand liegt bei 500 bis 650 Brutpaaren. Der bayernweite Trend ist leicht positiv (Rödl *et al.* 2012).

Kornweihe *(Circus cyaneus)*

En: Hen harrier

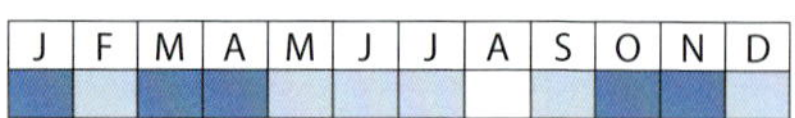

Lebensraum: Die Kornweihe ist eine nordische Greifvogelart. Sie kann im Winter regelmäßig, vor allem über den Dauerbrachen, den großen Schilfflächen, auf Nahrungssuche beobachtet werden.

Zeitraum (Phänologie): Beobachtungen in allen Monaten des Jahres außer August mit einem Schwerpunkt vom 29.9. bis 19.5. Maximal fünf Individuen am 24.10.1997 und 15.10.2000.

Bestandsentwicklung: Kornweihen sind seit Mitte der 1970er Jahre alljährlich im Winter im Gebiet zu finden. Das Murnauer Moos scheint, im Gegensatz zu den 1960er und 1970er Jahren, als Überwinterungsgebiet etwas wichtiger geworden zu sein. Ein Großteil der Entwicklung ist aber durch die Beobachtungsintensität zu erklären.

Gefährdung und Schutz: Kornweihen sind durch illegale Verfolgung in Bayern gefährdet. Winterliche Ansammlungen an Schlafplätzen sollten nicht gestört werden.

Bedeutung: Gering. In Bayern brüteten Kornweihen zuletzt Ende der 1990er Jahre (RÖDL *et al.* 2012).

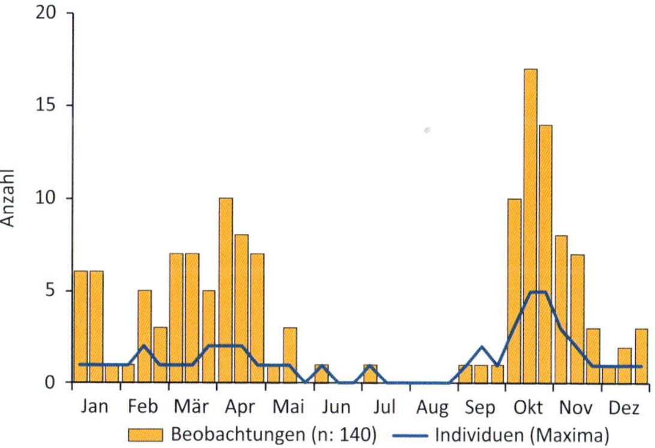

Jahreszeitliche Verteilung der Beobachtungen im Murnauer Moos und Individuenmaxima.

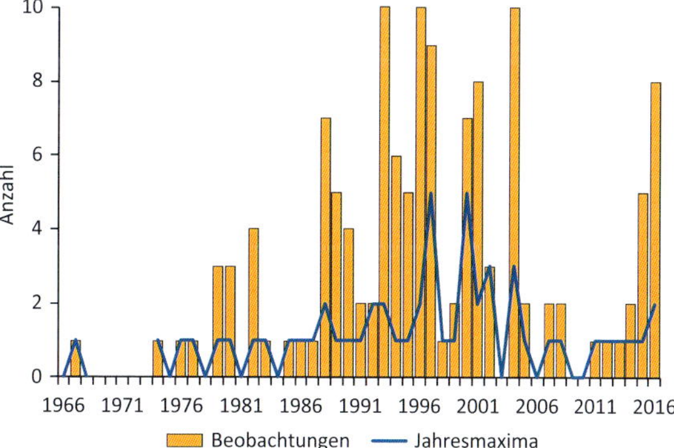

Beobachtungen im Murnauer Moos von 1966 bis 2016.

Wiesenweihe *(Circus pygargus)*

En: Montagu's harrier

J	F	M	A	M	J	J	A	S	O	N	D

Lebensraum: Wiesenweihen nutzen während des Durchzugs immer wieder Streuwiesen zur Nahrungssuche. Bislang gab es noch keine Hinweise auf Bruten. In den im Osten angrenzenden Loisach-Kochelseemooren hat die Art 1973 sogar gebrütet (Bezzel & Lechner 1978).

Zeitraum (Phänologie): Beobachtungen vor allem auf dem Durchzug im Frühjahr. Ein Grund könnte die höhere Beobachtungsdichte sein, da Vogelbeobachter das Moos gezielt im Frühjahr aufsuchen, um unter anderem Wachtelkönige zu hören. Extremdaten: 16.4. bis 3.10.

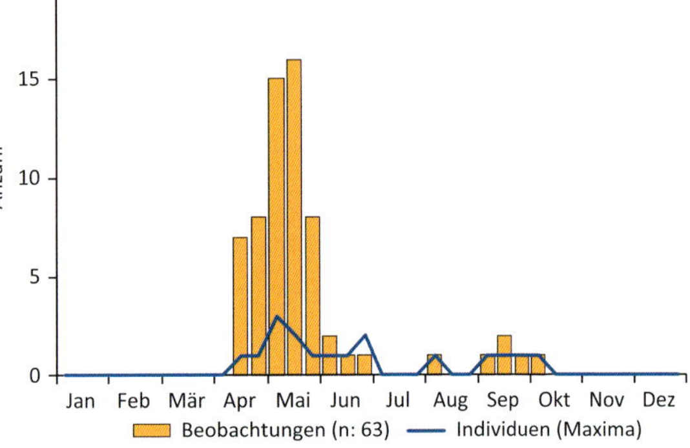

Jahreszeitliche Verteilung der Beobachtungen im Murnauer Moos und Individuenmaxima.

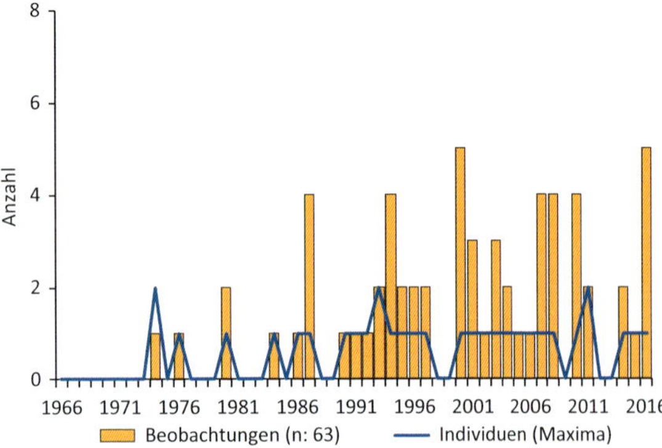

Beobachtungen im Murnauer Moos von 1966 bis 2016.

Bestandsentwicklung: Seit der ersten Beobachtung 1975 hat die Anzahl der Beobachtungen auf niedrigem Niveau zugenommen. Die Zunahme könnte mit dem seit 1999 durchgeführten Artenhilfsprogramm für die Art in Bayern zusammenhängen. Der Brutbestand in Bayern hat sich seitdem etwa verdreifacht (Rödl *et al.* 2012).

Gefährdung und Schutz: Wiesenweihen sind durch illegale Verfolgung in Bayern vor allem im Brutgebiet gefährdet.

Bedeutung: Gering. In Bayern brüteten 2016 184 Paare (LBV 2017).

Wiesenweihen nutzen das Hohenboigenmoos gerne zur Nahrungssuche.

Steppenweihe *(Circus macrourus)*

En: Pallid harrier

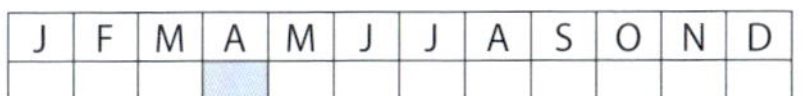

J	F	M	A	M	J	J	A	S	O	N	D

Lebensraum: Nur zwei unabhängige Beobachtungen des gleichen Individuums am 7.4.2016 in den Hohenboigen und am Fügsee (von der Bayerischen Avifaunistischen Kommission anerkannt). In ganz Mitteleuropa werden Steppenweihen seit den 1990er Jahren immer häufiger und in Deutschland seit 2011 regelmäßig nachgewiesen (König & Stübing 2017). Die Art hat ihr Brutgebiet in den vergangenen Jahren von Russland aus massiv nach Nordwesten bis mindestens Finnland ausgedehnt (Gullberg 2017).

Sperber *(Accipiter nisus)*

En: Eurasian sparrowhawk

Lebensraum: Auch wenn fast immer nur einzelne Sperber gesichtet werden, brüten sie regelmäßig im Bereich des Murnauer Mooses. Sperber lieben abwechslungsreiche Lebensräume mit Wald, Hecken, Büschen und zumindest halboffenen Flächen, wo der Überraschungsjäger Kleinvögel attackieren kann.

Zeitraum (Phänologie): Ganzjährig im Gebiet.

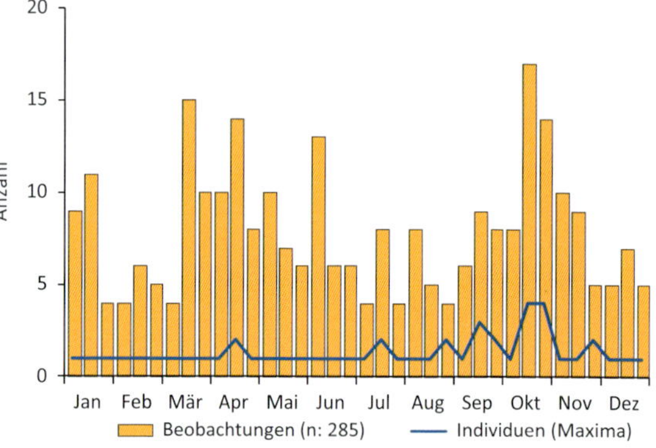

Jahreszeitliche Verteilung der Beobachtungen im Murnauer Moos und Individuenmaxima.

25
20
15
10
5
0
Anzahl
1966 1971 1976 1981 1986 1991 1996 2001 2006 2011 2016
Beobachtungen
Individuen (Maxima)

Beobachtungen im Murnauer Moos von 1966 bis 2016.

Bestandsentwicklung: Aus den Beobachtungsdaten lässt sich kein eindeutiger Bestandstrend erkennen. Das Muster der Entwicklung der Beobachtungen entspricht in etwa dem aller Beobachtungen im Moos. Die ersten Berichte von Sperbern aus dem Gebiet reichen bis ins Jahr 1904 zurück (Bezzel 1989).

Gefährdung und Schutz: Für Sperber sind keine akuten Bedrohungen erkennbar.

Bedeutung: Gering. Der bayerische Brutbestand liegt bei 4.100 bis 6.000 Paaren und gilt als stabil (Rödl *et al.* 2012).

Habicht *(Accipiter gentilis)*

En: Northern goshawk

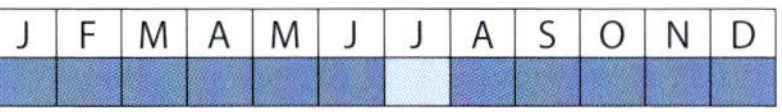

Lebensraum: Habichte brüten bevorzugt in alten Wäldern mit Zugang zu strukturreicher Landschaft zur Nahrungssuche. Seit 1966 wurden nur sechs Bruten nachgewiesen (zuletzt im Jahr 2015). Brutzeitbeobachtungen gibt es dagegen fast jährlich, sodass davon ausgegangen werden kann, dass Habichte regelmäßig im Gebiet brüten.

Zeitraum (Phänologie): Ganzjährig.

Bestandsentwicklung: Aus den Daten lassen sich keine Trends erkennen.

Gefährdung und Schutz: Habichte leiden vor allem unter illegaler Verfolgung

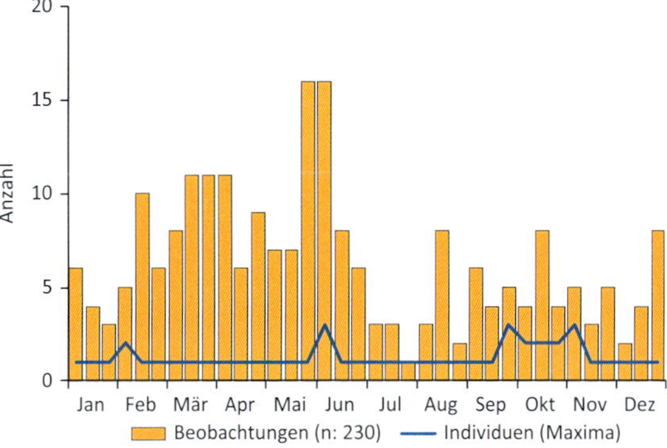

Jahreszeitliche Verteilung der Beobachtungen im Murnauer Moos und Individuenmaxima.

Beobachtungen im Murnauer Moos von 1966 bis 2016.

durch Fang, Abschuss und Vergrämung am Brutplatz (Bezzel *et al.* 2005).

Bedeutung: Gering. Der bayerische Brutbestand liegt bei 2.100 bis 2.800 Paaren und gilt als stabil (Rödl *et al.* 2012).

Rotmilan *(Milvus milvus)*

En: Red kite

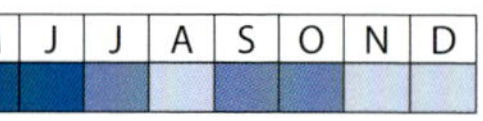

Lebensraum: Rotmilane nutzen vor allem Laub- und Mischwälder für die Nistplatzwahl. Gleichzeitig sind sie für die Nahrungssuche auf nahegelegene Wiesen angewiesen, die eine ausreichende Kleinsäugerdichte aufweisen. Deshalb sind nasse Streuwiesen für sie wenig attraktiv. Rotmilane nutzen vor allem die Randbereiche des Murnauer Mooses, wo feuchte (nicht nasse!) Wiesen dominieren.

Zeitraum (Phänologie): Ganzjährig beobachtbar, wobei sich die Beobachtungen vom 23.2. bis 30.10. häufen. Maximal wurden sieben Individuen am 27.9.2014 gesichtet.

Bestandsentwicklung: Rotmilane haben sich vom unregelmäßigen Gast zum regelmäßigen Brutvogel gemausert. Der Bestandsanstieg steht im direkten Zusammenhang mit der Arealausweitung in Südwestbayern zu Beginn der 2000er Jahre. Die Anzahl der im Gebiet brütenden Rotmilane ist unbekannt.

Gefährdung und Schutz: Rotmilane sind besonders durch illegale Verfolgung und Kollisionen mit Windkraftanlagen in Bayern gefährdet. Besondere Schutzmaßnahmen drängen sich im Murnauer Moos nicht auf.

Bedeutung: Gering. Der bayerische Brutbestand liegt bei 750 bis 900 Brutpaaren (Rödl *et al.* 2012).

Jahreszeitliche Verteilung der Beobachtungen im Murnauer Moos und Individuenmaxima.

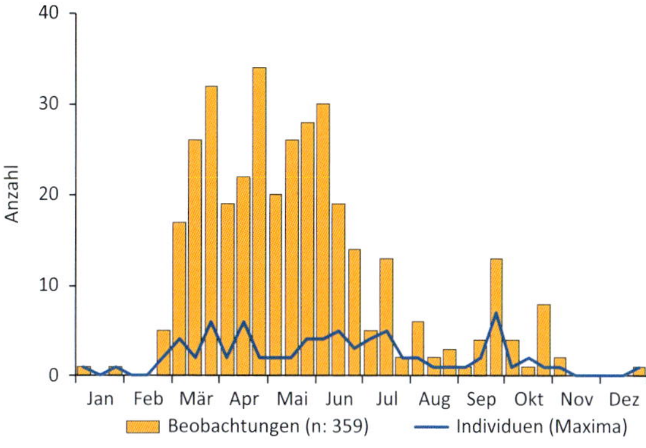

Beobachtungen im Murnauer Moos von 1966 bis 2016.

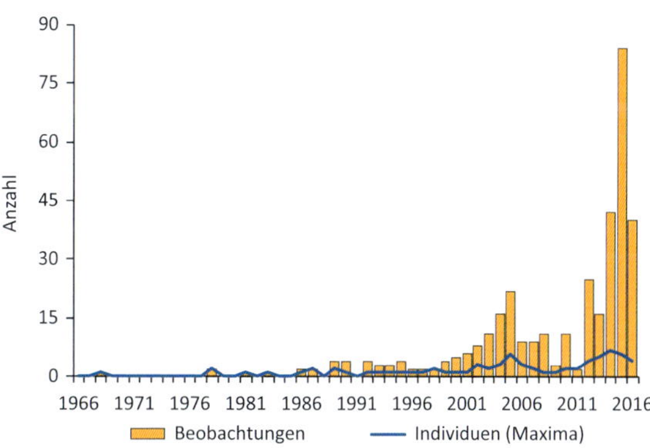

Schwarzmilan *(Milvus migrans)*

En: Black kite

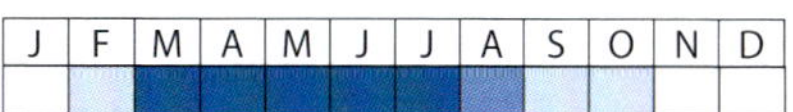

Lebensraum: Schwarzmilane brüten in Gehölzreihen, Feldgehölzen und an Waldrändern. Als Nestbäume dienen nicht nur Laubbäume sondern auch Fichten. Für die Nahrungssuche ist die Art auf Grünlandflächen angewiesen.

Zeitraum (Phänologie): Als Langstreckenzieher ist das Zeitfenster der Anwesenheit begrenzter als beim Rotmilan. Extremdaten: 28.2. bis 17.10. Größter Trupp mit 46 Individuen am 30.5.2001 im Ostermoos.

Bestandsentwicklung: Auch der Schwarzmilan konnte sein Verbreitungsgebiet in Bayern kontinuierlich vergrößern. Erste Bruten wurden im Murnauer Moos zu Beginn der 1980er Jahre bekannt. Seitdem brüten Schwarzmilane in geringer Zahl regelmäßig im Gebiet.

Gefährdung und Schutz: Schwarzmilane sind besonders in Bayern durch illegale Verfolgung und Kollisionen mit Windkraftanlagen gefährdet. Besondere Schutzmaßnahmen drängen sich im Murnauer Moos nicht auf. Traditionelle Horstbäume sollten bewahrt werden.

Bedeutung: Gering. Der bayerische Brutbestand liegt bei 500 bis 650 Brutpaaren (Rödl *et al.* 2012).

Schwarzmilan mit Stöckchen für den Horst im Moos.

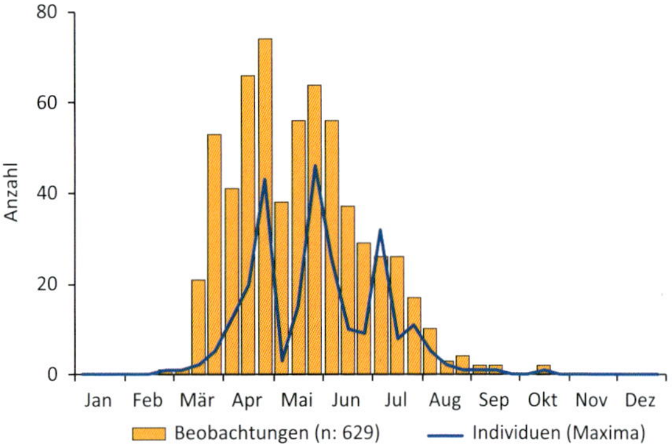

Jahreszeitliche Verteilung der Beobachtungen im Murnauer Moos und Individuenmaxima.

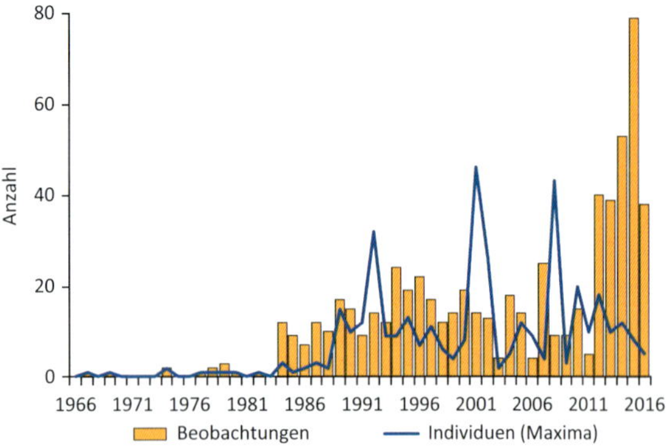

Beobachtungen im Murnauer Moos von 1966 bis 2016.

Adlerbussard *(Buteo rufinus)*

En: Long-legged buzzard

J	F	M	A	M	J	J	A	S	O	N	D

Lebensraum: Bislang nur Beobachtungen von zwei Individuen (beide von der Deutschen Seltenheitskommission anerkannt): 11.5.2008 bei Großweil und 10.-19.12.2011 ein Vogel im 1. Kalenderjahr im Ostermoos. Die nächstgelegenen Brutvorkommen liegen in Ungarn.

Mäusebussard *(Buteo buteo)*

En: Common buzzard

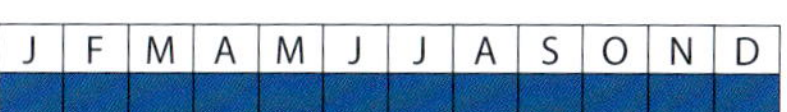

J	F	M	A	M	J	J	A	S	O	N	D

Lebensraum: Mäusebussarde brüten in Wäldern verschiedenster Art, Gehölzreihen, Feldgehölzen und Waldrändern. Zur Nahrungssuche ist die Art im Wald, vor allem aber auf Grünlandflächen unterwegs.

Zeitraum (Phänologie): Ganzjährig. Größte Tagessumme mit 70 Individuen am 8.1.1985 bei Hechendorf (mehrere Trupps bis 10 Individuen gemeinsam ziehend).

Bestandsentwicklung: Mäusebussarde galten bereits bei Klammet 1932-1938 als »nicht selten«. Auch heutzutage ist der Mäusebussard im Gebiet neben dem Turmfalken der häufigste Greifvogel.

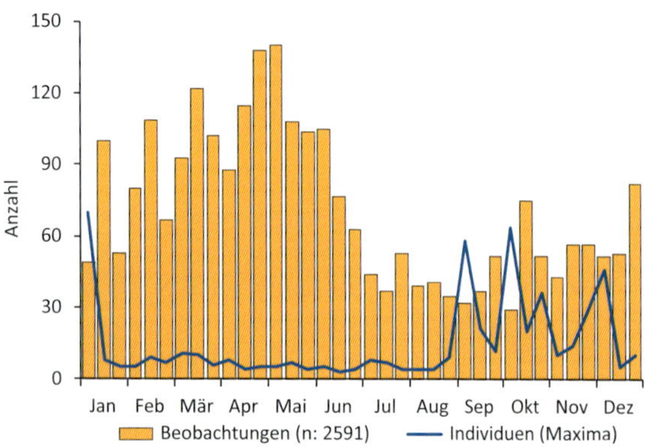

Jahreszeitliche Verteilung der Beobachtungen im Murnauer Moos und Individuenmaxima.

Gefährdung und Schutz: Mäusebussarde sind besonders in Bayern von illegaler Verfolgung (Vergiftung, Abschuss) bedroht (LfU 2017b). Besondere Schutzmaßnahmen drängen sich im Murnauer Moos nicht auf. Traditionelle Horstbäume sollten bewahrt werden.

Bedeutung: Gering. Der bayerische Brutbestand liegt bei 12.000 bis 19.500 Paaren (Rödl *et al.* 2012).

Raufußbussard *(Buteo lagopus)*

En: Rough-legged buzzard

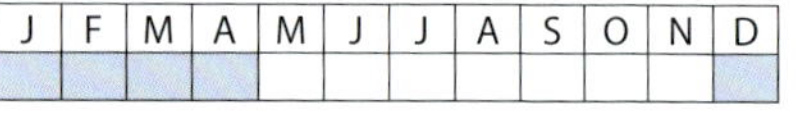

Lebensraum: Raufußbussarde werden nur sehr selten im Winterhalbjahr festgestellt (26.11.-29.4.). Die 15 Beobachtungen verteilen sich auf den Zeitraum 1973 bis 1996 und auf verschiedenste Bereiche im Moos. Teilweise waren Raufußbussarde sogar mit Mäusebussarden vergesellschaftet.

Turmfalke *(Falco tinnunculus)*

En: Common kestrel

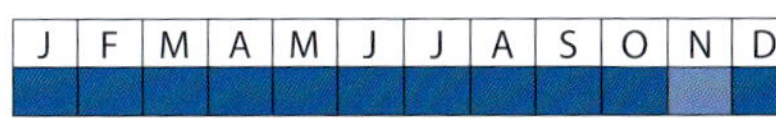

Lebensraum: Turmfalken sind im Bereich des Wirtschaftsgrünlands und der extensiv genutzten Mähwiesen ein häufiger Anblick. Bruten wurden im Murnauer Moos vor allem von Städeln und Nistkästen bekannt. Es gibt aber auch Baumbruten in Birken und Fichten. Dabei wurde auch mindestens ein Kolkrabennest übernommen.

Zeitraum (Phänologie): Ganzjährig.

Bestandsentwicklung: Turmfalken wurden bereits früher als »regelmäßige Brutvögel« (Bezzel 1989) oder als »nicht selten« (Klammet 1932-38) bezeichnet.

Gefährdung und Schutz: Es sind keine akuten Gefährdungen erkennbar. Der lokale Bestand variiert mit dem Nahrungsangebot (v. a. Kleinsäuger).

Bedeutung: Gering. Der bayerische Brutbestand liegt bei 9.000 bis 14.500 Paaren (Rödl *et al.* 2012).

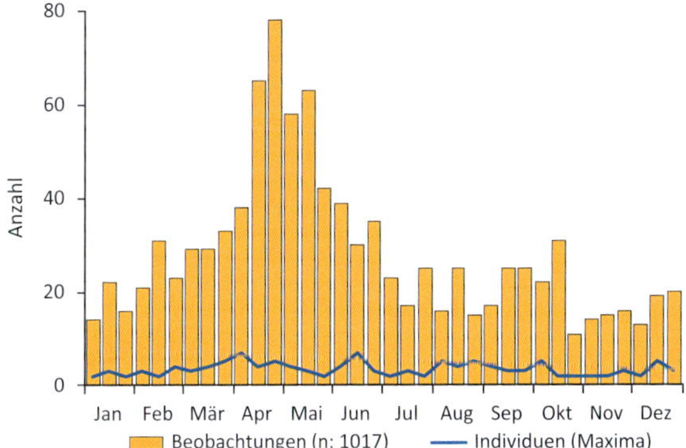

Jahreszeitliche Verteilung der Beobachtungen im Murnauer Moos und Individuenmaxima.

Rotfußfalke *(Falco vespertinus)*

En: Red-footed falcon

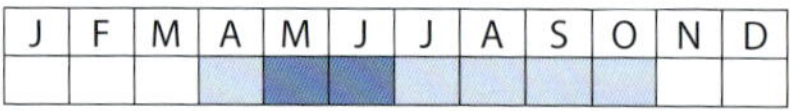

Lebensraum: Rotfußfalken werden meist auf Stromleitungen, einzeln stehenden Fichten in den offenen Dauerbrachen oder bei der Insektenjagd über Streuwiesen und Brachflächen beobachtet. In Einzeljahren kam es in Bayern auch zu Bruten. Im Murnauer Moos gibt es bislang jedoch keine Hinweise darauf.

Zeitraum (Phänologie): Beobachtungen vor allem während des Frühjahrszugs, seit 1997 auch vereinzelt im Herbst. Im Frühjahr liegt die Flugroute traditionell westlicher als im Herbst (Schleifenzug). Beobachtungen vom 14.4. bis 4.10.

Bestandsentwicklung: Es gibt in der letzten Zeit eine Tendenz zu häufigeren Beobachtungen, die wahrscheinlich mit einer Umstellung der Zugroute erklärt werden kann.

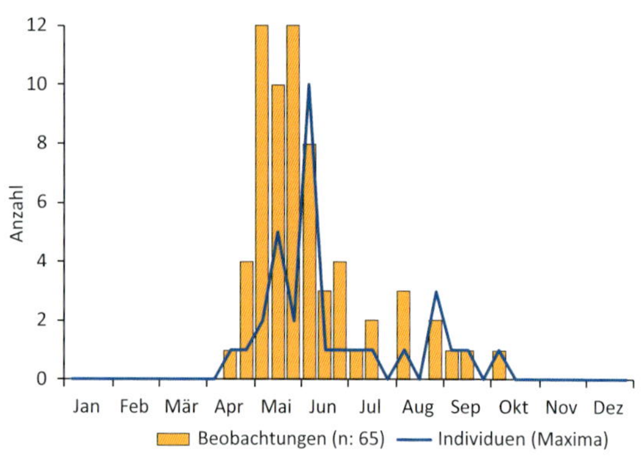

Jahreszeitliche Verteilung der Beobachtungen im Murnauer Moos und Individuenmaxima.

Gefährdung und Schutz: Es sind keine akuten Gefährdungen erkennbar.

Bedeutung: Das Murnauer Moos hat als regelmäßiges Rastgebiet für Rotfußfalken eine gewisse Bedeutung.

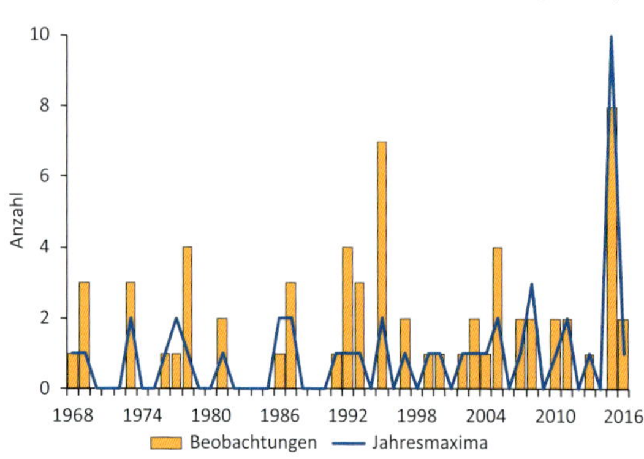

Beobachtungen im Murnauer Moos von 1966 bis 2016.

Baumfalke *(Falco subbuteo)*

En: Eurasian hobby

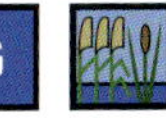

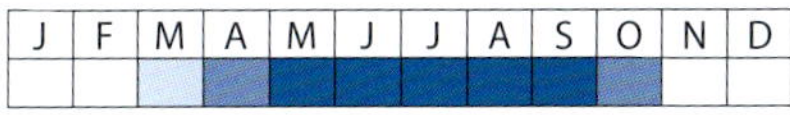

Lebensraum: Baumfalken werden im Moos jedes Jahr meist bei der Libellenjagd über den Offenlandbereichen oder an Gewässern auch während der Brutzeit beobachtet. Brutnachweise gelingen trotzdem nur unregelmäßig. Baumfalken sind mit großer Wahrscheinlichkeit auch heute noch regelmäßige Brutvögel.

Zeitraum (Phänologie): Beobachtungen vom 28.3. bis 17.10. Am 29.5.2015 wurden 20 Baumfalken gleichzeitig als Maximalzahl für das Gebiet gemeldet. Sie suchten im nördlichen Murnauer Moos nach Nahrung.

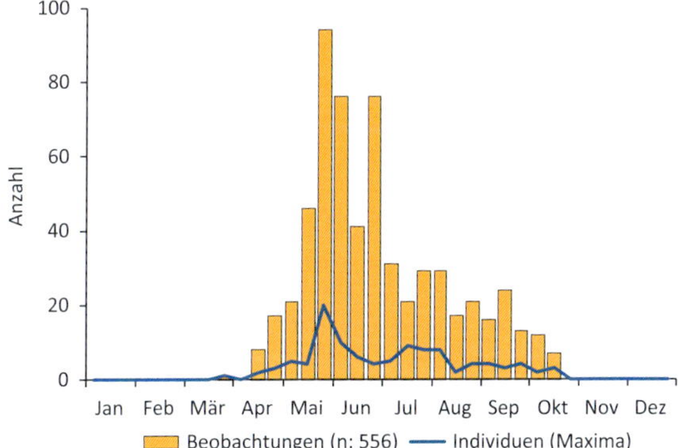

Jahreszeitliche Verteilung der Beobachtungen im Murnauer Moos und Individuenmaxima.

Bestandsentwicklung: Baumfalken werden bei Klammet (1932-1938) als »nicht selten« und bei Bezzel (1989) als regelmäßiger Brutvogel in wechselnder Zahl angegeben. Auch in den Datenbanken ist kein Trend feststellbar.

Gefährdung und Schutz: Es sind keine akuten Gefährdungen erkennbar.

Bedeutung: Als Brutvogel gering. Der bayerische Brutbestand liegt bei 1.100 bis 1.300 Paaren (Rödl *et al.* 2012). Für rastende Baumfalken hat das Gebiet eine gewisse Bedeutung.

Wanderfalke *(Falco peregrinus)*

En: Peregrine falcon

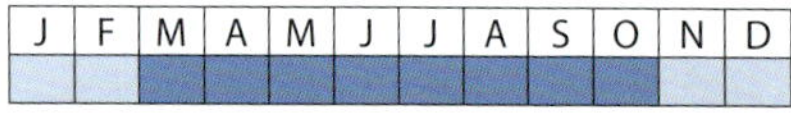

Lebensraum: Direkt im Murnauer Moos sind bislang noch keine Bruten des Wanderfalken bekannt geworden. Am Südostrand gibt es jedoch einen langjährig besetzten Horst. Vögel jagende Wanderfalken dagegen werden alljährlich im Murnauer Moos vor allem in offenen Bereichen beobachtet.

Zeitraum (Phänologie): Ganzjährig.

Bestandsentwicklung: Noch in den 1930er Jahren galt der Wanderfalke als regelmäßiger Brutvogel bevor er im Zuge der extremen Rückgänge in Europa in den Nachkriegsjahren auch im Murnauer Moos verschwand. Grund war die flächige Nutzung des Insektizids DDT, das den Bruterfolg der Wanderfalken verhinderte (dünne, leicht zerbrechliche Eischale). Erst einige Jahre nach dem Totalverbot der Chemikalie in Deutschland 1971 konnten sich Wanderfalken im Gebiet wiederansiedeln. Die Anzahl der Beobachtungen der letzten Jahre ist wieder rückläufig. Im Chiemgau werden die dortigen rückläufigen Zahlen durch eine vermeintlich geringere Meldeaktivität für diese Art erklärt (Lohmann & Rudolph 2016). Das kann im Landkreis Garmisch-Partenkirchen aber ausgeschlossen werden, da hier in den vergangenen Jahren eine überdurchschnittliche Beobachtungsdichte erreicht wurde (siehe www.ornitho.de). Bekannte Brutplätze sind dennoch weiterhin fast jährlich besetzt. Ein Grund für die große Anzahl der Beobachtungen in den 1990er Jahren liegt vermutlich darin, dass Wanderfalken in dieser Zeit regelmäßig im Niedermoos überwinterten und gut sichtbar auf den Mittel- und Hochspannungsmasten saßen.

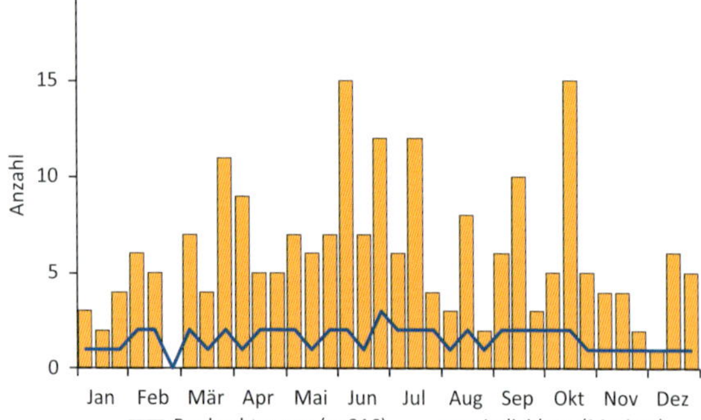

Jahreszeitliche Verteilung der Beobachtungen im Murnauer Moos und Individuenmaxima.

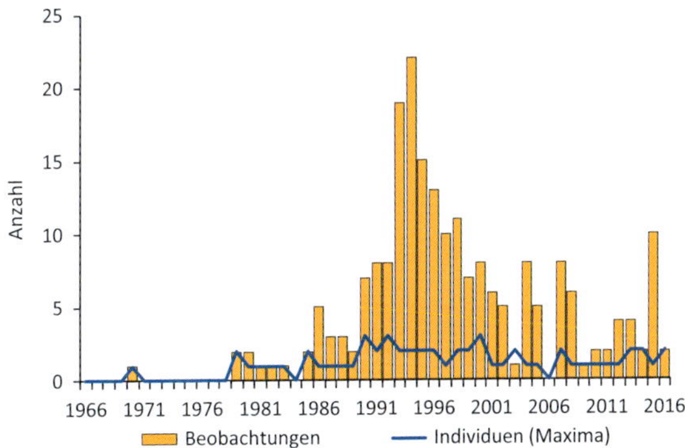

Beobachtungen im Murnauer Moos von 1966 bis 2016.

Gefährdung und Schutz: Horststandorte sind durch Störungen gefährdet. Im Moos sind potenzielle Brutfelsen durch Freizeitnutzer stark gestört, trotz Hinweisschildern sensible Bereiche nicht zu betreten.

Bedeutung: Das Moos hat als Jagdgebiet eine gewisse Bedeutung für Brutpaare der unmittelbaren Umgebung. Der bayerische Brutbestand liegt bei etwa 220 Paaren (Rödl *et al.* 2012).

Merlin *(Falco columbarius)*

En: Merlin

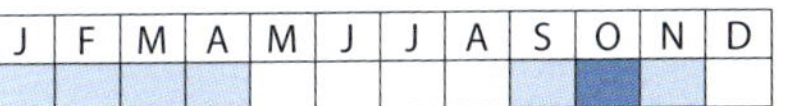

Lebensraum: Im Moos werden fast immer Weibchen oder vermutlich auch weibchenfarbige Jungvögel des Merlins (nordische Art) beobachtet. Das Moos wird als kurzfristiges Rast- und Jagdgebiet während des Durchzugs genutzt, wenn Merline den Singvogeltrupps nachziehen.

Zeitraum (Phänologie): Die wenigen Beobachtungen konzentrieren sich auf den Durchzug im Herbst (21.9.-16.11.). Im Frühjahr gelangen die meisten Beobachtungen zwischen 12. und 18.3.

Bestandsentwicklung: Bereits bei Bezzel (1989) galt der Merlin als seltener Gast. Es ist kein Trend zu erkennen.

Jahreszeitliche Verteilung der Beobachtungen im Murnauer Moos und Individuenmaxima.

Würgfalke *(Falco cherrug)*

En: Saker falcon

J	F	M	A	M	J	J	A	S	O	N	D

Lebensraum: Bisher gab es nur eine Beobachtung eines weiblichen Würgfalkens am 15.8.1992 am nördlichen Moosrand beim Berggeist. Würgfalken brüten in Südost-Mitteleuropa und ostwärts.

Kranich *(Grus grus)*

En: Common crane

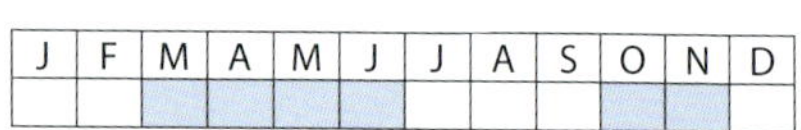

J	F	M	A	M	J	J	A	S	O	N	D

Lebensraum: Kraniche brüteten im Murnauer Moos bis 1897 in vier bis fünf Paaren (Bezzel *et al.* 1983). Dann gab es lange Zeit keine Brutzeitbeobachtungen mehr. Klammet (1938) bezeichnete den Kranich als »außerordentlich seltenen« Gastvogel.

Ein Grund für das Verschwinden als Brutvogel könnte die Bejagung gewesen sein, die mindestens bis 1936 zulässig war (SCHÖPF & GEIERSBERGER 1997). Erst mit der Bestandserholung in Nord- und Osteuropa stiegen ab den 1990er Jahren die Beobachtungszahlen wieder an. Erstmals wurde am 10.4.2012 wieder ein Paar balzend im nördlichen Moos gesichtet (URSULA & PETER KÖHLER, persönliche Mitteilung). Ein Übersommerer hielt sich 2017 vor allem im Bereich westlich des Krebssees und 2018 nördlich der Köchel auf. Störungsarme Moorbereiche mit Übergängen zu Moorwäldern gibt es im Moos an mehreren Stellen, sodass eine Wiederansiedlung des Kranichs möglich scheint. Durchziehende Kraniche werden selten beobachtet (zuletzt im Frühjahr 2018).

Zeitraum (Phänologie): Beobachtungen zwischen dem 19.3. und 19.11. Größter durchziehender Trupp am 19.11.1999 mit 45 Individuen.

Bedeutung: (Noch) gering. Der bayerische Brutbestand wird auf fünf bis sieben Paare geschätzt, mit ansteigender Tendenz (RÖDL *et al.* 2012).

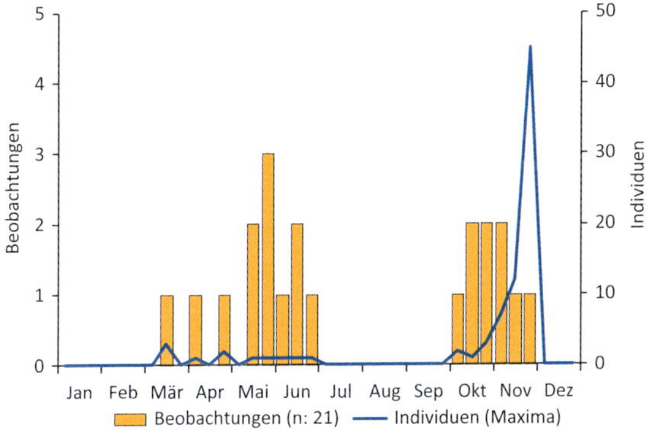

Jahreszeitliche Verteilung der Beobachtungen im Murnauer Moos und Individuenmaxima.

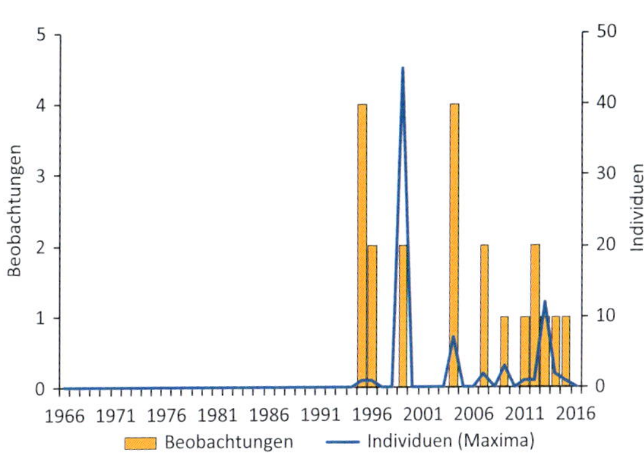

Beobachtungen im Murnauer Moos von 1966 bis 2016.

Wasserralle *(Rallus aquaticus)*

En: Water rail

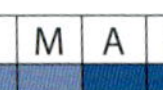
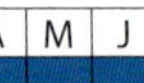
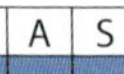
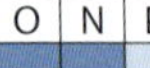

Lebensraum: Wasserrallen leben zurückgezogen im Schilf der Dauerbrachen und an Gewässerrändern. Sie verraten sich am ehesten durch ihr schweinchenartiges Quietschen oder sonstige auffällige Rufe.

Zeitraum (Phänologie): Ganzjährig. Ein geringer Bestand überwintert in milden Wintern im Gebiet.

Bestandsentwicklung: Wasserrallen gelten seit jeher als regelmäßige Brutvögel im Murnauer Moos. Bisherige Bestandsschät-

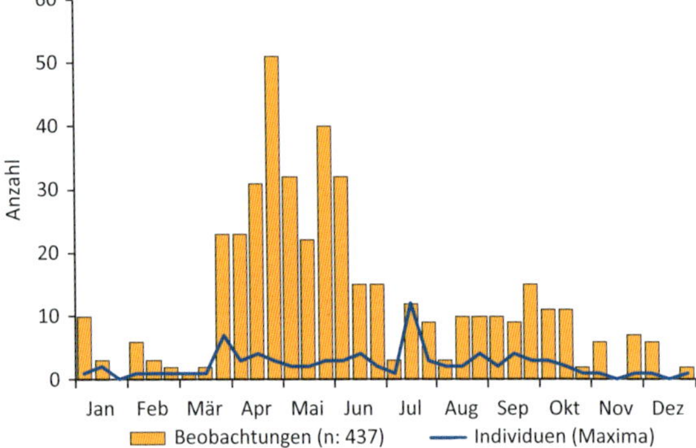

Jahreszeitliche Verteilung der Beobachtungen im Murnauer Moos und Individuenmaxima.

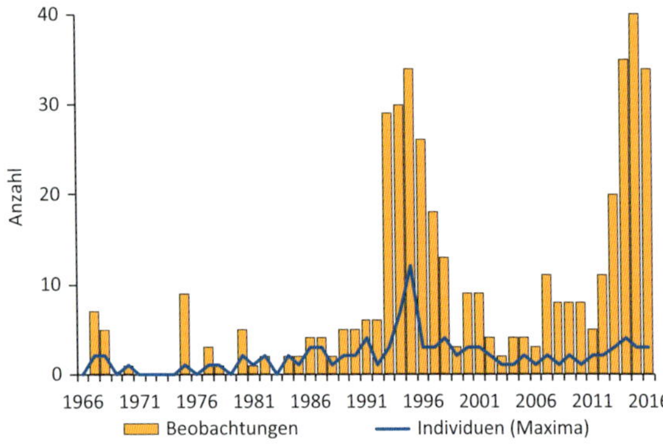

Beobachtungen im Murnauer Moos von 1966 bis 2016.

zungen waren aufgrund der versteckten Lebensweise vage. Bezzel (1989) spekuliert, ob der Bestand über 10 Brutpaare betragen könnte. Weiss (2016) untersuchte die Schilfbrüter im Moos systematisch und schätzte den Bestand fast 10mal so groß ein (71-105 Paare). Vermutlich hat die Art im Gebiet zugenommen.

Gefährdung und Schutz: Wasserrallen finden im Moos sehr gute Bedingungen vor. Sie profitieren von den großen offenen Dauerbrachen, die aber allmählich verbuschen, wenn nicht gegengesteuert wird. Mit fortschreitender Sukzession muss mit einem lokalen Rückgang gerechnet werden. Darum ist Offenhaltung zum Beispiel durch Rotationspflege (z. B. Mulchen alle zehn Jahre) zur Förderung von Arten wie der Wasserralle ein wichtiger Aspekt der Landschaftspflege.

Bedeutung: Groß. In Bayern wurde der Bestand auf 800 bis 1.200 Brutpaare geschätzt (Rödl *et al.* 2012). Im Murnauer Moos brüten demzufolge zwischen 6 und 13 % der bayerischen Wasserrallen. Vermutlich wurden Wasserrallen aber auch in anderen Gebieten Bayerns unterkartiert, sodass der Anteil etwas geringer sein kann.

Wachtelkönig *(Crex crex)*

En: Corn crake

J	F	M	A	M	J	J	A	S	O	N	D

Lebensraum: Wachtelkönige brauchen offene Streuwiesenbereiche mit Strukturen, die ihnen Deckung geben, wie angrenzende kleine Gebüschgruppen, Schilfbrachen und Brachstreifen (Schäffer & Münch 1993). Auch aus der Deckung von Einzelbüschen rufen die Männchen. Stark verbuschte Bereiche und dichtes Schilf werden gemieden.

Zeitraum (Phänologie): Sommervogel. Beobachtungen zwischen 24.4. und 29.8.

Bestandsentwicklung: Aus der Datenreihe von gleichzeitigen, nächtlichen Zählungen rufender Männchen (Synchronzählungen) ist ersichtlich, dass der Wachtelkönigbestand zwar stark schwankt (zwischen 10 und über 50 Rufern), das Gebiet aber dennoch als einer der wenigen bayerischen Wachtelköniglebensräume dauerhaft be-

Eben geschlüpfter Wachtelkönig.

setzt ist. 2016 wurden 34 Rufer registriert. Aus anderen Kerngebieten der Art ist bekannt, dass die Bestände plötzlich einbrechen können, ohne dass klare Gründe erkennbar sind (z.B. in den benachbarten Loisach-Kochelseemooren 2018).

Gefährdung und Schutz: Im Frühjahr werden großflächig gemähte Streuwiesenbereiche nur in geringer Dichte und im Randbereich besiedelt. Brachestreifen, wenigjährige Brachen und Randstreifen können bei der Ankunft Abhilfe schaffen. Im Mur-

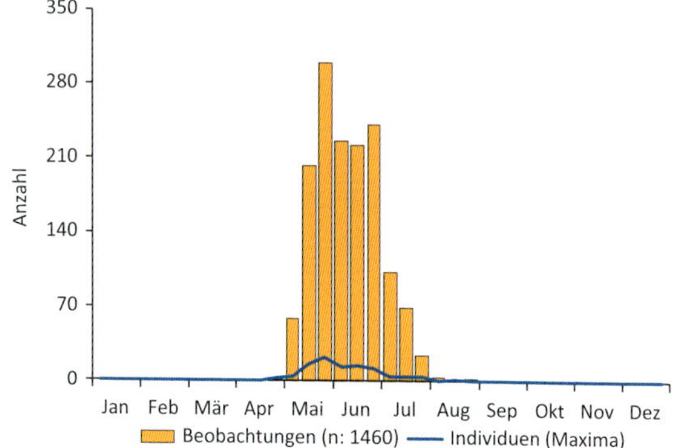

Jahreszeitliche Verteilung der Beobachtungen im Murnauer Moos und Individuenmaxima.

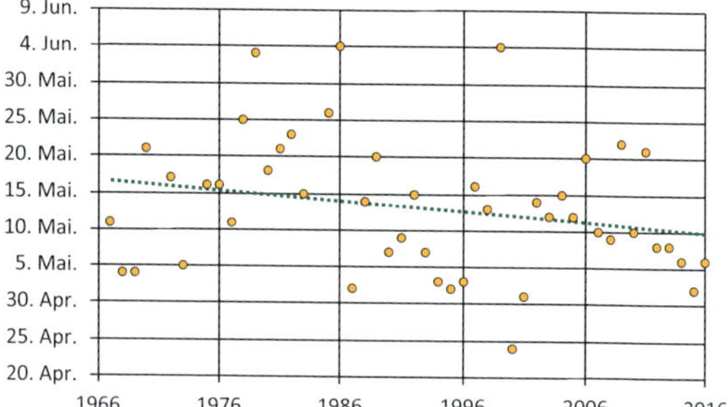

Erstbeobachtungen der Wachtelkönige im Murnauer Moos. Es gibt einen schwachen Trend zu früherem Rufen.

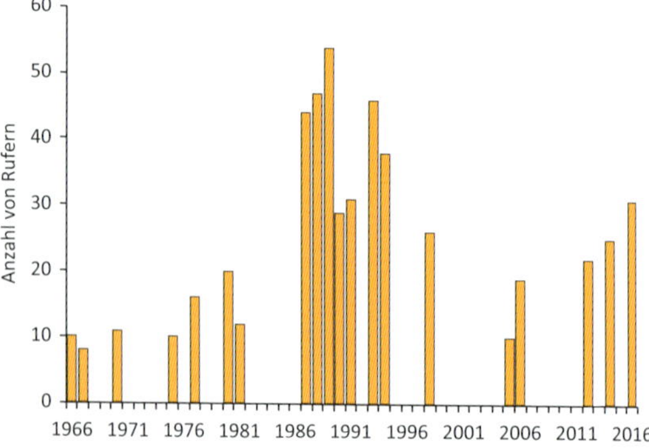

Mindestanzahl rufender Männchen im Murnauer Moos von 1966 bis 2016 (Daten aus Synchronzählungen).

nauer Moos werden große Bereiche besonders auch für den spät brütenden Wachtelkönig erst ab 1.9. gemäht, wenn die Mehrzahl der Jungvögel bereits flügge ist und Altvögel ihre Sommermauser abgeschlossen haben. In intensiver bewirtschafteten Bereichen des Murnauer Mooses können Wachtelkönige aber weiterhin Opfer von Bewirtschaftungsgängen werden. Hier ist eine langsame Mahd von innen nach außen hilfreich, um den Tieren die Möglichkeit zu geben, aus der Fläche zu fliehen. Werden in zweimähdigen Wiesen oder Wiesen mit einem Mahdzeitpunkt vor dem 1.9. rufende Wachtelkönige registriert, sollte versucht werden den Landwirt von einer späteren Mahd zu überzeugen. In allen Bereichen des Murnauer Mooses sind Wachtelkönige von freilaufenden Hunden bedroht. Auch durch Spaziergänger ohne Hund und Erholungssuchende aller Art (Angler, Reiter, Fotografen) kommt es immer wieder zu Störungen während der Brutzeit, wenn sensible Flächen betreten werden. Einige Jagdkanzeln liegen direkt im Kernlebensraum des Wachtelkönigs.

Bedeutung: Groß. Der bayerische Brutbestand wurde auf 300 bis 400 Brutpaare geschätzt (Rödl *et al.* 2012). Bei der bayerischen landesweiten Wiesenbrüterkartierung 2014/15 wurden jedoch nur 153 rufende Männchen registriert (Liebel 2015). Somit brüten ca. 22 bis 29 % aller bayerischen Wachtelkönige im Murnauer Moos.

Tonaufnahme eines Wachtelkönigs mit Donnergrollen im Hintergrund (links, Aufnahme: 26.6.2016, H. Liebel) und eines Wachtelkönigs mit Laubfroschkonzert bei Eschenlohe (rechts; Aufnahme: 27.5.2018, H. Liebel).

Tüpfelsumpfhuhn *(Porzana porzana)*

En: Spotted crake

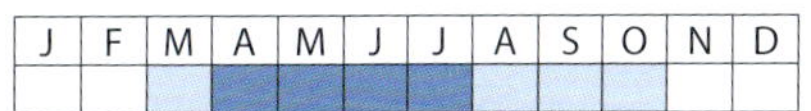

J	F	M	A	M	J	J	A	S	O	N	D

Lebensraum: Der Brutbestand des Tüpfelsumpfhuhns scheint deutlich unbeständiger zu sein als der des Wachtelkönigs. Auch das Tüpfelsumpfhuhn bevorzugt seggenreiche Streuwiesen als Lebensraum, allerdings sollten die Wiesen zu großen Teilen nass und überstaut sein. Das ist im Murnauer Moos nur in besonders nassen Frühjahren der Fall.

Zeitraum (Phänologie): Bereits im zeitigen Frühjahr ankommend. Beobachtungen zwischen 15.3. und 8.10.

Jahreszeitliche Verteilung der Beobachtungen im Murnauer Moos und Individuenmaxima.

Bestandsentwicklung: Bezzel (1989) gibt das Tüpfelsumpfhuhn als »wohl ehemaligen Brutvogel« an. Man kann aber davon ausgehen, dass die Art häufig übersehen und überhört wurde. Im feuchten Frühjahr 2016 konnte Weiss bei einer systematischen Erfassung immerhin 16 Rufer nachweisen, während über ornitho.de nur sieben Einzelbeobachtungen insgesamt eingingen. Über eine Bestandsentwicklung lässt sich basierend auf den vorliegenden Daten keine Aussage treffen. In nassen Frühjahren konnten bereits bis zu 60 rufende Tüpfelsumpfhühner registriert werden (Schöpf & Geiersberger 1997).

Gefährdung und Schutz: Das Tüpfelsumpfhuhn ist vielleicht die Art, die am stärksten von Wasserstandsänderungen und vor allem durch Entwässerung bedroht ist. Auch im Murnauer Moos sollten in einigen Bereichen Wiedervernässungsmaßnahmen durchgeführt werden, um den Lebensraum zu vergrößern.

Bedeutung: Groß. In Bayern wurde der Bestand auf 50 bis 70 Brutpaare geschätzt (Rödl *et al.* 2012). Im Murnauer Moos brüten in nassen Einzeljahren bis über 15 Paare. Demzufolge brüten in besonders guten Jahren zwischen 23 und 32 % der bayerischen Tüpfelsumpfhühner im Murnauer Moos.

Tonaufnahme eines am Ähndl rufenden Tüpfelsumpfhuhns (Aufnahme: 7.6.2016, I. Weiss).

Zwergsumpfhuhn *(Porzana pusilla)*

En: Baillon's crake

J	F	M	A	M	J	J	A	S	O	N	D

Lebensraum: Das Zwergsumpfhuhn ist einer der seltensten Brutvögel Deutschlands. Wenn das Wassermanagement weiter verbessert wird und größere

Seggenbestände überstaut zur Verfügung stehen, ist eine Ansiedlung denkbar. Die Art wurde nur einmal im Juni 2016 rufend festgestellt.

Bedeutung: Bereits ein Einzelnachweis der Art zur Brutzeit zeigt das Potential des Murnauer Mooses.

Kleines Sumpfhuhn *(Porzana parva)*

En: Little crake

J	F	M	A	M	J	J	A	S	O	N	D

Lebensraum: Das Kleine Sumpfhuhn wurde bislang nur siebenmal im Murnauer Moos nachgewiesen (erstmals 1980, zuletzt 2004). Es kann vor allem in strukturreichen Schilfröhrichten mit kleinen Wasserflächen auftauchen. Brutnachweise liegen bislang nicht vor. Kleine Sumpfhühner sind unregelmäßige Brutvögel in Bayern (Rödl *et al.* 2012).

Teichhuhn *(Gallinula chloropus)*

En: Common moorhen

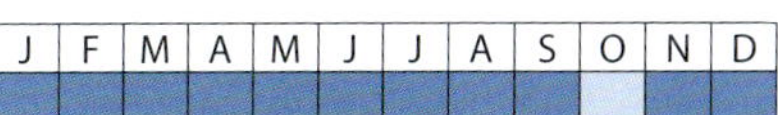

Lebensraum: Teichhühner werden im Murnauer Moos vor allem an der Ramsach und im Bereich Hagener Moos/Schaufelmoos beobachtet. Sie besiedeln vor allem langsam fließende Gewässer und stehende Gewässer mit hoher Deckung am Ufer durch Schilfröhrichte und Weiden.

Zeitraum (Phänologie): Ganzjährig.

Bestandsentwicklung: Bezzel (1989) geht von wenigen Brutpaaren jährlich aus (1-5 Brutpaare). Daran hat sich vermutlich wenig geändert.

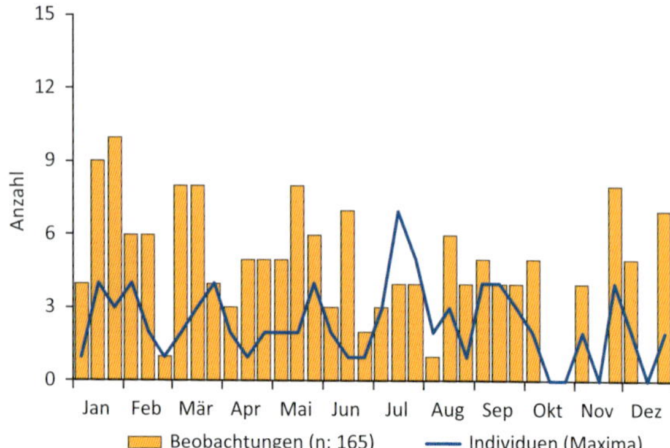

Jahreszeitliche Verteilung der Beobachtungen im Murnauer Moos und Individuenmaxima.

Gefährdung und Schutz: Da Teichhühner nährstoffreiche Gewässer bevorzugen, sind im Murnauer Moos geeignete Habitate ohnehin selten. Eine Gefährdung ist am ehesten durch Störungen am Brutplatz durch Angler denkbar. Belege dafür gibt es im Gebiet aber nicht.

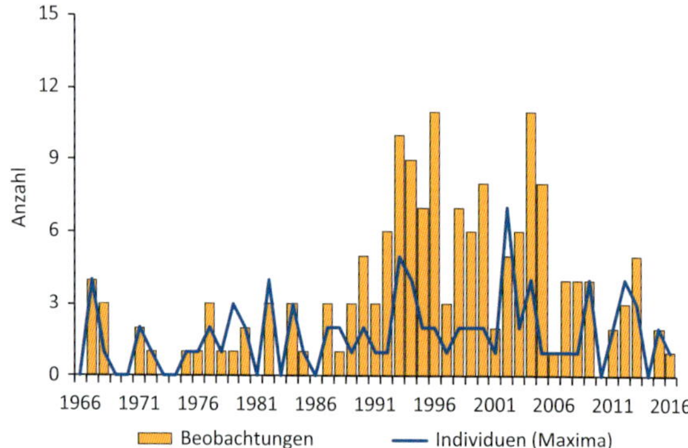

Beobachtungen im Murnauer Moos von 1966 bis 2016.

Bedeutung: Gering. In Bayern wurde der Bestand auf 3.800 bis 6.000 Brutpaare geschätzt (Rödl *et al.* 2012).

Blässhuhn *(Fulica atra)*

En: Eurasian coot

Lebensraum: Blässhühner bevorzugen Stillgewässer mit Ufervegetation, die die Anlage und Verankerung des Schwimmnests ermöglichen. Wichtigste Brutgewässer sind der Haarsee und neuerdings der Deponieweiher bei Grafenaschau.

Zeitraum (Phänologie): Ganzjährig. Größter Trupp mit 62 Individuen am 6.2.1996 auf dem Haarsee.

Bestandsentwicklung: Klammet (1938) bezeichnet das Blässhuhn als häufigen

Brutvogel. BEZZEL (1989) gibt das Blässhuhn als regelmäßigen Brutvogel mit bis zu 10 Brutpaaren an. Zuletzt lag die Anzahl der Brutpaare deutlich niedriger.

Gefährdung und Schutz: Das Blässhuhn kommt in nährstoffarmen Gewässern im Moos nicht vor. An den wenigen nährstoffreicheren Gewässern ist eine Gefährdung nur durch Störungen am Brutplatz denkbar. Die Art toleriert jedoch Störungen bis zu einem bestimmten Maß.

Bedeutung: Gering. In Bayern wurde der Bestand auf 10.000 bis 17.500 Brutpaare geschätzt (RÖDL *et al.* 2012).

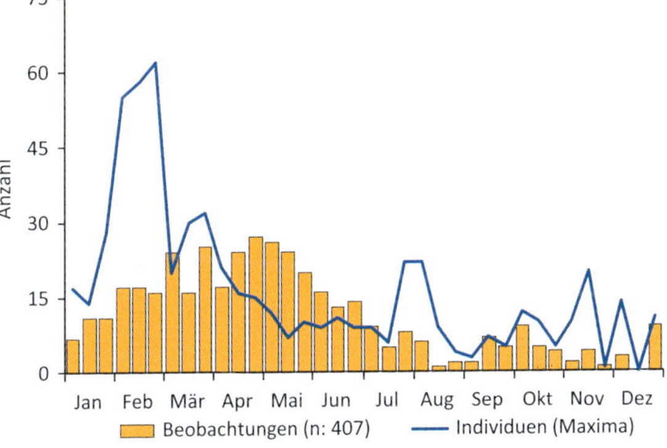

Jahreszeitliche Verteilung der Beobachtungen im Murnauer Moos und Individuenmaxima.

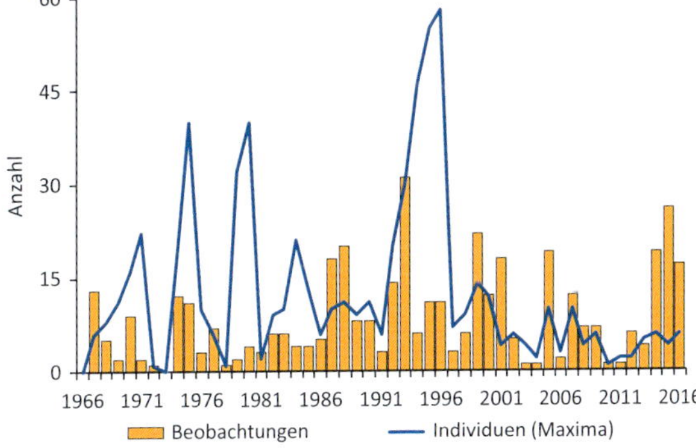

Beobachtungen im Murnauer Moos von 1966 bis 2016.

Stelzenläufer *(Himantopus himantopus)*

En: Black-winged stilt

J	F	M	A	M	J	J	A	S	O	N	D

Lebensraum: Ausnahmegast. Beobachtungen zweier Individuen im Niedermoos und am ehemaligen Hochwasserrückhaltebecken an der Loisach bei Hechendorf (27.-30.5.1985). Stelzenläufer brüten bislang nur unregelmäßig in Deutschland (0-5 Brutpaare, GEDEON *et al.* 2014).

Goldregenpfeifer *(Pluvialis apricaria)*

En: European golden plover

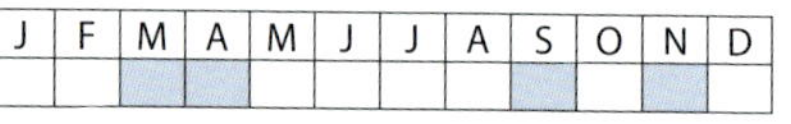

J	F	M	A	M	J	J	A	S	O	N	D

Lebensraum: Ausnahmegast, rastend auf größeren Streuwiesen, z. B. im Weidmoos oder bei Weghaus. Größter Trupp: fünf Individuen.

Zeitraum (Phänologie): Im Frühjahr 28.3.1996 und 27.4.1977, im Herbst 9.9.2004, 14.9.1994, 9.11.1980, 4.11.1995 und 7.11.2008.

Kiebitzregenpfeifer *(Pluvialis squatarola)*

En: Grey plover

J	F	M	A	M	J	J	A	S	O	N	D

Lebensraum: Ausnahmegast. Nur eine Beobachtung eines das Weidmoos überfliegenden Individuums am 9.10.1999.

Kiebitz *(Vanellus vanellus)*

En: Northern lapwing

J	F	M	A	M	J	J	A	S	O	N	D

Lebensraum: Kiebitze bevorzugen extensiv genutzte Streu- und Heuwiesen mit feuchten Wiesensenken als Brut- und Rastlebensraum. Auch wenn innerhalb des Naturschutzgebietes keine dramatischen Veränderungen des Lebensraums erkennbar sind, ist die Art als Brutvogel verschwunden.

Zeitraum (Phänologie): Ganzjährige Beobachtungen mit einem deutlichen Schwerpunkt im Frühjahr. Inzwischen gibt es kaum noch Beobachtungen zur Brutzeit im April/Mai.

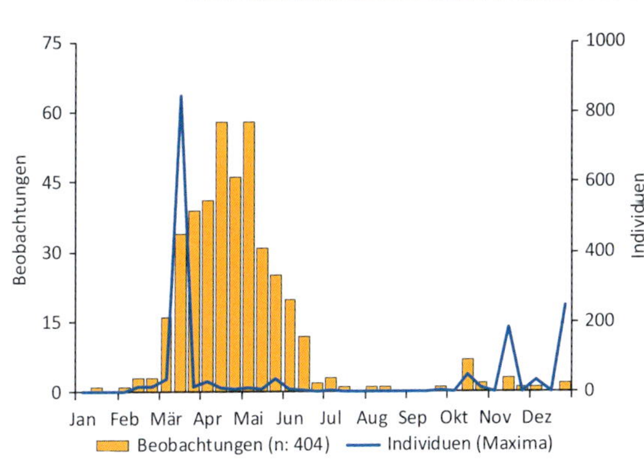

Jahreszeitliche Verteilung der Beobachtungen im Murnauer Moos und Individuenmaxima.

Bestandsentwicklung: Die Bestandsentwicklung ist negativ. Die älteste dokumentierte Beobachtung ist vom 3.5.1868 an der Loisach zwischen Hechendorf und Ohlstadt (EINSELE 1861-1869). Im Murnauer Moos galten Kiebitze bei KLAMMET (1932-1938) als »nicht selten; besonders im Weidmoos häufig brütend«. Noch in den 1980er Jahren war der Kiebitz regelmäßiger Brutvogel mit Schwerpunkten im Bereich Lange Lüsse und Weidmoos. 1980 soll es noch 20 Brutpaare gegeben haben (BEZZEL 1989). In den 1990er Jahren gab es dann schon keine Brutnachweise mehr. Ein letzter einzelner Brutnachweis gelang WOLFGANG KRAUS im Mai 2004 am Schlangenbach. Seitdem ist das Murnauer Moos als Brutgebiet des Kiebitzes verwaist. Auch Durchzügler werden nur noch sehr vereinzelt gesichtet.

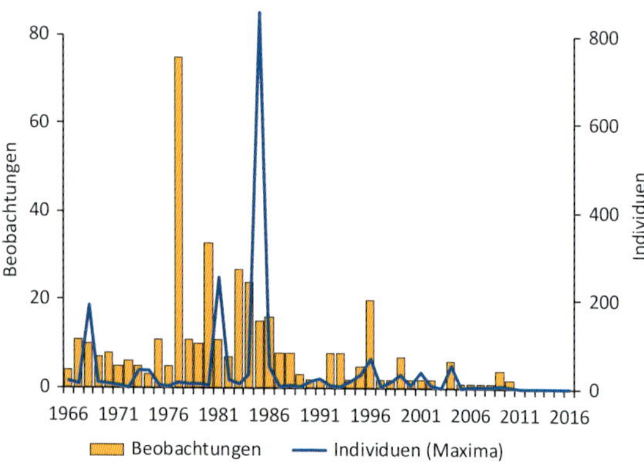

Beobachtungen im Murnauer Moos von 1966 bis 2016.

Gefährdung und Schutz: Die größte Gefährdung der Kiebitze liegt am Brutplatz, wo sie durch landwirtschaftliche Bewirtschaftungsgänge Gelege und Nachwuchs verlieren oder von Prädatoren wie Fuchs und Wildschwein gefressen werden. Auch der für Kiebitze gut geeignete Lebensraum feuchter Moosheuwiesen hat stark abgenommen.

Bedeutung: Gering. Der bayerische Brutbestand wird in Bayern auf 6.000 bis 9.500 Paare geschätzt (RÖDL *et al.* 2012). Der Bestand ist stark rückläufig.

Sandregenpfeifer *(Charadrius hiaticula)*

En: Common ringed plover

J	F	M	A	M	J	J	A	S	O	N	D

Lebensraum: Ausnahmegast. Nur zwei Beobachtungen im Moos: 15./16.9.1996 (zwei Individuen) und 15./16.5.1999 (vier Individuen) im Weidmoos, bzw. nahe der Ramsach.

Flussregenpfeifer *(Charadrius dubius)*

En: Little ringed plover

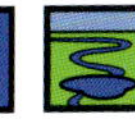

J	F	M	A	M	J	J	A	S	O	N	D

Lebensraum: Flussregenpfeifer waren in den 1980er und 1990er Jahren bis 1993 regelmäßige Brutvögel auf Kiesbänken an und in der Loisach. In den 1990er Jahren wurden noch künstliche Kiesbänke bei Weichs angelegt, die die Art fördern sollten. Die meisten Brutversuche wurden aber durch Störungen durch Bootsfahrer und Motocrossfahrer vereitelt (Schöpf & Geiersberger 1997). Seitdem gab es keine Brutbeobachtungen mehr. Zuletzt rasteten Einzelvögel 2013 und 2015 am ehemaligen Segelflugplatz bei Weghaus. Möglicherweise brüten Flussregenpfeifer noch immer in einer Kiesgrube bei Gstaig.

Jahreszeitliche Verteilung der Beobachtungen im Murnauer Moos und Individuenmaxima.

Zeitraum (Phänologie): Beobachtungen zwischen 28.3. und 4.9.

Bestandsentwicklung: Die Bestandsentwicklung ist negativ. Als Brutvogel in den letzten Jahren wohl verschollen.

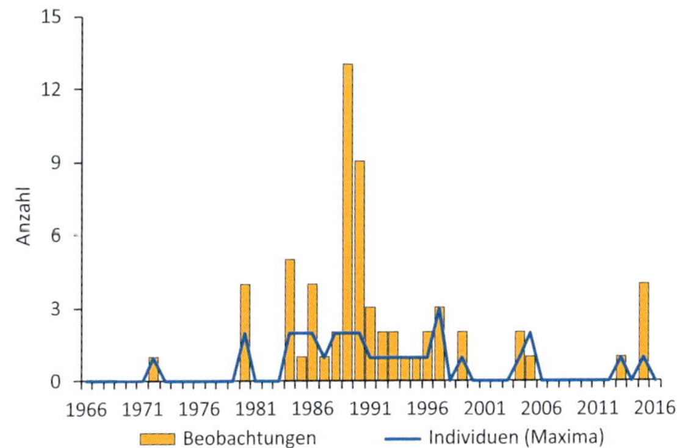

Beobachtungen im Murnauer Moos von 1966 bis 2016.

Gefährdung und Schutz: Flussregenpfeifer leiden unter der Regulierung der Loisach, die eine natürliche Schaffung von vorübergehenden Kiesbänken unterbindet. Die stark zugenommene Nutzung der Loisach durch Schlauchbootfahrer und Kanuten dürfte der Art den »Todesstoß« versetzt haben.

Bedeutung: Gering. Der bayerische Brutbestand liegt bei 950 bis 1.300 Brutpaaren (RÖDL *et al.* 2012).

Großer Brachvogel *(Numenius arquata)*

En: Eurasian curlew

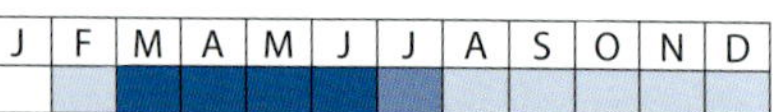

Lebensraum: Große Brachvögel bevorzugen weite, offene, gehölzarme, flache Wiesenlandschaften wie sie noch vor 50 Jahren fast flächendeckend im Murnauer Moos vorhanden waren. Die Nutzung im Moos hat aber so stark abgenommen, dass sich Grabenränder bewaldet haben und große Dauerbrachen entstanden. Daraufhin schrumpfte der Lebensraum auf wenige Kerngebiete, in denen großflächig Streuwiesen erhalten werden, wie im Bereich Fügsee, Weid- und Niedermoos, sowie im Bauernrecht bei Eschenlohe. Brachvögel legen ihre Nester direkt in der Wiese an einer wenige Zentimeter erhöhten Stelle an, die etwas weniger feucht ist.

Zeitraum (Phänologie): Regelmäßige Beobachtungen vom 1.3. bis 30.7.

Gelege eines Großen Brachvogels im Weidmoos.

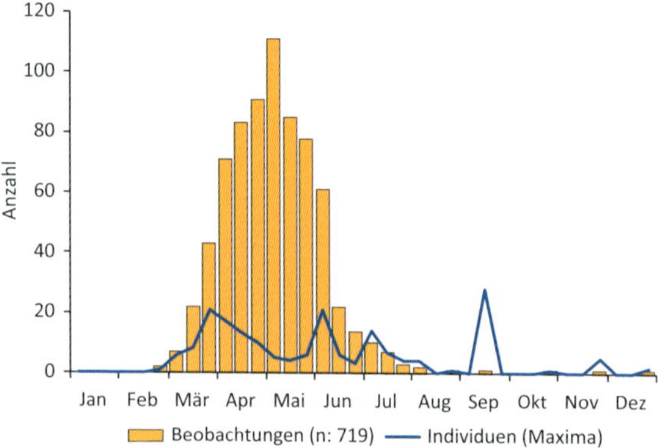

Jahreszeitliche Verteilung der Beobachtungen im Murnauer Moos und Individuenmaxima.

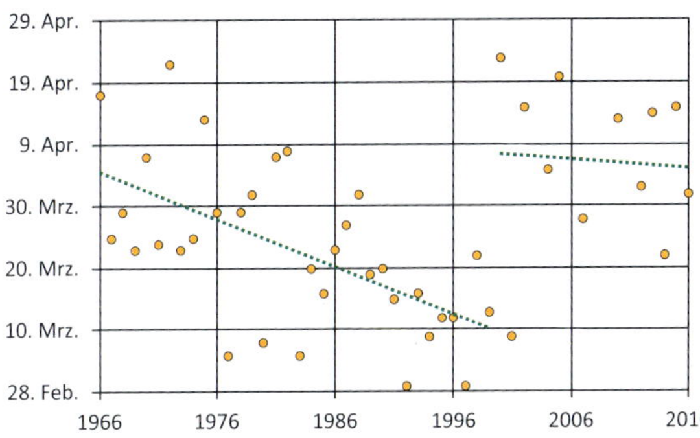

Erstbeobachtungsdatum der Großen Brachvögel im Murnauer Moos. Die späteren Ankunftsdaten nach 2000 gehen wohl auf eine weniger systematische Methodik zurück.

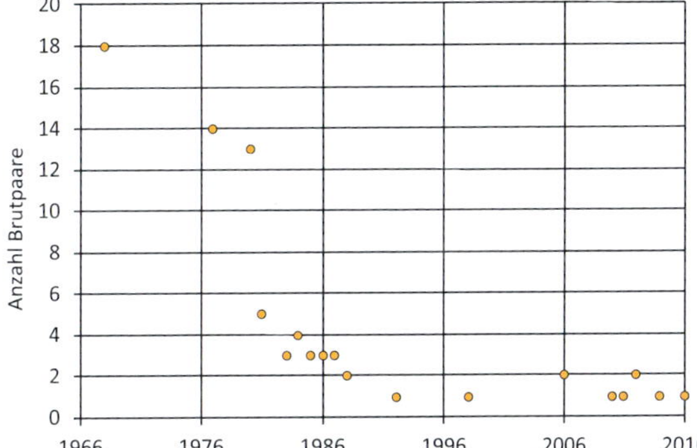

Entwicklung des Brutbestands des Großen Brachvogels im Murnauer Moos (bei von/bis-Angaben wurde der niedrigere Wert verwendet).

Bestandsentwicklung: Der Brutbestand ist im Zuge des Lebensraumschwunds im Murnauer Moos stark zurückgegangen von um 20 Paare 1968 (Bezzel 1989) auf nur noch ein bis zwei Brutpaare in den letzten Jahren. Durch den starken Rückgang der Art auch im restlichen Bayern dürfte auch der Zuzug neuer Brutpaare stark nachgelassen haben. Die Wiederansiedlung und der Anstieg des Bestands auf sieben Brutpaare im Ampermoos 2018 (Niederbichler, schriftliche Mitteilung), sowie Zunahmen am Flughafen München (Flughafen München GmbH 2016) und im Königsauer Moos (Herrmann & Stadler 2013), lassen verhaltene Hoffnung aufkommen, dass sich der Bestand stabilisieren und lokal erholen könnte.

Gefährdung und Schutz: Gründe für den Rückgang im Murnauer Moos dürften neben überregionalen Einflüssen wie Jagd, Klimawandel, Intensivierung der Landwirtschaft und Reduktion der Gesamtpopulation, der Rückgang der Streuwiesennutzung im Vergleich zu den 1970er Jahren sein. Früher wurden die kleinflächigen Streuwiesenparzellen regelmäßig neu verlost, sodass Parzellen zu unterschiedlichen Zeiten gemäht wurden. Im darauffolgenden Frühjahr waren sie unterschiedlich stark aufgewachsen. Es wird spekuliert, dass dadurch ein Nutzungsmosaik entstand, das für den Brachvogel ideal war. Heutzutage werden Flächen von mehreren Hektar mit dem Traktor innerhalb kurzer Zeit sauber abgemäht.

Günstige Strukturen erhalten sich dann nur an extra angelegten Brachstreifen in schwachwüchsigen Streuwiesen. Große Brachvögel leiden zudem stark unter dem hohen Fuchsbestand. Um die unnatürlich hohen Verluste (Gelege und Jungvögel) zu reduzieren, wird seit 2016 versucht, mit Elektrozäunen Gelege und Jungvögel vor Bodenfeinden zu schützen.

Bedeutung: Der Bestand des Großen Brachvogels im Murnauer Moos ist, gemessen am bayerischen Gesamtbestand (knapp 500 Brutpaare; LIEBEL 2015), sehr gering. Die Bedeutung der Art besteht vor allem darin, dass sie bei vielen Menschen bekannt ist und für den Naturschutz stellvertretend für die ganze Gilde der Wiesenbrüter im Murnauer Moos besonders gefördert werden soll (LFU 2015).

Rufe und Gesang des Großen Brachvogels im Weidmoos (im Hintergrund rauscht die B2, Aufnahme: 6.4.2018, H. LIEBEL).

Regenbrachvogel *(Numenius phaeopus)*

En: Whimbrel

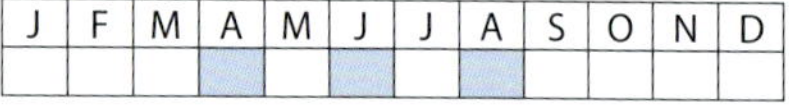

J	F	M	A	M	J	J	A	S	O	N	D

Lebensraum: Regenbrachvögel wurden im Murnauer Moos und Umgebung bisher nur fünfmal beobachtet (dreimal im April, einmal im Juni und einmal im August). Regenbrachvögel rasteten entweder im Bereich des Ohlstädter Filzes vermutlich im Hochmoor oder im Ostermoos im Bereich der Streuwiesen. Überfliegend wurde zuletzt am 17.6.2014 ein Individuum am Wöhrbach nördlich von Weichs beobachtet. Der größte Trupp mit sechs Individuen wurde am 15.4.1976 im Ostermoos beobachtet.

Uferschnepfe *(Limosa limosa)*

En: Black-tailed godwit

J	F	M	A	M	J	J	A	S	O	N	D

Lebensraum: Uferschnepfen galten bereits bei KLAMMET (1932-1938) als seltene Gäste. Seit 1966 gab es nur drei Beobachtungen von Einzelvögeln am 24.6.1979 im Bereich Lange Grünen (südöstlich Grafenaschau), am 1.8.1982 am Fügsee und am 29.4.2006 an der Ramsach auf Höhe des Steinköchels.

Bedeutung: Gering. Der bayerische Brutbestand liegt bei nur noch etwa 25 Brutpaaren (LIEBEL 2015).

Waldschnepfe *(Scolopax rusticola)*

En: Eurasian woodcock

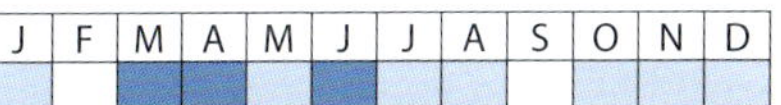

J	F	M	A	M	J	J	A	S	O	N	D

Lebensraum: Waldschnepfen brüten regelmäßig im Bereich der Köchelwälder und in den Randbereichen des Murnauer Mooses. Dafür legen sie ihre Nester auf dem Boden an. Die eindrucksvollen Balz- und Revierabgrenzungsflüge von März bis Juni können am besten in der späten Dämmerung im nordwestlichen Murnauer Moos beobachtet werden.

Zeitraum (Phänologie): Der Kurzstreckenzieher wird bis auf den Hochwinter ganzjährig in geringer Zahl angetroffen. Am auffälligsten ist die Art aber im März und April wenn die Balzaktivität am größten ist.

Gefährdung und Schutz: Waldschnepfen gehören zu den jagdbaren Arten. Es wird befürchtet, dass die jährliche Entnahme in Europa die Reproduktion übersteigt. Der Art kommt eine naturnahe Waldbewirtschaftung entgegen, mit einer gut entwickelten Kraut- und Strauchschicht und großer Baumartenvielfalt. Nasse Bereiche der Wälder sollten nicht drainiert werden.

Bedeutung: Gering. Der bayerische Brutbestand wird auf 2.600 bis 4.600 Paare geschätzt (RÖDL *et al.* 2012).

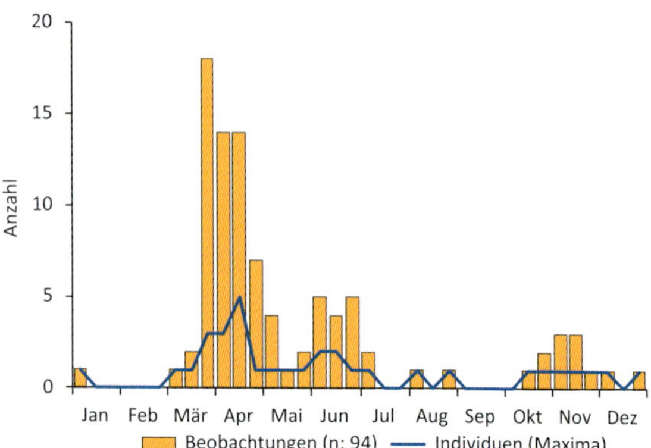

Jahreszeitliche Verteilung der Beobachtungen im Murnauer Moos und Individuenmaxima.

Bekassine *(Gallinago gallinago)*

En: Common snipe

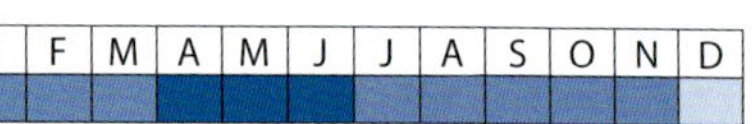

J	F	M	A	M	J	J	A	S	O	N	D

Lebensraum: Bekassinen brüten bevorzugt in nassen Streuwiesen und unbewirtschafteten Mooren, die so nass und nährstoffarm sind, dass sie sich selbst baum- und schilffrei(-arm) halten. Zu den besten Lebensräumen für Bekassinen gehört das Hohenboigenmoos, das vom Moosrundweg am Lindenbach eingesehen werden kann.

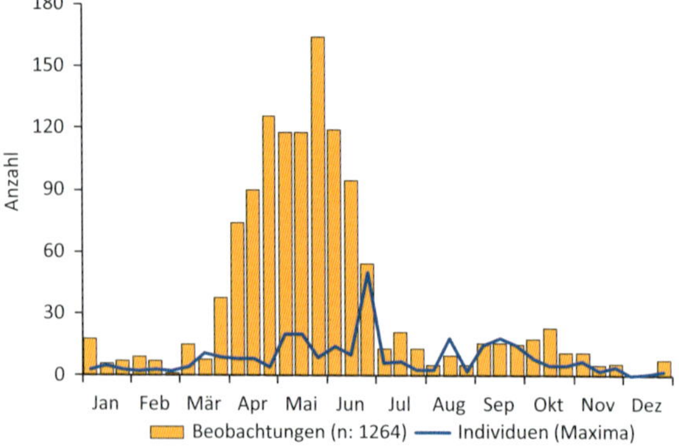

Jahreszeitliche Verteilung der Beobachtungen im Murnauer Moos und Individuenmaxima.

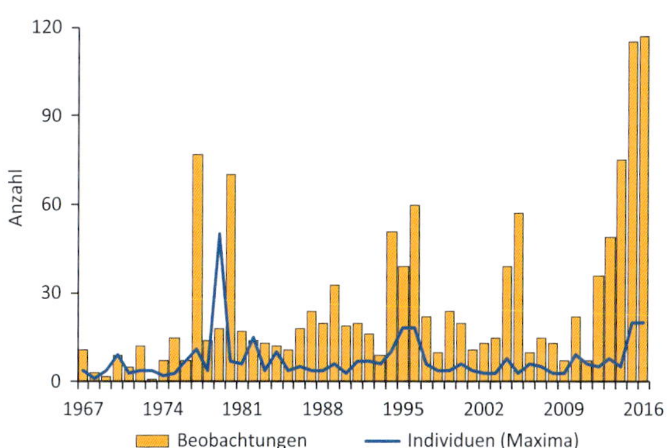

Beobachtungen im Murnauer Moos von 1966 bis 2016.

Zeitraum (Phänologie): Bekassinen sind ganzjährig im Gebiet, wenn der Winter nicht zu streng und schneereich ist.

Bestandsentwicklung: Der Bestand der Bekassine wurde von Bezzel 1989 auf ca. 50 Paare im Moos mit abnehmender Tendenz geschätzt. In der Zwischenzeit haben sich die Lebensbedingungen aber wieder verbessert, da die Streuwiesenmahd erneut ausgeweitet wurde. Durch speziell angepasste Maschinen werden inzwischen auch sehr nasse Bereiche gemäht. Dadurch entsteht neuer, geeigneter Lebensraum für Bekassinen. Der Bestand wird derzeit wieder auf das gleiche Niveau geschätzt wie in den 1980er Jahren (Weiss 2016).

Gefährdung und Schutz: Bekassinen werden leider in Europa immer noch bejagt, trotz allgemein abnehmender Bestände. Im Murnauer Moos ist es essenziell, nasse Streuwiesenbereiche auch in Zukunft in Pflege zu halten. Wiedervernässungen würden die Art an vielen Stellen im Moos weiter fördern.

Gut getarntes Bekassinenküken im Niedermoos.

Bedeutung: Groß. Der bayerische Brutbestand wurde bei der letzten landesweiten Wiesenbrüterkartierung auf knapp 300 Paare geschätzt (Liebel 2015). Weiss erfasste 2016 46 bis 49 revieranzeigende Bekassinen im Murnauer Moos. Das entspricht etwa 15 % des bayerischen Brutbestands. Somit dürfte das Murnauer Moos das wichtigste und größte Brutgebiet für die Art in Bayern sein.

Zwergschnepfe *(Lymnocryptes minimus)*

En: Jack snipe

J	F	M	A	M	J	J	A	S	O	N	D

Lebensraum: Zwergschnepfen sind im Murnauer Moos bis 2016 nur 16mal gesichtet worden. Es ist aber sehr wahrscheinlich, dass sie sogar annähernd jährlich im Gebiet sind und in milden Wintern auch überwintern. Die extrem gut getarnten Zwergschnepfen sind außerhalb der Brutzeit fast nur dadurch nachzuweisen, dass sie plötzlich vor einem auffliegen. Sie halten sich meist an Grabenrändern oder im Bereich nasser Streuwiesen auf. Beobachtungen vom 7.12. bis 8.4.

Zwergschnepfe nahe des Fügsees.

Bedeutung: Gering. Durch immer mildere Winter könnte das Murnauer Moos zu einem regelmäßigen Überwinterungsgebiet für die nordöstliche Art werden.

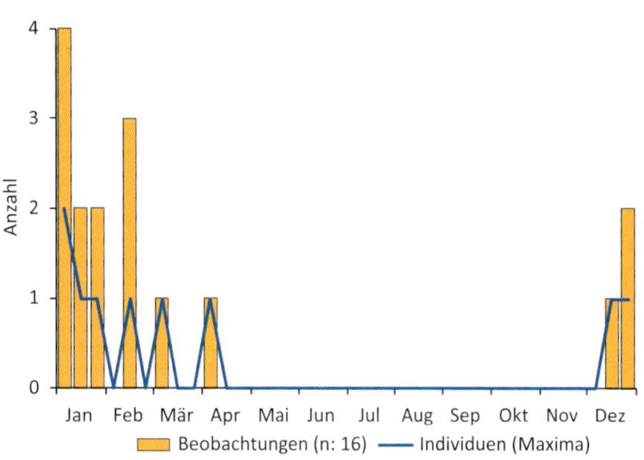

Jahreszeitliche Verteilung der Beobachtungen im Murnauer Moos und Individuenmaxima.

Flussuferläufer *(Acitis hypoleucos)*

En: Common sandpiper

J	F	M	A	M	J	J	A	S	O	N	D

Lebensraum: Es gab bislang nur zwei Brutnachweise (von 1980 und 2017) an der Loisach auf der Höhe Gstaig. Brutverdacht bestand zwischenzeitlich aber mehrmals. Alle sonstigen Beobachtungen beschränken sich auf Durchzügler, die meist an der Loisach, vereinzelt aber auch an Gewässern im Moos beobachtet wurden.

Zeitraum (Phänologie): Beobachtungen vom 28.3. bis 3.10. Größter Trupp am 19.8.2003 mit 12 Individuen am Steinbruchsee des Langen Köchels.

Bestandsentwicklung: Immer seltener besteht bei dieser Art Brutverdacht. Auch die Anzahl der Durchzügler ist rückläufig.

Gefährdung und Schutz: Gründe für den Rückgang des Flussuferläufers an der Loisach sind die fehlende Flussdynamik durch diverse Verbauungen und verstärkten Freizeitdruck durch Bootsfahrer.

Bedeutung: Gering. Der bayerische Brutbestand wird auf 150 bis 190 Paare geschätzt (Rödl *et al.* 2012).

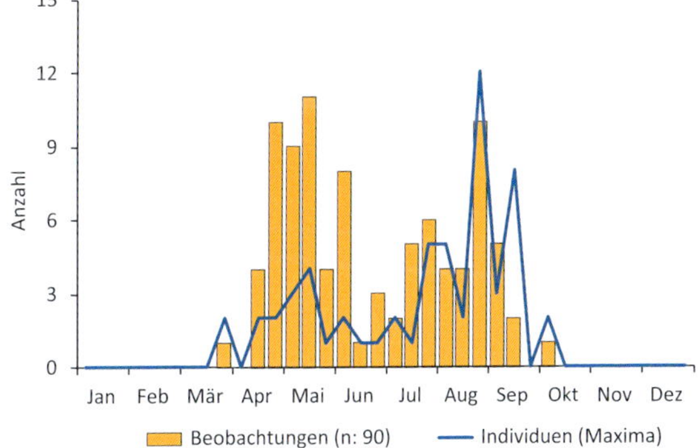

Jahreszeitliche Verteilung der Beobachtungen im Murnauer Moos und Individuenmaxima.

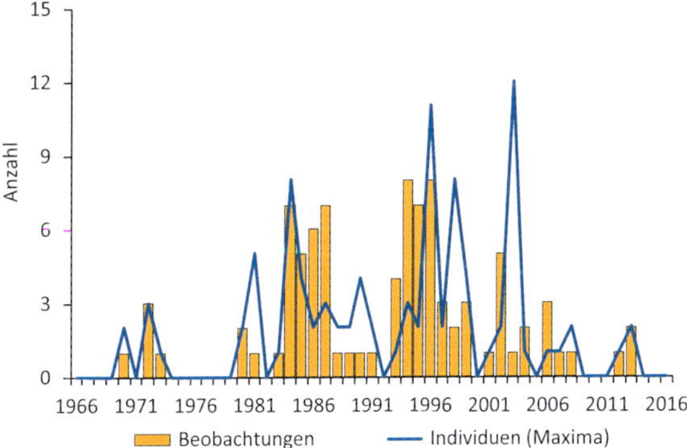

Beobachtungen im Murnauer Moos von 1966 bis 2016.

Rotschenkel *(Tringa totanus)*

En: Common redshank

J	F	M	A	M	J	J	A	S	O	N	D

Lebensraum: Rotschenkel gehören zu den nässebedürftigsten Wiesenbrütern. Selbst im Murnauer Moos sind Wiesen mit flach überstauten Senken in trockenen Jahren selten.

Zeitraum (Phänologie): Beobachtungen vom 4.4. bis 4.8.

Bestandsentwicklung: Rotschenkel sind in Bayern extrem zurückgegangen. Im Murnauer Moos brüteten sie bis 1951 (Bezzel *et al.* 1983) und in den 1930er Jahren im Weidmoos sogar »nicht selten« (Klammet 1938). Inzwischen gibt es selbst zur Zugzeit kaum noch Beobachtungen. Das letzte Individuum wurde am 13.5.1999 im Weidmoos beobachtet.

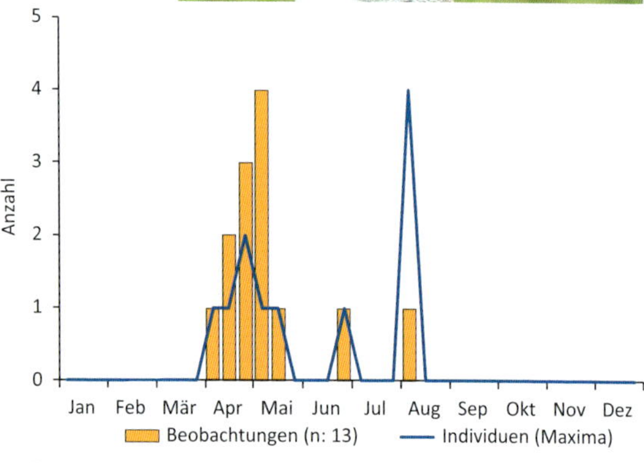

Jahreszeitliche Verteilung der Beobachtungen im Murnauer Moos und Individuenmaxima.

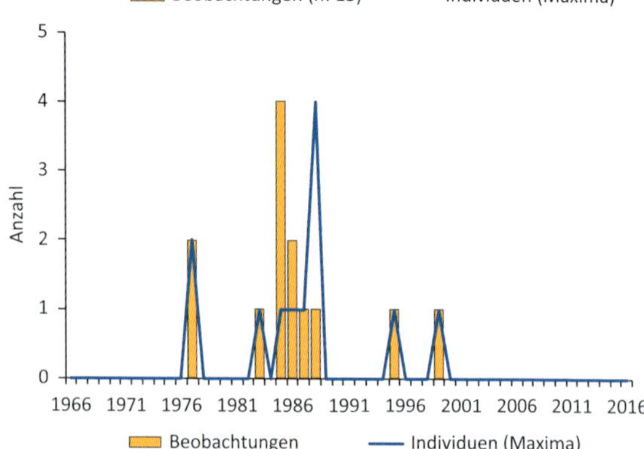

Beobachtungen im Murnauer Moos von 1966 bis 2016.

Bedeutung: Gering. Der bayerische Brutbestand wird auf nur noch etwa 10 Paare geschätzt (Rödl *et al.* 2012).

Dunkler Wasserläufer *(Tringa erythropus)*

En: Spotted redshank

J	F	M	A	M	J	J	A	S	O	N	D

Lebensraum: Dunkle Wasserläufer rasten im Moos selten an überstauten Wiesensenken zur Zugzeit.

Zeitraum (Phänologie): Beobachtungen vom 9.4. bis 2.9. Größte Trupps mit jeweils drei überfliegenden Individuen am 9.4.1996 (Weidmoos) und 20.6.2016 (im nördlichen Murnauer Moos).

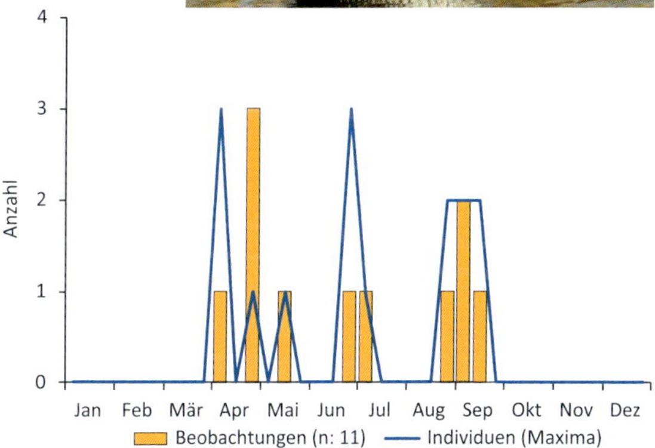

Jahreszeitliche Verteilung der Beobachtungen im Murnauer Moos und Individuenmaxima.

Grünschenkel *(Tringa nebularia)*

En: Common greenshank

J	F	M	A	M	J	J	A	S	O	N	D

Lebensraum: Auch Grünschenkel rasten im Moos an überschwemmten Wiesensenken. Als Kleinfischfresser tauchen sie selten auch an flachen Bereichen der Seen auf (z. B. Krebssee, Moosbergsee).

Zeitraum (Phänologie): Beobachtungen vom 10.4. bis 8.9.

Jahreszeitliche Verteilung der Beobachtungen im Murnauer Moos und Individuenmaxima.

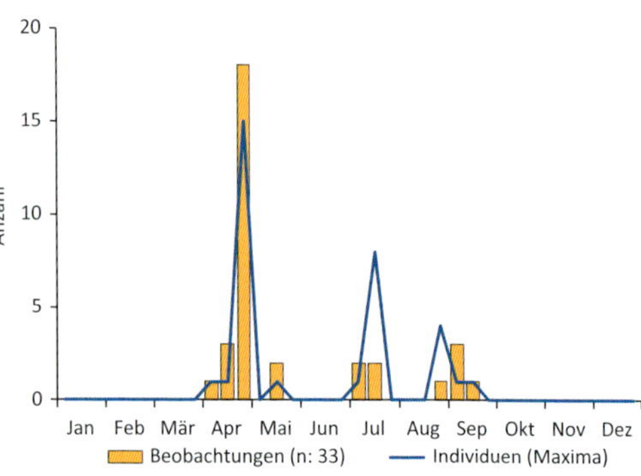

Beobachtungen im Murnauer Moos von 1966 bis 2016.

15
12
9
6
3
0
Anzahl
1966 1971 1976 1981 1986 1991 1996 2001 2006 2011 2016
Beobachtungen
Individuen (Maxima)

Waldwasserläufer *(Tringa ochropus)*

En: Green sandpiper

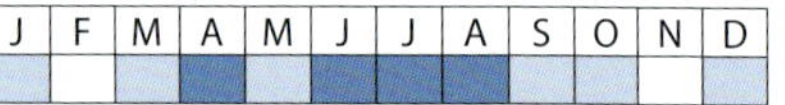

J	F	M	A	M	J	J	A	S	O	N	D

Lebensraum: Waldwasserläufer werden im Murnauer Moos nicht nur an überschwemmten Wiesensenken, sondern auch in gehölzbestandenen Mooren und Auwaldbereichen beobachtet. Bei dieser Art wäre auch eine Ansiedlung als Brutvogel denkbar. Beobachtungen zur Brutzeit gibt es zwar, sind aber schwer zu interpretieren, da die weiblichen Altvögel bereits ab Juni wieder in die Überwinterungsquartiere ziehen.

Zeitraum (Phänologie): Beim Waldwasserläufer überlappen sich Heim- und Wegzug. Nicht-brütende Übersommerer erschweren zusätzlich die Einordnung von Brutvögeln. Waldwasserläufer können ganzjährig auftreten. Regelmäßige Beobachtungen gibt es von April bis September.

Bedeutung: Gewisse Bedeutung als Rastgebiet. Der bayerische Brutbestand wird auf 40 bis 50 Paare geschätzt (RÖDL *et al.* 2012). Möglicherweise brütet die Art in Einzeljahren im Moos. Brutnachweise liegen jedoch keine vor.

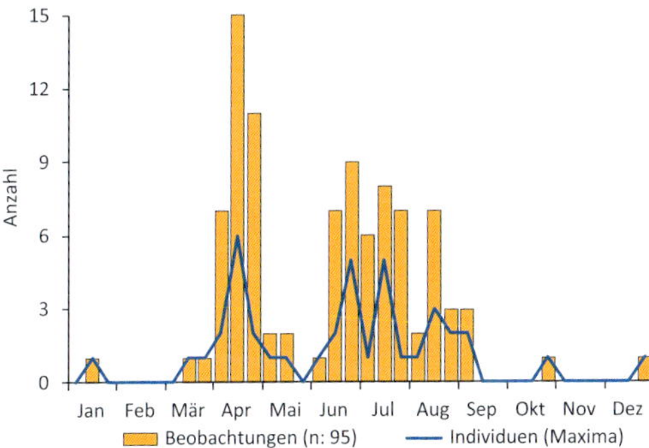

Jahreszeitliche Verteilung der Beobachtungen im Murnauer Moos und Individuenmaxima.

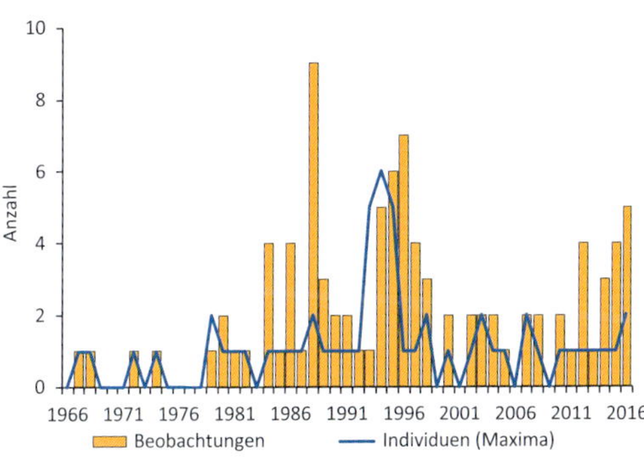

Beobachtungen im Murnauer Moos von 1966 bis 2016.

Bruchwasserläufer *(Tringa glareola)*

En: Wood sandpiper

J	F	M	A	M	J	J	A	S	O	N	D

Lebensraum: Bruchwasserläufer werden im Murnauer Moos vor allem an überschwemmten Streuwiesen im Weidmoos und Pfützen in Fahrspuren der Streuwiesen beobachtet. Die meisten Beobachtungen liegen aus dem Weidmoos und seinem Umfeld vor.

Zeitraum (Phänologie): Beim Bruchwasserläufer überlappen sich Heim- und Wegzug. Während die letzten Brutvögel nach Norden ziehen, fliegen die ersten adulten Weibchen bereits ab Juni wieder Richtung Süden. Die Jungvögel ziehen erst deutlich nach den Altvögeln gen Süden. Beobachtungen vom 23.4. bis 29.9. Der größte Trupp wurde am 13.7.2005 im Weidmoos auf etwa 100 Individuen geschätzt.

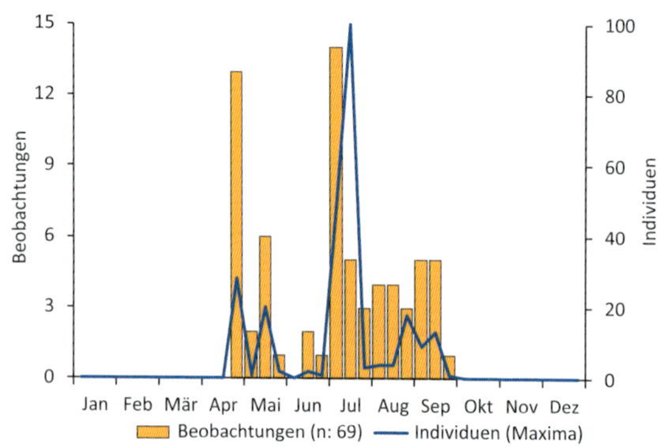

Jahreszeitliche Verteilung der Beobachtungen im Murnauer Moos und Individuenmaxima.

Kampfläufer *(Calidris pugnax)*

En: Ruff

J	F	M	A	M	J	J	A	S	O	N	D

Lebensraum: Kampfläufer sind seltene Gäste. Der größte Trupp mit 70 Individuen wurde eine Woche lang Ende September 1969 bei Ohlstadt in einem Bereich beobachtet, der heute von der Autobahn überbaut ist. Zuletzt rasteten drei Individuen am 1.9.2010 im Weidmoos.

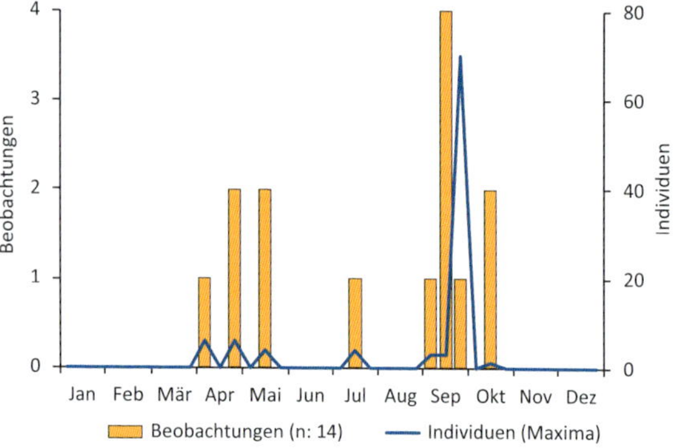

Jahreszeitliche Verteilung der Beobachtungen im Murnauer Moos und Individuenmaxima.

Beobachtungen
im Murnauer Moos
von 1966 bis 2016.

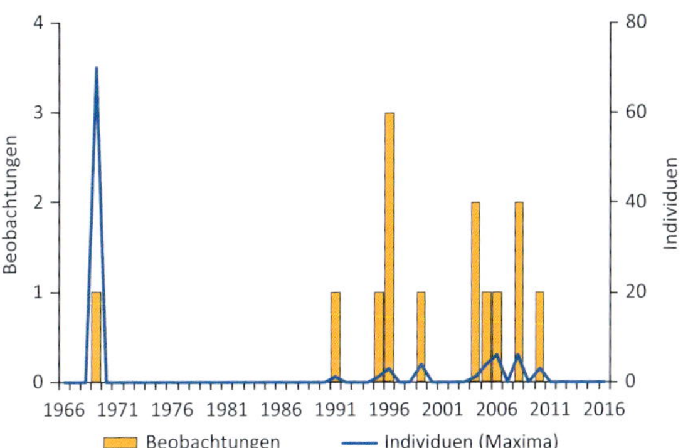

Zwergstrandläufer *(Calidris minuta)*

En: Little stint

J	F	M	A	M	J	J	A	S	O	N	D

Lebensraum: Zwergstrandläufer sind Ausnahmegäste. Nur zwei Beobachtungen eines Trupps mit 22 Individuen im Weidmoos und am Langen Köchel vom 16.-18.9.1996 rastend und eines Trupps mit 5 Individuen am 14.9.1998 bei Hechendorf.

Temminckstrandläufer *(Calidris temminckii)*

En: Temminck's stint

   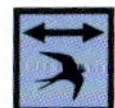

J	F	M	A	M	J	J	A	S	O	N	D

Lebensraum: Temminckstrandläufer sind Ausnahmegäste. Nur eine Beobachtung zweier Individuen vom 13.-15.5.1999 bei Hechendorf.

Alpenstrandläufer *(Calidris alpina)*

En: Dunlin

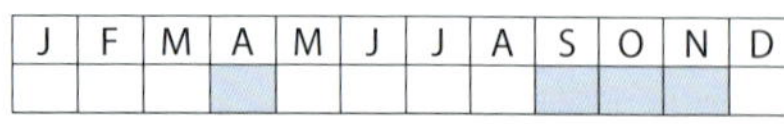

J	F	M	A	M	J	J	A	S	O	N	D

Lebensraum: Alpenstrandläufer sind Ausnahmegäste. Nur 12 Beobachtungen, vor allem während des Durchzugs im Herbst im Bereich Weidmoos oder bei Hechendorf an überschwemmten Wiesensenken. Der größte Trupp mit vier Individuen wurde am 16.9.1996 in Gesellschaft mit Zwergstrandläufern nachgewiesen. Zuletzt wurde ein diesjähriger Alpenstrandläufer am 5.10.2013 beobachtet.

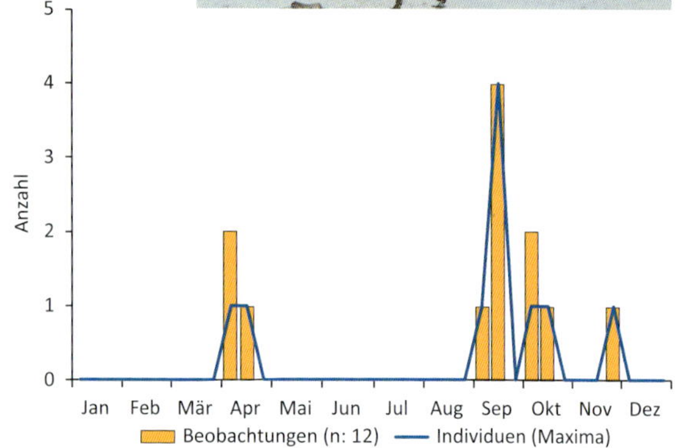

Jahreszeitliche Verteilung der Beobachtungen im Murnauer Moos und Individuenmaxima.

Zwergmöwe *(Hydrocoloeus minutus)*

En: Little gull

J	F	M	A	M	J	J	A	S	O	N	D

Lebensraum: Im Murnauer Moos gab es bislang nur eine Beobachtung einer Zwergmöwe, die sich an der Rechtach aufhielt (5.2.2012). Die östliche Art brütet nur sehr selten in Deutschland (GEDEON *et al.* 2014).

Lachmöwe *(Chroicocephalus ridibundus)*

En: Black-headed gull

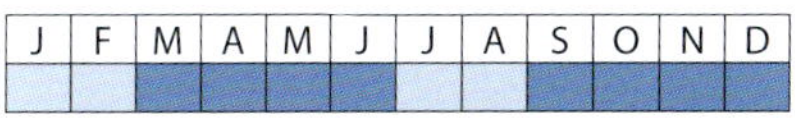

Lebensraum: Lachmöwen brüteten früher in nassen Jahren im Murnauer Moos. 1936 brüteten sogar 15 Paare im Weidmoos (KLAMMET 1932-1938). Da Lachmöwen Flachwasserzonen mit einzelnen Grashorsten zur Nestanlage bevorzugen, die aus dem Wasser herausragen, muss das Weidmoos früher sehr viel nasser gewesen sein als heute. Seit 1966 rasten Lachmöwen regelmäßig im Murnauer Moos. Es werden Wiesen aller Art zur Nahrungssuche genutzt. Lachmöwen der nahegelegenen Brutkolonie am Riegsee suchen bei großflächigen Überschwemmungen im Moos nach Nahrung.

Zeitraum (Phänologie): Ganzjährig.

Bestandsentwicklung: Seit die Mülldeponie bei Schwaiganger versiegelt wurde, haben die Möwenanzahlen abgenommen. Mindestens seit 1966 sind keine Bruten der Art mehr bekannt geworden.

Bedeutung: Gering. In Bayern wird der Brutbestand auf 17.500 bis 27.000 Paare geschätzt (RÖDL *et al.* 2012).

Lachmöwen bei der Balz.

Lachmöwenpaar mit zwei Küken. Ob die Aufnahme aus dem Weidmoos stammt, ist nicht sicher geklärt, aber laut WALTRAUD KLAMMET (Tochter des Fotografen) sehr wahrscheinlich (Aufnahme aus den 1930er Jahren).

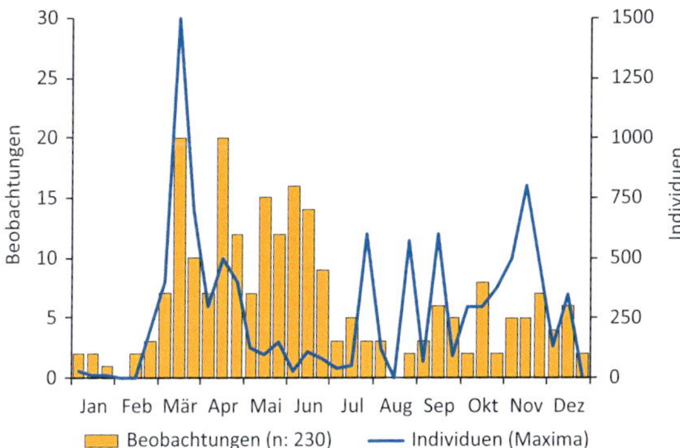

Jahreszeitliche Verteilung der Beobachtungen im Murnauer Moos und Individuenmaxima.

Beobachtungen
im Murnauer Moos
von 1966 bis 2016.

Sturmmöwe *(Larus canus)*

En: Common gull

J	F	M	A	M	J	J	A	S	O	N	D

Lebensraum: Sturmmöwen nutzten die Mülldeponie Schwaiganger als Nahrungsflächen bis zu ihrer Versiegelung. Seitdem wurde nur einmal ein Individuum am 12.2.2012 an der Mülldeponie beobachtet.

Zeitraum (Phänologie): Beobachtungen vor allem im Winterhalbjahr (15.11. bis 18.4.).

Bedeutung: Gering. In Bayern wurde der Brutbestand 2017 auf drei bis vier Paare geschätzt. Nächstgelegene Brutplätze liegen an der Mittleren und Unteren Isar (Weixler *et al.* 2018).

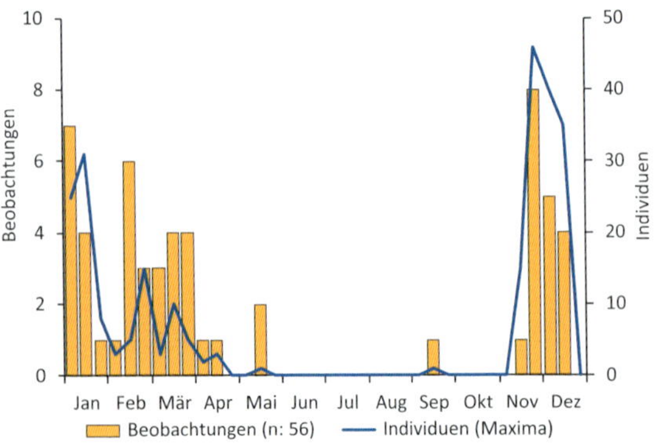

Jahreszeitliche Verteilung
der Beobachtungen
im Murnauer Moos und
Individuenmaxima.

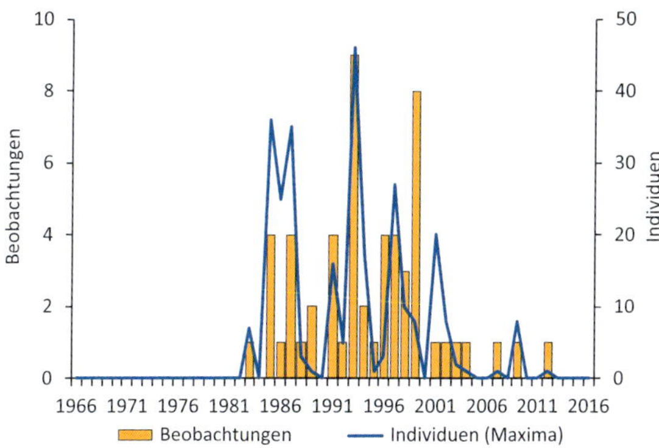

Beobachtungen im Murnauer Moos von 1966 bis 2016.

Silbermöwe *(Larus argentatus)*

En: European herring gull

J	F	M	A	M	J	J	A	S	O	N	D

Lebensraum: Silbermöwen nutzten die Mülldeponie Schwaiganger als Nahrungsfläche bis zu ihrer Versiegelung, jedoch unregelmäßiger als Sturmmöwen. Seit der Versiegelung wurden keine Silbermöwen mehr beobachtet.

Zeitraum (Phänologie): Beobachtungen vor allem im Winterhalbjahr (15.11. bis 14.5.). Besonders die Beobachtung vom 14.5.1976 und auch einige der Herbstbeobachtungen könnten sich auch auf Mittelmeermöwen bezogen haben, da die beiden Arten erst später taxonomisch aufgetrennt wurden.

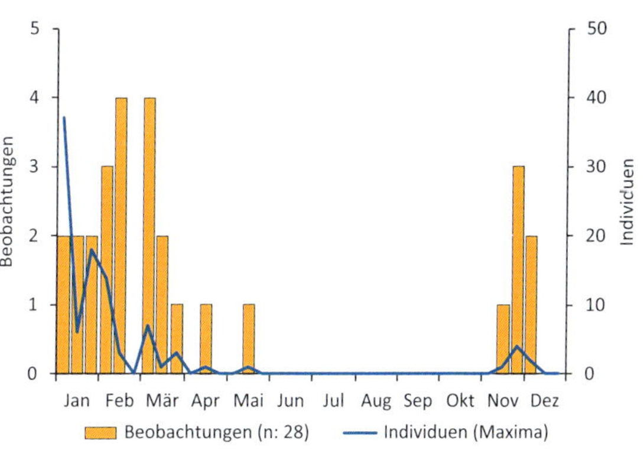

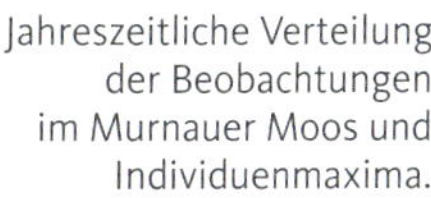

Jahreszeitliche Verteilung der Beobachtungen im Murnauer Moos und Individuenmaxima.

Beobachtungen im Murnauer Moos von 1966 bis 2016.

Mittelmeermöwe *(Larus michahellis)*

En: Yellow-legged gull

J	F	M	A	M	J	J	A	S	O	N	D

Lebensraum: Mittelmeermöwen nutzten die Mülldeponie Schwaiganger als Nahrungsfläche bis zu ihrer Versiegelung und werden immer noch am ehesten dort gesichtet. Mit dem Anstieg der Brutpaare in der Region könnten sie in Zukunft auch häufiger auf Wiesen nahrungssuchend auftreten. Die Mittelmeermöwe wird erst seit 1998 als eigene Art aufgenommen. Zuvor wurde sie als Silbermöwe notiert.

Zeitraum (Phänologie): Beobachtungen vor allem im Winterhalbjahr, aber in Zukunft womöglich vermehrt ganzjährig.

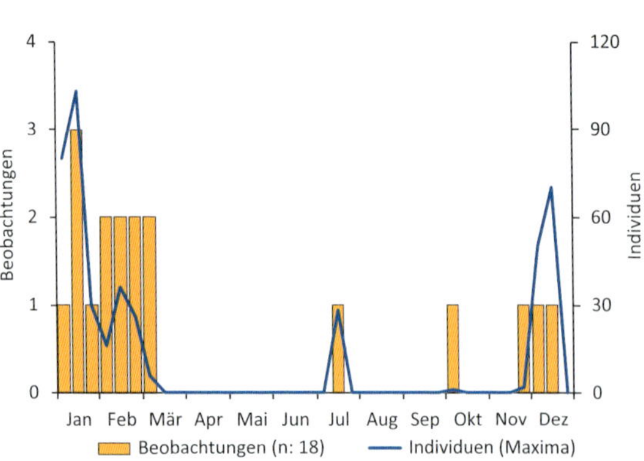

Jahreszeitliche Verteilung der Beobachtungen im Murnauer Moos und Individuenmaxima.

Bedeutung: Gering. Nächstgelegener Brutplatz ist die Insel Sassau im Walchensee (SCHÄFFER 2017). Der bayerische Brutbestand wird auf 60 bis 70 Brutpaare geschätzt (RÖDL *et al.* 2012).

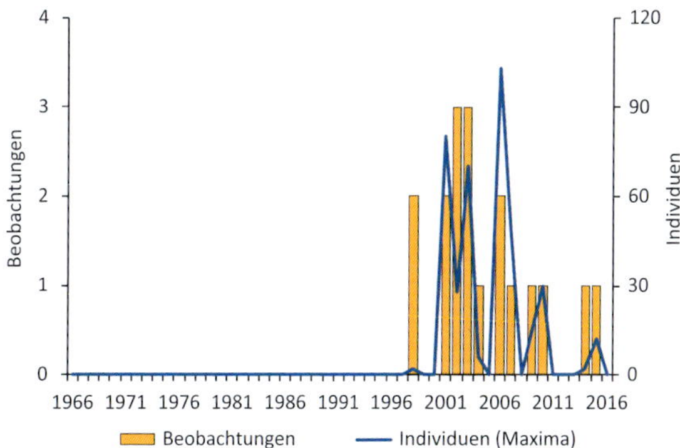

Beobachtungen im Murnauer Moos von 1966 bis 2016.

Mittelmeermöwe im Jugendkleid.

Steppenmöwe *(Larus cachinnans)*

En: Caspian gull

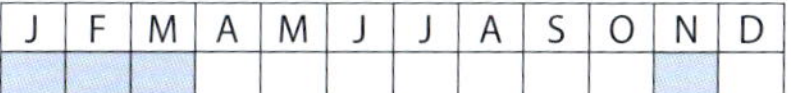

J	F	M	A	M	J	J	A	S	O	N	D

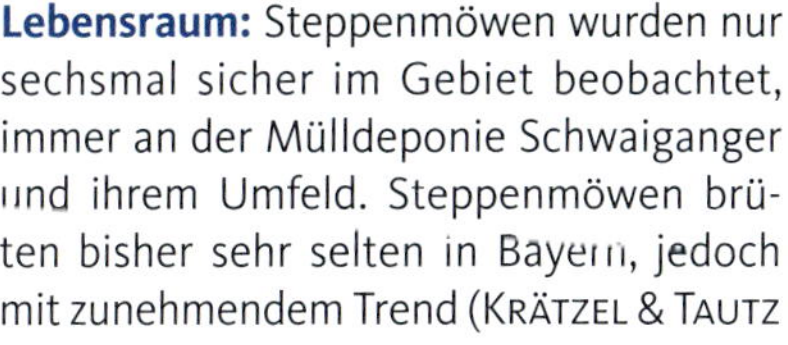

Lebensraum: Steppenmöwen wurden nur sechsmal sicher im Gebiet beobachtet, immer an der Mülldeponie Schwaiganger und ihrem Umfeld. Steppenmöwen brüten bisher sehr selten in Bayern, jedoch mit zunehmendem Trend (KRÄTZEL & TAUTZ 2016).

Zeitraum (Phänologie): Beobachtungen am 4.2.1998 (vier Individuen), 6.3.1998 (fünf Individuen), 17.2.2003 (drei Individuen), 4.1.2004 (acht Individuen), 21.11.2004 (zwei Individuen) und 13.1.2006 (fünf Individuen).

Steppenmöwe links, Mittelmeermöwe rechts.

Heringsmöwe *(Larus fuscus)*

J	F	M	A	M	J	J	A	S	O	N	D

En: Lesser black-backed gull

Lebensraum: Einzelne Heringsmöwen wurden nur zweimal beobachtet, jeweils an der Mülldeponie Schwaiganger am 22.11.2002 und 13.1.2006.

Raubseeschwalbe *(Hydroprogne caspia)*

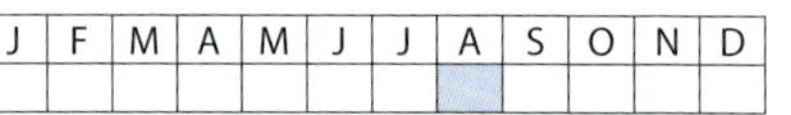

J	F	M	A	M	J	J	A	S	O	N	D

En: Caspian tern

Lebensraum: Nur eine Beobachtung zweier Individuen, die am 26.8.1993, vom Riegsee kommend, das Hagener Moos überflogen. Raubseeschwalben brüten in Europa vor allem im Ostseeraum, sehr selten auch in Deutschland (GEDEON *et al.* 2014).

Trauerseeschwalbe *(Chlidonias niger)*

En: Black tern

J	F	M	A	M	J	J	A	S	O	N	D

Lebensraum: Trauerseeschwalben brüten in Deutschland nur im Norden an wasserpflanzenreichen Gewässern (Gedeon *et al.* 2014). Seit 1966 gibt es nur fünf Beobachtungen im Moos (4.7.1989, 15.9.1995, 14.-15.5.1999 größter Trupp mit 11 Individuen, 29.4.2006, 2.6.2013). Die Mehrzahl der Beobachtungen wurde an überschwemmten Streuwiesen gemacht (v. a. Weidmoos, auch Niedermoos).

Straßentaube *(Columba livia-domestica)*

En: Domestic pigeon

J	F	M	A	M	J	J	A	S	O	N	D

Lebensraum: Neben Bruten in Taubenschlägen der Ortschaften und unter der Autobahnbrücke bei Weichs, wurde nur eine Brut im Kirchturm des Ramsachkircherls 2016 bekannt.

Hohltaube *(Columba oenas)*

En: Stock dove

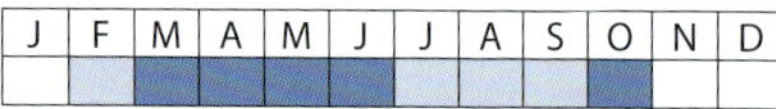

Lebensraum: Hohltauben brüten im Murnauer Moos wahrscheinlich regelmäßig im Bereich der Köchelwälder. Sie legen ihre Nester in Schwarzspechthöhlen an und bevorzugen Laub- und Mischwälder mit hohem Buchenanteil.

Zeitraum (Phänologie): Beobachtungen vom 20.2. bis 23.10. Größter Trupp mit 11 Individuen am 13.10.2000 im Weidmoos durchziehend beobachtet.

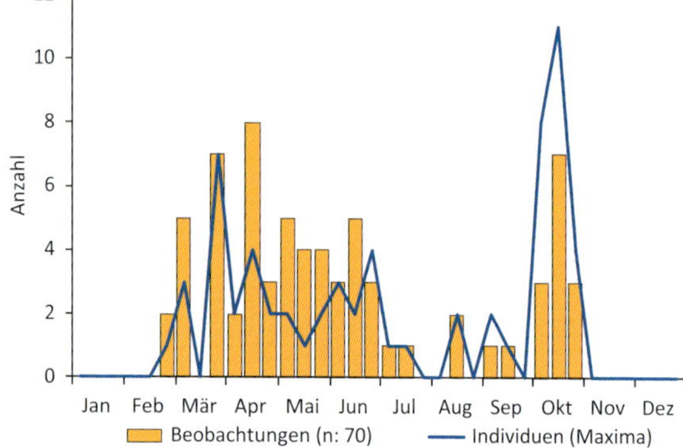

Jahreszeitliche Verteilung der Beobachtungen im Murnauer Moos und Individuenmaxima.

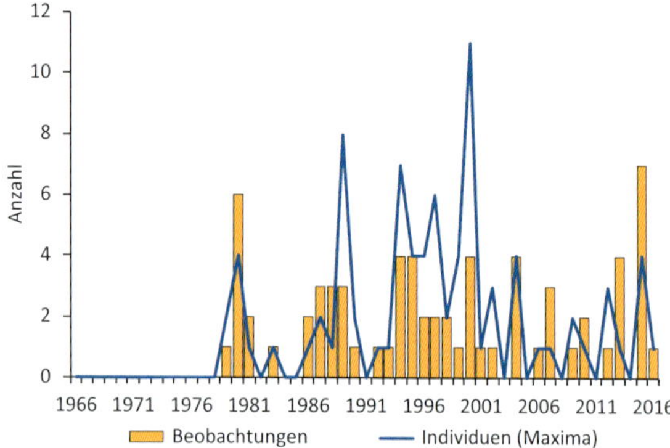

Beobachtungen im Murnauer Moos von 1966 bis 2016.

Bestandsentwicklung: Bezzel (1989) geht davon aus, dass Hohltauben selten aber regelmäßig auf den Köcheln brüten. Daran hat sich nichts geändert.

Gefährdung und Schutz: Hohltauben werden vor allem in den Überwinterungsgebieten im Mittelmeerraum intensiv bejagt. Im Murnauer Moos werden sich die Lebensbedingungen langfristig verbessern, da die Waldnutzung auf den meisten Köcheln eingestellt wurde, und sich naturnahe Wälder entwickeln dürfen.

Bedeutung: Gering. Während der Brutbestand auf den Köcheln im Murnauer Moos nur wenige Paare umfassen dürfte (< 5), wird der Brutbestand in Bayern auf 4.100 bis 7.000 Paare geschätzt (Rödl *et al.* 2012).

Ringeltaube *(Columba palumbus)*

En: Common wood pigeon

J	F	M	A	M	J	J	A	S	O	N	D

Lebensraum: Ringeltauben brüten regelmäßig im Murnauer Moos im Bereich der Köchelwälder und den Wäldern, die das Moos umgeben. Im Gegensatz zur Hohltaube, legt die Ringeltaube ihr Nest bevorzugt in Astgabeln an und ist nicht an einen bestimmten Waldtyp gebunden.

Zeitraum (Phänologie): Beobachtungen vom 21.2. bis 10.11. Die größte Tagessumme mit 3.437 Individuen wurde am 7.10.2001 über dem Weidmoos durchziehend beobachtet.

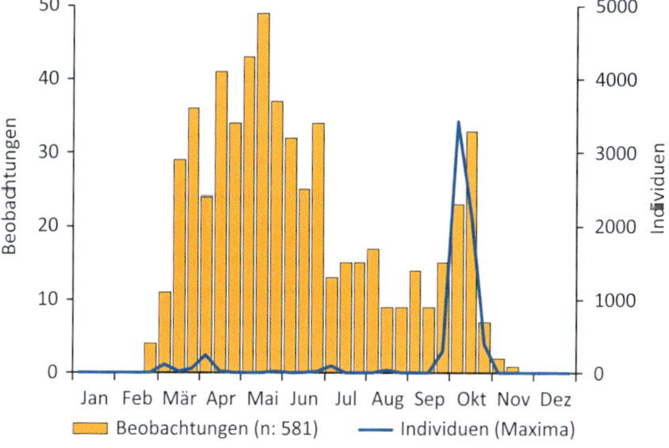

Jahreszeitliche Verteilung der Beobachtungen im Murnauer Moos und Individuenmaxima.

Beobachtungen im Murnauer Moos von 1966 bis 2016.

Bestandsentwicklung: Laut BEZZEL (1989) brüteten 1977 ca. 15 Paare im Murnauer Moos. Über den derzeitigen Brutbestand ist nichts bekannt, jedoch hat die Art im Zuge des Klimawandels in Deutschland stark zugenommen. Die Zunahme gilt sehr wahrscheinlich auch für das Bearbeitungsgebiet. Im Frühjahr ist das Rufen der Ringeltauben an zahlreichen Stellen zu hören.

Gefährdung und Schutz: Ringeltauben werden in ganz Europa stark bejagt.

Bedeutung: Gering. Der Brutbestand in Bayern wird auf 140.000 bis 385.000 Paare geschätzt (RÖDL *et al.* 2012).

Türkentaube *(Streptopelia decaocto)*

En: Eurasian collared dove

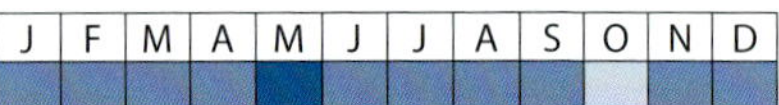

Lebensraum: Türkentauben brüten regelmäßig auf Bäumen, Sträuchern und manchmal auch an Gebäuden der Dörfer im Randbereich des Murnauer Mooses. Die pflanzliche Nahrung wird im direkten Umfeld der Dörfer gesammelt. Im Kerngebiet Murnauer Moos wurden Türkentauben deshalb nur selten beobachtet.

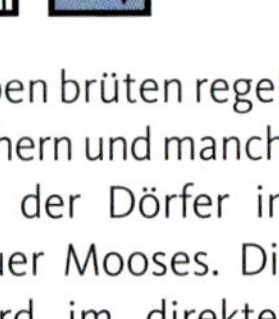

Zeitraum (Phänologie): Ganzjährig.

Bestandsentwicklung: Die Türkentaube konnte ihr Areal in den 1970er Jahren massiv nach Norden ausbreiten. In diesem Zuge wurde auch das Umland des Murnauer Mooses besiedelt. Die Anzahl der Brutpaare ist nicht bekannt.

Gefährdung und Schutz: Türkentauben profitieren von einem großen Angebot an Samen und Beeren in den Dörfern und im Umfeld. Auch deshalb sollten Dörfer nicht zu steril sein und auch Wildkräuter in Gärten wachsen dürfen.

Bedeutung: Gering. Der Brutbestand in Bayern wird auf 21.000 bis 40.000 Paare geschätzt (Rödl *et al.* 2012).

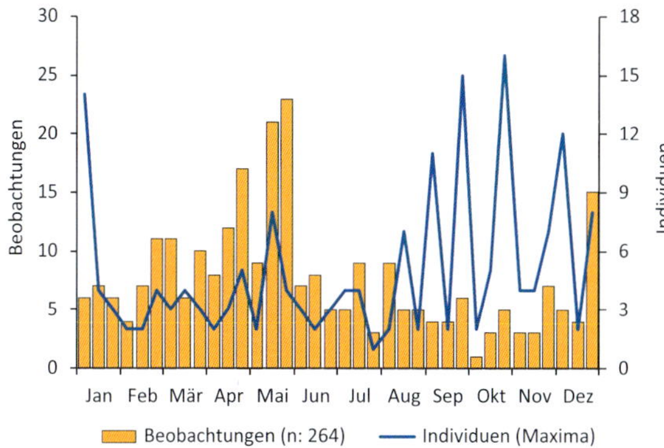

Jahreszeitliche Verteilung der Beobachtungen im Murnauer Moos und Individuenmaxima.

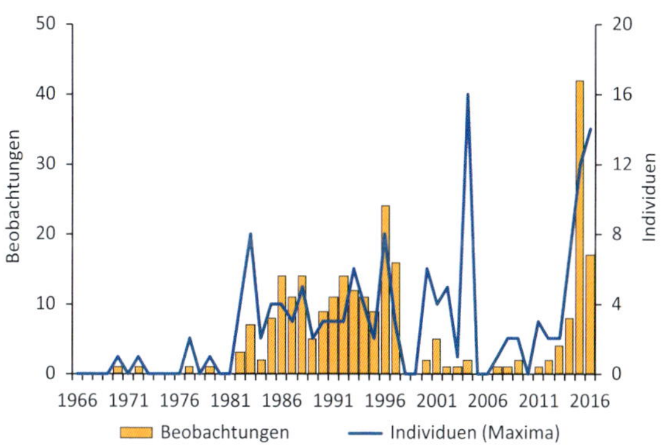

Beobachtungen im Murnauer Moos von 1966 bis 2016.

Turteltaube *(Streptopelia turtur)*

En: European turtle dove

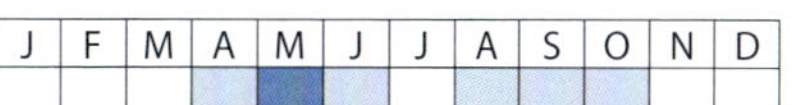

J	F	M	A	M	J	J	A	S	O	N	D

Lebensraum: Turteltauben werden insbesondere im Mai (nicht alljährlich) während des Durchzugs in Offenlandbereichen mit Büschen und an Waldrändern rastend festgestellt.

Zeitraum (Phänologie): Beobachtungen vom 19.4. bis 4.10. auf dem Durchzug.

Bedeutung: Gering. Der Brutbestand in Bayern wird auf 2.300 bis 3.700 Paare geschätzt. Die Bestandsentwicklung ist stark negativ (Rödl *et al.* 2012).

Anzahl: 0, 2, 4, 6, 8, 10
Jan Feb Mär Apr Mai Jun Jul Aug Sep Okt Nov Dez
Beobachtungen (n: 35) — Individuen (Maxima)

Jahreszeitliche Verteilung der Beobachtungen im Murnauer Moos und Individuenmaxima.

Kuckuck *(Cuculus canorus)*

En: Common cuckoo

Lebensraum: Der Kuckuck ist regelmäßiger Brutvogel im Moos. Als Nutznießer verschiedener Wirtsvögel (z.B. Wiesenpieper, Rohrsänger) ist sein Vorkommen direkt auch an ihres geknüpft. Am 12.8.1993 wurde beispielsweise ein Grauschnäpper dabei beobachtet als er einen jungen Kuckuck fütterte. Im Murnauer Moos ist der Kuckuck vor allem im Bereich der Streuwiesen und Dauerbrachen häufig, kann aber auch in fast allen Lebensräumen beobachtet werden.

Zeitraum (Phänologie): Beobachtungen vom 15.3. bis 23.10. Das Erstbeobachtungsdatum hat sich in den letzten Jahrzehnten etwas verfrüht.

Bestandsentwicklung: Zu KLAMMET'S Zeiten (1938) waren Kuckucke noch »sehr häufig«. BEZZEL (1989) berichtet von etwa 50 singenden Männchen im Frühjahr 1980. Bei der Wiederholungserfassung 2005 wurden an 48 Stellen Kuckucke rufend verortet. Die tatsächliche Anzahl singender Kuckucke dürfte aber deutlich geringer liegen. Doppelterfassungen an verschiedenen Stellen sind beim Kuckuck zu erwarten, da sie im Brutgebiet sehr mobil sind.

Gefährdung und Schutz: Die Ankunft der Kuckucke sollte möglichst mit der Ankunft ihrer Wirtsvögel zusammenfallen. Ku-

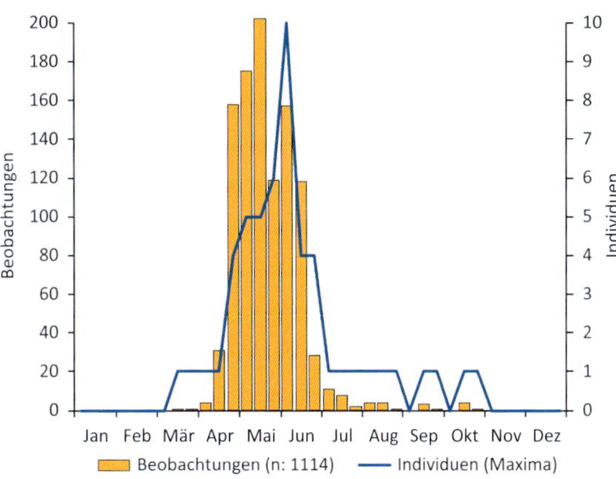

Jahreszeitliche Verteilung der Beobachtungen im Murnauer Moos und Individuenmaxima.

ckucke haben den Heimzug bislang nur unwesentlich verändert, trotz des deutlichen Klimawandels. Es wird befürchtet, dass Kuckucke in Zukunft den idealen Zeitpunkt der Eiablage im Nest des Wirts verpassen könnten. Die Förderung vitaler Singvogelbestände fördert auch den Kuckuck.

Bedeutung: Gering. Der Brutbestand in Bayern wird auf 7.000 bis 11.500 Paare geschätzt (Rödl *et al.* 2012).

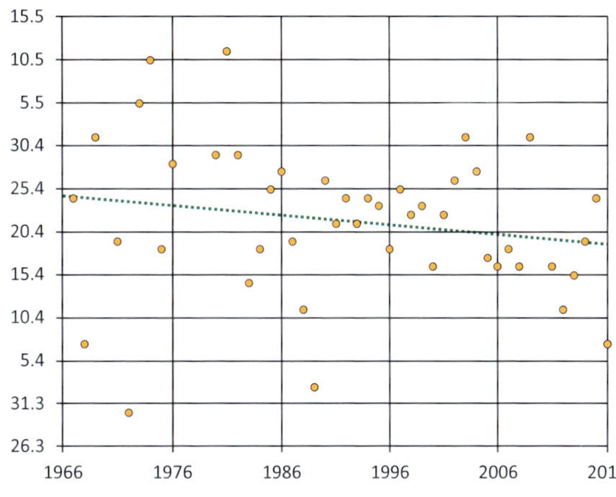

Erstbeobachtungsdatum des Kuckucks 1966-2016.

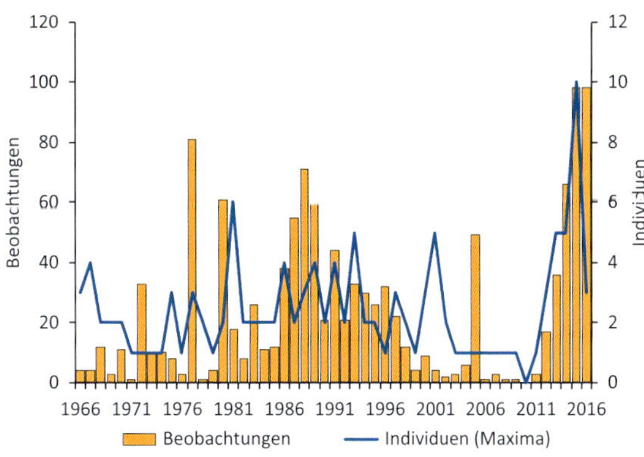

Beobachtungen im Murnauer Moos von 1966 bis 2016.

Schleiereule *(Tyto alba)*

En: Western barn owl

J	F	M	A	M	J	J	A	S	O	N	D

Lebensraum: Schleiereulen sind seltene Gäste im Moos. Fast alle Nachweise gelangen im Bereich von Heustädeln im Offenland. Die nächsten Brutvorkommen liegen am Südufer des Ammersees. Nach 15 Jahren ohne Nachweis gelang am 6.6.2016 eine Beobachtung am Lindenbach.

Bedeutung: Gering. Der bayerische Brutbestand liegt bei 1.300 bis 1.700 Paaren (Rödl *et al.* 2012).

Raufußkauz *(Aegolius funereus)*

En: Boreal owl

J	F	M	A	M	J	J	A	S	O	N	D

Lebensraum: Während in den Randbereichen des Murnauer Mooses (z.B. Nordrand Estergebirge, Ostrand Ammergebirge) regelmäßig Raufußkäuze gehört werden, sind die Nachweise im Talraum selten. Besonders im Bereich des Weghaus- und Steinköchels werden immer wieder Raufußkäuze nachgewiesen. Sie bevorzugen möglichst strukturreiche Wälder mit Altholzbereichen und Schwarzspechthöhlen zur Anlage des Geleges. Unsicher ist, ob Raufußkäuze im Moos in Einzeljahren brüten.

Raufußkauz am Weghausköchel.

Zeitraum (Phänologie): Vielleicht ganzjährig. Letzter Nachweis am 7.10.2017 am Weghausköchel.

Bedeutung: Gering. Der bayerische Brutbestand liegt bei 1.100 bis 1.700 Paaren (RÖDL *et al.* 2012).

Sperlingskauz *(Glaucidium passerinum)*

En: Eurasian pygmy owl

J	F	M	A	M	J	J	A	S	O	N	D

Lebensraum: Während in den Randbereichen des Murnauer Mooses (z. B. Nordrand Estergebirge, Ostrand Ammergebirge) Sperlingskäuze vermutlich regelmäßige Brutvögel sind, gibt es im Talraum nur wenige Nachweise. Beobachtungen gab es am Wiesmahd- und Langen Köchel. Sperlingskäuze bevorzugen Wälder mit lichten Bereichen zur Jagd und Gebiete, die reich an Spechthöhlen sind (Brutplätze und Lagerplätze von erbeuteten Vögeln und Mäusen).

Zeitraum (Phänologie): Vielleicht ganzjährig. Letzter Nachweis eines singenden Individuums am 18.2.2014 am Langen Köchel.

Bedeutung: Gering. Der bayerische Brutbestand liegt bei 1.300 bis 2.000 Paaren (RÖDL *et al.* 2012).

Zwergohreule *(Otus scops)*

En: Eurasian scops owl

J	F	M	A	M	J	J	A	S	O	N	D

Lebensraum: 21.5.-8.6.2013 wurde erstmalig ein Männchen der Zwergohreule rufend im nördlichen Murnauer Moos festgestellt. Zwergohreulen bevorzugen in der Regel Trockenlebensräume mit ausreichendem Angebot an Großinsekten. Eine Brut im Jahr 2007 wurde jedoch am südlichen Ammersee bekannt, wo sich Zwergohreulen in einem vergleichbaren Lebensraum wie im Murnauer Moos vorübergehend ansiedelten (WINK 2008a).

Bedeutung: Gering. Der bayerische Brutbestand liegt bei 0 bis 3 Paaren (RÖDL *et al.* 2012).

Tonaufnahme der Zwergohreule im Murnauer Moos (Aufnahme: 6.6.2013, N. AGSTER).

Sumpfohreule *(Asio flammeus)*

En: Short-eared owl

J	F	M	A	M	J	J	A	S	O	N	D

Lebensraum: Die Sumpfohreule wurde nur einmal am 3.4.1980 am Lindenbach im dichten Schneetreiben vom Boden auffliegend beobachtet. Die Bestimmung der Eule war nicht hundertprozentig sicher. Die Beobachtung ist aber durchaus plausibel. Am 24.9.2017 wurde beispielsweise eine Sumpfohreule bei Riedhausen nördlich Murnau (außerhalb des Bearbeitungsgebiets) verletzt aufgegriffen und dann eingeschläfert. Sumpfohreulen brüten nur noch unregelmäßig in Bayern.

Waldohreule *(Asio otus)*

En: Long-eared owl

J	F	M	A	M	J	J	A	S	O	N	D

Lebensraum: Waldohreulen brüten im Moos vor allem in Einzelgehölzen (dichte Fichten) in den Offenflächen oder an Waldrändern. In den Köchelwäldern wurden bisher keine Bruten bekannt. Meist nutzen Waldohreulen verlassene Elstern-

und Krähennester zur Nestanlage. Besonders auffällig sind nachts bettelnde Jungeulen im Juni.

Zeitraum (Phänologie): Ganzjährig.

Bestandsentwicklung: Während BEZZEL (1989) noch in den 1960er Jahren von bis zu acht Brutpaaren im Moos ausgeht, hat sich der Bestand auf wenige Paare reduziert. BEZZEL spekuliert, ob der Uhu als Prädator von Waldohreulen für den Rückgang und die geringe Besiedlung verantwortlich sein könnte.

Gefährdung und Schutz: Waldohreulen profitieren von buschreicher Landschaft mit Einzelgehölzen. Im Artenschutz kann es im Murnauer Moos zu Konflikten mit Maßnahmen für Wiesenbrüter kommen. Es sollte darauf geachtet werden, dass auch der Waldohreulenlebensraum erhalten bleibt. Waldohreulen gelten besonders auch durch den Verkehr gefährdet. Im Bereich des Ostermooses

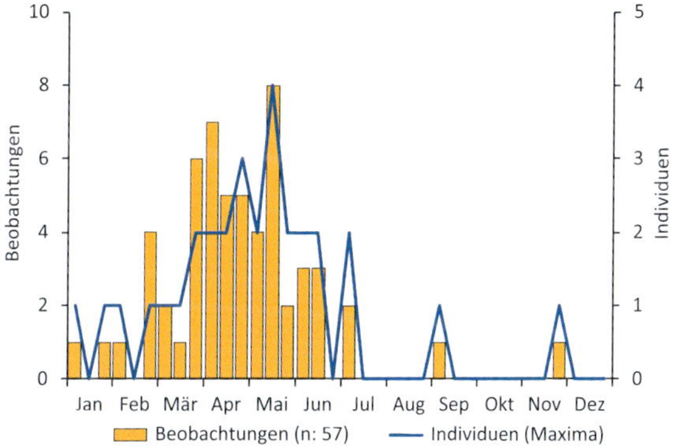

Jahreszeitliche Verteilung der Beobachtungen im Murnauer Moos und Individuenmaxima.

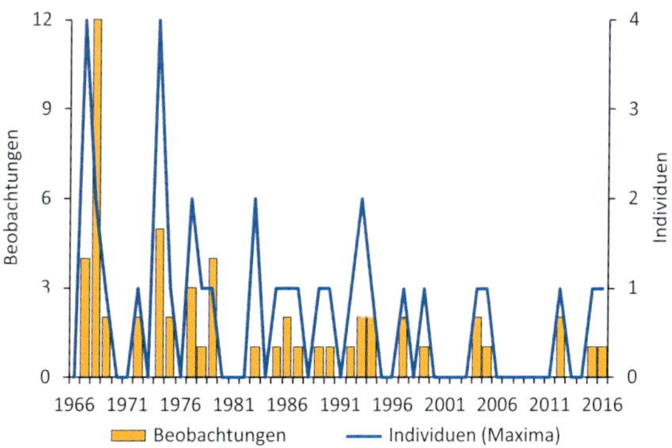

Beobachtungen im Murnauer Moos von 1966 bis 2016.

wurde 2016 ein Verkehrsopfer gefunden. Zwei im Murnauer Moos beringte Waldohreulen wurden jeweils nach 335 Tagen im Murnauer Moos und nach 1366 Tagen bei Kematen in Tirol tot aufgefunden. Letztere ist tödlich an einer Eisenbahnlinie verunglückt (21.2.1973).

Bedeutung: Gering. Der bayerische Brutbestand liegt bei 3.200 bis 4.900 Paaren (Rödl *et al.* 2012).

Uhu *(Bubo bubo)*

En: Eurasian eagle-owl

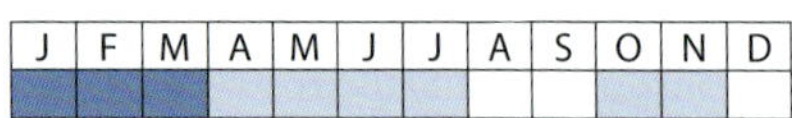

Lebensraum: Vor allem in den Randbereichen des Murnauer Mooses gibt es jährlich besetzte Brutplätze mit langer Tradition. Im Moos werden Uhus vor allem im Bereich der Köchel regelmäßig gehört. Brutnachweise gelingen dennoch nur selten. Wenn im Moos Bruten entdeckt wurden, wurden nach der Brutsaison Beutereste aus der Nische geborgen und analysiert. Zum Beutespektrum im Moos gehören vor allem Nagetiere (Mäuse und Siebenschläfer), Frösche, Igel und Feldhasen. Unter den erbeuteten Vogelarten waren Wachtelkönig, Bekassine, Waldschnepfe, Tüpfelsumpfhuhn, Waldkauz und verschiedene Entenarten (darunter der Erstnachweis der Mandarinente für

das Gebiet!). Auch Fische (vor allem Rutten) werden regelmäßig erbeutet.

Zeitraum (Phänologie): Ganzjährig.

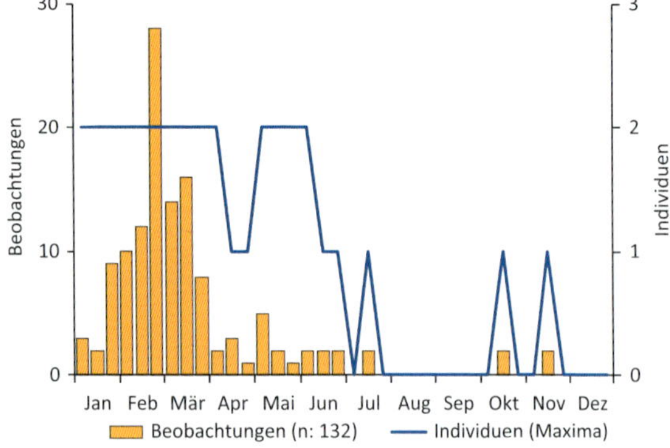

Jahreszeitliche Verteilung der Beobachtungen im Murnauer Moos und Individuenmaxima.

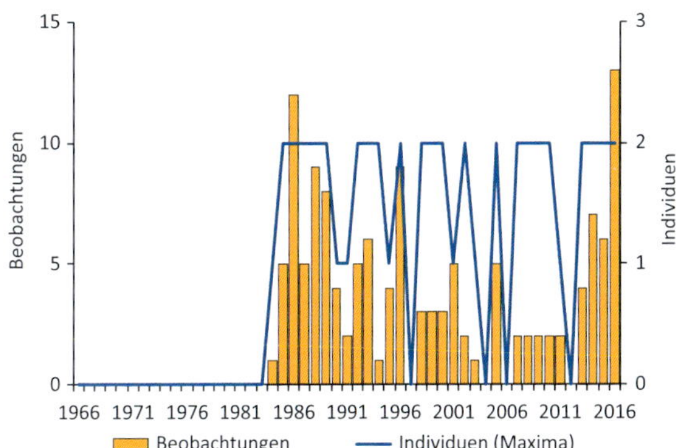

Beobachtungen im Murnauer Moos von 1966 bis 2016.

Bestandsentwicklung: Die Daten der letzten Jahre zeigen, dass es zwei dauerhaft besetzte Reviere im Randbereich des Mooses und ein Revier im Moos gibt. In den 1980er Jahren hielt ein viertes Uhupärchen ein Revier im jetzt gefluteten Moosbergsteinbruch (Bezzel 1989).

Gefährdung und Schutz: Bruten sind heute vor allem durch Störungen gefährdet. Im Moos sind potenzielle Brutfelsen und Nischen im Wald durch Freizeitnutzer und Waldarbeiter teils stark gestört. Das gilt auch in Gebieten mit Hinweisschildern, sensible Bereiche nicht zu betreten. Man muss davon ausgehen, dass durch Störungen Bruten bereits verhindert wurden. Zudem sind Uhus durch Stromschlag an Freileitungen gefährdet.

Bedeutung: Gering. Der bayerische Brutbestand liegt bei 420 bis 500 Paaren. Der Bestand gilt in Bayern als stabil (Rödl *et al.* 2012). Die Reviere im Moos sind großteils besetzt.

Waldkauz *(Strix aluco)*

En: Tawny owl

J	F	M	A	M	J	J	A	S	O	N	D

Lebensraum: Waldkäuze brüten regelmäßig im Gebiet. Schwerpunkte sind die verschiedenen Köchelwälder, wo sie vor allem Baumhöhlen zur Brut nutzen. Vereinzelt können Waldkauze aber auch an Felsen und sogar Gebäuden brüten. Auch Nistkästen werden angenommen. Im Moos hängen einzelne Waldkauznistkästen. Es ist nicht bekannt, ob sie angenommen werden. Am 12.5.1996 wurde eine Brut in einem stillgelegten Kamin

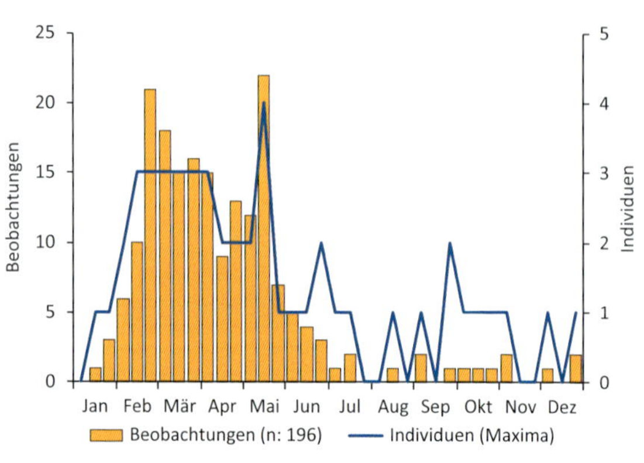

Jahreszeitliche Verteilung der Beobachtungen im Murnauer Moos und Individuenmaxima.

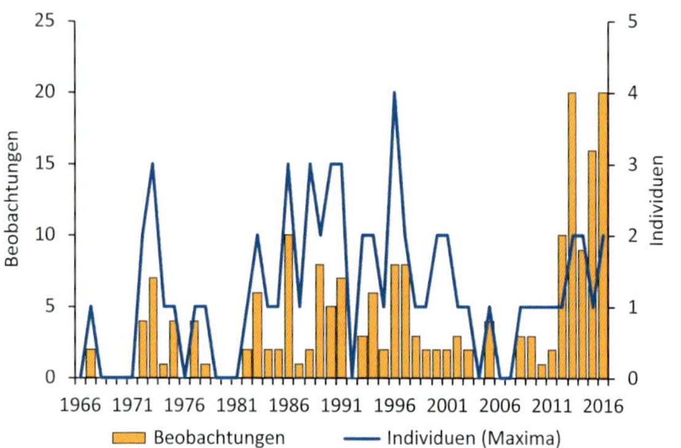

Beobachtungen im Murnauer Moos von 1966 bis 2016.

eines Gebäudes am Nordrand des Murnauer Mooses entdeckt.

Zeitraum (Phänologie): Ganzjährig.

Bestandsentwicklung: Bezzel (1989) schätzte das Brutvorkommen im Naturschutzgebiet Murnauer Moos in günstigen Jahren auf bis zu fünf Brutpaare. Daran hat sich wenig geändert. Im gesamten Bearbeitungsgebiet brüten deutlich mehr Waldkauzpaare.

Gefährdung und Schutz: Im Bereich der Köchel gibt es Waldkauzreviere, die direkt im Revier des Uhus liegen. Eine Koexistenz scheint also möglich zu sein, auch wenn der Uhu als schärfster Prädator der Waldkäuze gilt. Waldkäuze werden immer wieder Verkehrsopfer.

Bedeutung: Gering. Der bayerische Brutbestand liegt bei 6.000 bis 9.500 Paaren (Rödl *et al.* 2012).

Tonaufnahme einer Waldkauzpaarung bei Grafenaschau (Hintergrundgeräusche: Bach und Flugzeug; Aufnahme: 21.3.2016, H. Liebel).

Ziegenmelker *(Caprimulgus europaeus)*

En: European nightjar

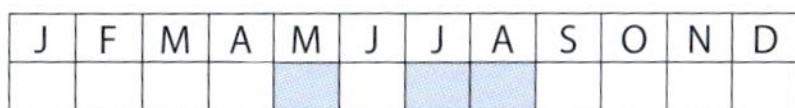

Lebensraum: Es liegen nur sechs Nachweise vor (zuletzt 21.8.1994). Es handelt sich um seltene Beobachtungen durchziehender Individuen, die meist fliegend, teils auf einer Jagdkanzel rastend oder als Verkehrsopfer nachgewiesen wurden. Bezzel (1989) geht davon aus, dass Ziegenmelker regelmäßige Durchzügler sind. Die Bestände sind in großen Teilen Europas rückläufig (Bauer *et al.* 2005), sodass dadurch auch die Zahl der Durchzügler geringer geworden sein dürfte.

Bedeutung: Gering. Der bayerische Brutbestand liegt bei 90 bis 160 Paaren (Rödl *et al.* 2012).

Mauersegler *(Apus apus)*

En: Common swift

Lebensraum: Mauersegler brüten im Gebiet vermutlich ausschließlich an Gebäuden der Ortschaften. Zur Nahrungssuche wird das Murnauer Moos dagegen immer wieder genutzt. Spektakulär ist die Jagd auf frisch geschlüpfte Steinfliegen z. B. am Lindenbach im Juni.

Zeitraum (Phänologie): Mauersegler verbringen meist nur drei Monate des Jahres im Brutgebiet. Die restliche Zeit fliegen Mauersegler auf dem Zug nach oder von Afrika. Beobachtungen vom 26.4. bis 1.10. Größte Trupps im Juni mit bis zu 100 Individuen.

Jahreszeitliche Verteilung der Beobachtungen im Murnauer Moos und Individuenmaxima.

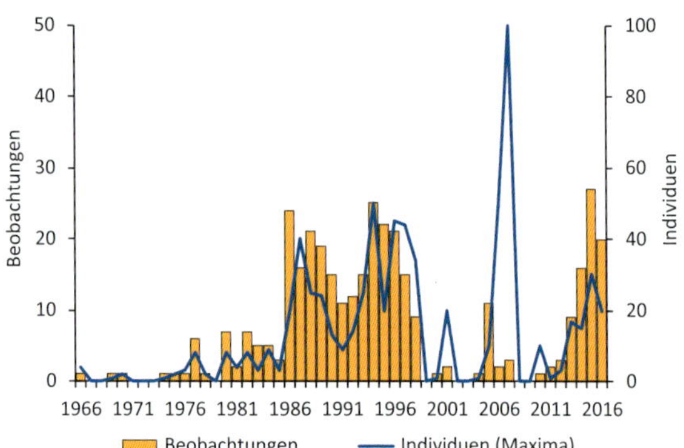

Beobachtungen im Murnauer Moos von 1966 bis 2016.

Bestandsentwicklung: Über eine Veränderung des Brutbestands kann keine Aussage getroffen werden.

Mauerseglerkästen in Ohlstadt.

Gefährdung und Schutz: Mauersegler finden an modernen Gebäuden kaum geeignete Nisthöhlen. Im Gebiet werden vor allem durch Privatpersonen Nistkästen angeboten, die teilweise sehr gut angenommen werden (Franz Weindl, persönliche Mitteilung). Allgemein ist auch im Landkreis Garmisch-Partenkirchen ein starker Rückgang zu bemerken, der wahrscheinlich auch auf den allgemeinen Rückgang der Insektenbiomasse zurückzuführen ist.

Bedeutung: Gering. Der bayerische Brutbestand liegt bei 27.000 bis 50.000 Paaren (Rödl *et al.* 2012).

Alpensegler *(Apus melba)*

En: Alpine swift

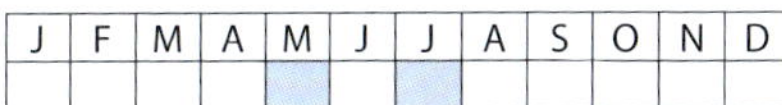

J	F	M	A	M	J	J	A	S	O	N	D

Lebensraum: Alpensegler wurden nur zweimal gesichtet: ein Individuum am 4.5.1989 über Ohlstadt und drei Individuen am 1.7.2007 über dem Ohlstädter Filz. In Bayern brütet die Art im Allgäu seit etwa 2005 an Gebäuden (zuletzt Lindau und Sonthofen). Huntley *et al.* (2007) prophezeien eine Ansiedlung der Art im Gebiet im späten 21. Jahrhundert im Zuge der Klimaerwärmung.

Bedeutung: Gering. Der bayerische Brutbestand liegt bei ein bis drei Paaren (Rödl *et al.* 2012).

Blauracke *(Coracias garrulus)*

En: European roller

J	F	M	A	M	J	J	A	S	O	N	D

Lebensraum: Bisher wurden viermal Einzelvögel rastend nachgewiesen: 17.6.1972 (bei Eschenlohe), 31.5.1995 (nördliches Murnauer Moos, Schlechten), 19.-29.8.2008 (Weidmoos und bei Grafenaschau), 2.6.2015 (nördl. Murnauer Moos, westl. Ähndl). Blauracken sind in Deutschland seit 1994 ausgestorben (Hölzinger 2001). Gründe dafür könnten feuchtere Sommer, Rückgang von Altholzbeständen, Grünlandumbruch, Rückgang von Großinsekten und Verfolgung durch Menschen sein (Gedeon *et al.* 2014).

Blauracke bei Grafenaschau

Eisvogel *(Alcedo atthis)*

En: Common kingfisher

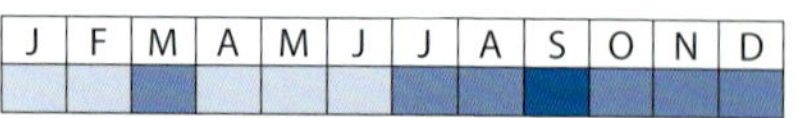

Lebensraum: Das Gebiet wird derzeit vor allem als Rast- und Nahrungsgebiet im Herbst genutzt. Die meisten Gewässer bieten Ansitzmöglichkeiten für Eisvögel. In manchen Jahren kommen aber auch Bruten vor. Erdige Steilwände entstehen immer wieder am Lindenbach, wobei fast jährlich Hochwasser im Frühjahr vorkommen, die Brutröhren überspülen können.

Zeitraum (Phänologie): Ganzjährig. Eisvögel werden vor allem im Herbst und Frühwinter beobachtet. Das ist die Zeit der größten Wanderaktivität (Bauer *et al.* 2005).

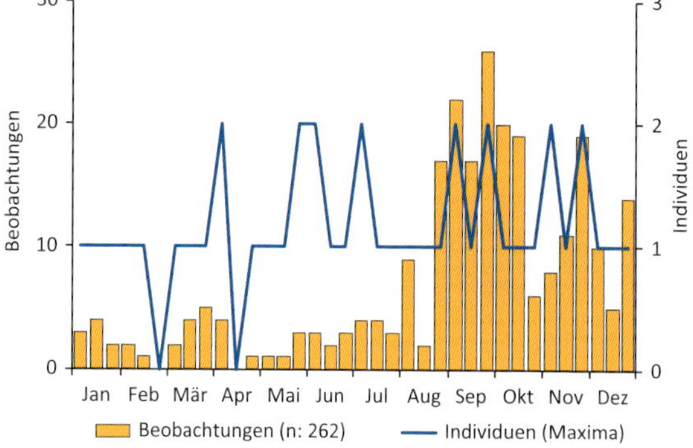

Jahreszeitliche Verteilung der Beobachtungen im Murnauer Moos und Individuenmaxima.

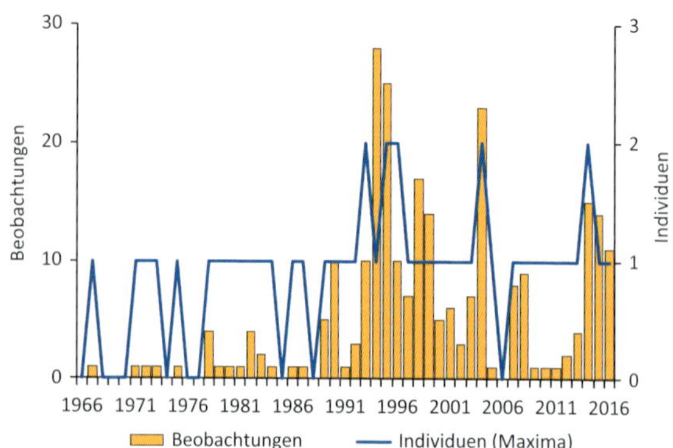

Beobachtungen im Murnauer Moos von 1966 bis 2016.

Bestandsentwicklung: Eisvögel brüteten bis 1940 wohl regelmäßig an der Loisach (Bezzel 1989). Durch die Flussverbauung entstehen keine Steilwände mehr, die zur Anlage der Brutröhren benötigt werden. Ein erster neuer Brutnachweis gelang dann 1977 am Lindenbach und 1995 am neuen Moosbergsee. 2014 und 2017 gab es zuletzt Beobachtungen zur Brutzeit.

Gefährdung und Schutz: Limitierender Faktor sind die fehlenden Steilwände an Bächen und Flüssen. Eine natürliche Flussdynamik sollte daher möglichst wiederhergestellt werden, wo es möglich ist.

Bedeutung: Gering. Der bayerische Brutbestand liegt bei 1.600 bis 2.200 Paaren (Rödl *et al.* 2012).

Bienenfresser *(Merops apiaster)*

En: European bee-eater

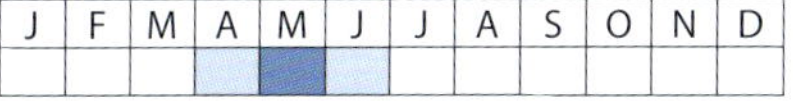

Lebensraum: Bienenfresser werden seit 2010 auf dem Frühjahrszug immer häufiger im Gebiet beobachtet. 2017 wurden sogar 30 Individuen gesehen. Die Vögel wurden bislang nur überfliegend gemeldet. Da es aber auch Beobachtungen von aufeinanderfolgenden Tagen gibt, liegt der Verdacht nahe, dass sie auch zur Nahrungssuche (z. B. Libellen) wenigstens für kurze Zeit im Gebiet bleiben.

Zeitraum (Phänologie): Beobachtungen vom 21.4. bis 24.6. Die größten Trupps wurden am 21.5.2016 mit 16 Individuen und am 18.5.2017 mit 30 Individuen beobachtet.

Bestandsentwicklung: Etwa seit dem Jahr 2000 hat der Brutbestand des Bienenfressers in Deutsch-

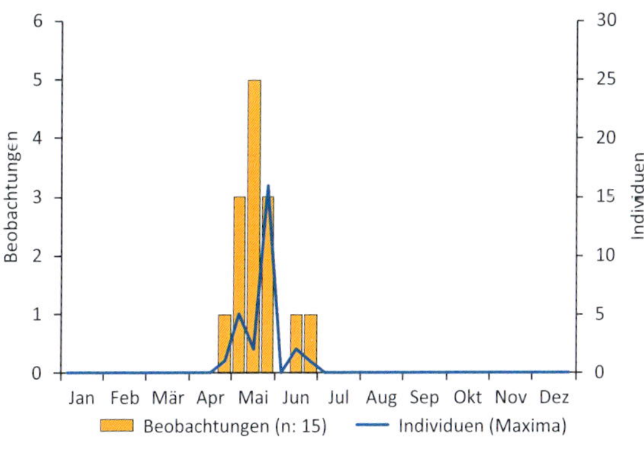

Jahreszeitliche Verteilung der Beobachtungen im Murnauer Moos und Individuenmaxima.

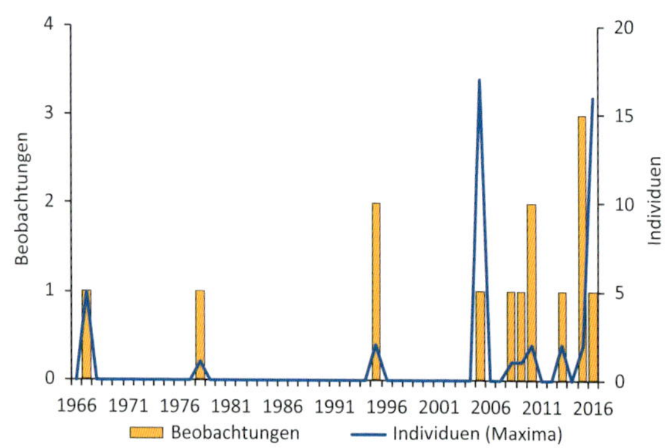

Beobachtungen im Murnauer Moos von 1966 bis 2016.

land, vermutlich im Zuge der Klimaerwärmung, stark zugenommen. Im kurzen Zeitraum von 1995 bis 2009 hat sich die Anzahl der Brutpaare von 50-70 auf 750-800 etwa verzehnfacht (Gedeon *et al.* 2014). Die Zunahme des mitteleuropäischen Bestands ist mit großer Wahrscheinlichkeit für die gehäuften Beobachtungen im Moos verantwortlich.

Bedeutung: Gering. Der Bestand des Bienenfressers in Bayern ist von 2006 bis 2015 von 35 auf 44 Brutpaare gestiegen (Bastian & Bastian 2016).

Wiedehopf *(Upupa epops)*

En: Eurasian hoopoe

J	F	M	A	M	J	J	A	S	O	N	D

Lebensraum: Der Wiedehopf ist wohl regelmäßiger Durchzügler im Moos. Durch die Einführung von ornitho.de werden sie besser erfasst als früher. Bezzel (1989) bezeichnet den Wiedehopf noch als seltenen Gast. Als Rastgebiete nutzen Wiedehopfe Offenland aller Art. So verwundert es nicht, dass sie bisher an den verschiedensten Stellen im Moos aufgetaucht sind.

Zeitraum (Phänologie): Beobachtungen vom 27.3. bis 16.6. und eine Einzelbeobachtung am 5.8.1980.

Bestandsentwicklung: Nach einer Durststrecke in den 1980er und 1990er Jahren mit wenigen Nachweisen haben die Beobachtungen im Moos zuletzt wieder zugenommen.

Wiedehopf am Lindenbach

Bedeutung: Gering. Der bayerische Brutbestand liegt bei neun bis zehn Paaren (RÖDL *et al.* 2012).

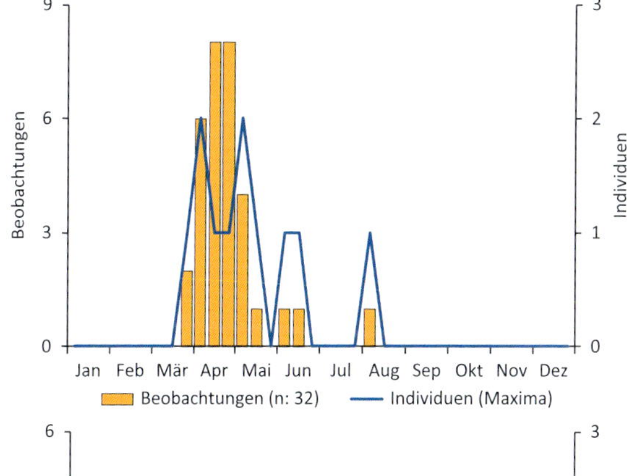

Jahreszeitliche Verteilung der Beobachtungen im Murnauer Moos und Individuenmaxima.

Beobachtungen im Murnauer Moos von 1966 bis 2016.

Wendehals *(Jynx torquilla)*

En: Eurasian wryneck

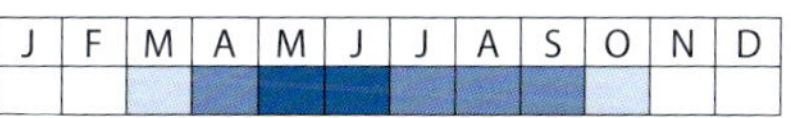

Lebensraum: Wendehälse bevorzugen in der Regel eher trockene, abwechslungsreiche, halboffene Lebensräume. Das Murnauer Moos ist eine Ausnahme. Hier brütet der Wendehals v.a. in den Auwäldern mitten im Moor (z.B. am Lindenbach und an der Ramsach). Lichte Wiesen werden zur Nahrungssuche (v.a. Ameisen, aber auch andere Insekten) genutzt. Im Murnauer Moos scheinen die Feucht- und Nasswiesen ausreichend Nahrung zu bieten.

Jahreszeitliche Verteilung der Beobachtungen im Murnauer Moos und Individuenmaxima.

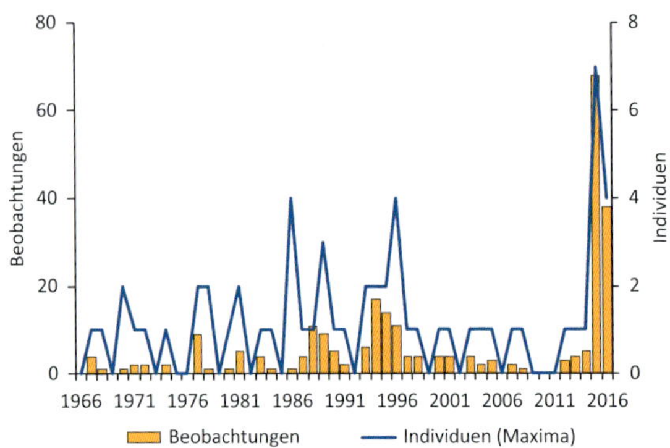

Beobachtungen im Murnauer Moos von 1966 bis 2016.

Zeitraum (Phänologie): Beobachtungen vom 29.3. bis 6.10.

Bestandsentwicklung: Der Wendehals war im gesamten Zeitraum seit 1966 regelmäßiger Brutvogel in wenigen Paaren. Es ist kein eindeutiger Trend zu erkennen. Im Jahr 2016 wurden sechs bis sieben Reviere festgestellt (Weiss 2016).

Gefährdung und Schutz: Im Gebiet ist vor allem die Grünlandintensivierung in den Randbereichen schädlich für die Art. Ameisen bauen dort kaum noch oberirdische, für Wendehälse erreichbare Nester (Bauer *et al.* 2005). Der Wendehals konkurriert als Folgenutzer von Spechten mit anderen Vogelarten und Bilchen um geeignete Baumhöhlen.

Bedeutung: Gering. Der bayerische Brutbestand liegt bei 1.200 bis 1.800 Paaren (Rödl *et al.* 2012).

Wendehals am Lindenbach (weitere Arten: Sumpfrohrsänger, Wachtelkönig, Gartengrasmücke, Schwarzkehlchen, Aufnahme: 15.6.2015, S. Rieck).

Grauspecht *(Picus canus)*

En: Grey-headed woodpecker

J	F	M	A	M	J	J	A	S	O	N	D

Lebensraum: Grauspechte besiedeln im Gegensatz zum Grünspecht besonders auch Moor- und Bruchwälder mit hohem Laubholzanteil. Dadurch finden Grauspechte einen größeren geeigneten Lebensraum vor als Grünspechte. Auch was die Nahrung angeht, sind sie weniger stark auf Ameisen fixiert und fressen neben anderen Insekten auch Beeren und Sämereien. Höhlenbau in verschiedensten Laubbäumen.

Zeitraum (Phänologie):
Ganzjährig.

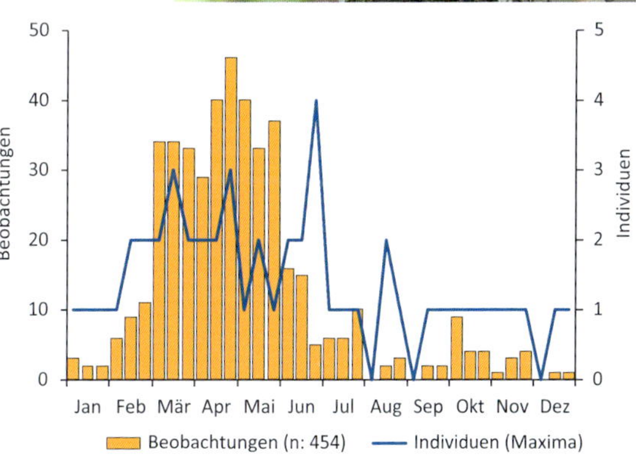

Jahreszeitliche Verteilung der Beobachtungen im Murnauer Moos und Individuenmaxima.

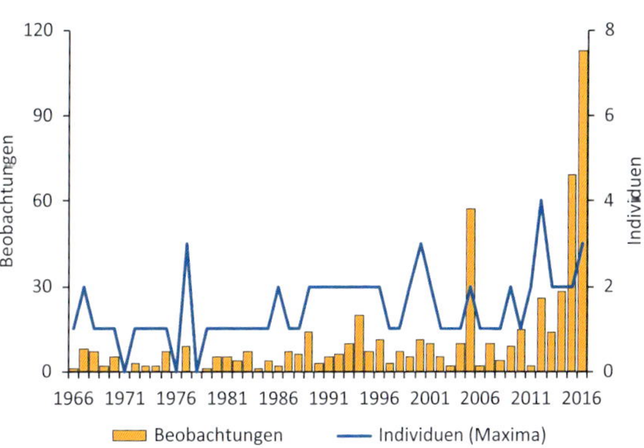

Beobachtungen im Murnauer Moos von 1966 bis 2016.

Bestandsentwicklung: Die Anzahl der Beobachtungen hat seit der Einführung von www.ornitho.de stark zugenommen. Offensichtlich ist die Art im Moos aber auffälliger und im Moment wohl häufiger als der sonst in Bayern häufigere Grünspecht. Der Vergleich dreier Rasterkartierungen (1977, 1980 und 2005) zeigt, dass der Grauspecht im Moos häufiger geworden ist und neue Lebensräume erschließen konnte (GEIERSBERGER 2012).

Gefährdung und Schutz: Auch für den Grauspecht führt die Intensivierung der Grünlandflächen im Randbereich des Murnauer Mooses zu einer Verschlechterung des Lebensraums. Dadurch reduzieren sich ameisenreiche Nahrungsflächen. Die natürliche Waldentwicklung auf den Köcheln dürfte der Art dagegen langfristig zugutekommen.

Bedeutung: Gering. Der bayerische Brutbestand liegt bei 2.300 bis 3.500 Paaren (RÖDL *et al.* 2012).

Grünspecht *(Picus viridis)*

En: European green woodpecker

J	F	M	A	M	J	J	A	S	O	N	D

Lebensraum: Grünspechte brüten regelmäßig im Murnauer Moos im Bereich der Köchel und sonst in den Randbereichen. Zum Höhlenbau werden alte Laubbäume genutzt. Wichtig für den Bestand sind ameisenreiche Flächen zur Nahrungssuche.

Zeitraum (Phänologie): Ganzjährig.

Bestandsentwicklung: Der Vergleich dreier Rasterkartierungen (1977, 1980 und 2005) zeigt, dass sich die Anzahl der besetzten Bereiche im Vergleich zu 1977 kaum verändert hat (GEIERSBERGER 2012).

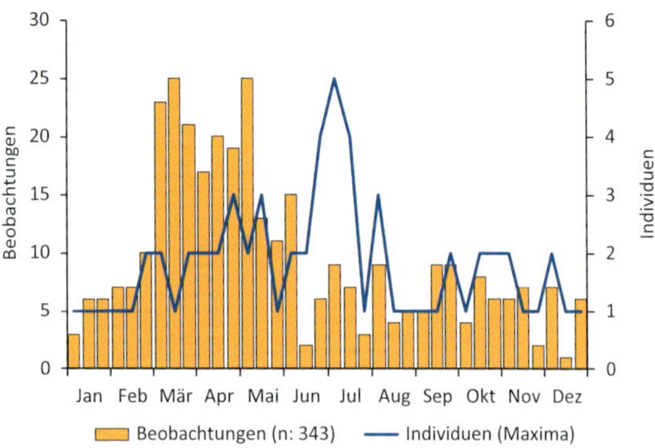

Jahreszeitliche Verteilung der Beobachtungen im Murnauer Moos und Individuenmaxima.

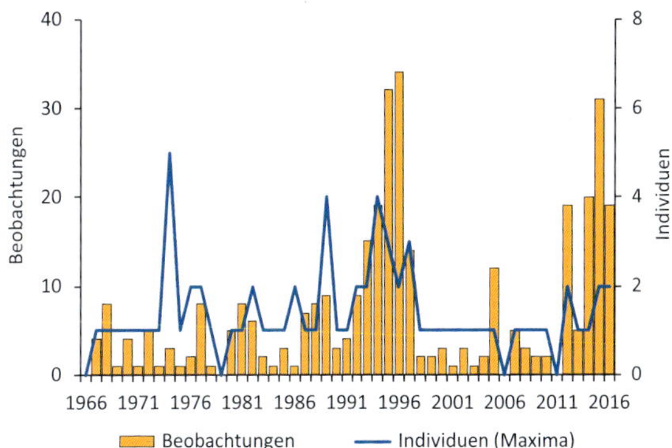

Beobachtungen im Murnauer Moos von 1966 bis 2016.

Gefährdung und Schutz: Wichtig sind die Bewahrung alter Laubbäume sowie die Erhaltung einer strukturreichen Landschaft. Ameisenreiche Trockenflächen sind im Murnauer Moos Mangelware. Umso wichtiger ist es, die vorhandenen Flächen (z.B. Heumoosberg, am Langen Köchel, am neuen Moosbergsee) zu erhalten, und in den Randgebieten die Grünlandintensivierung in Grenzen zu halten oder sogar wieder zu extensivieren.

Bedeutung: Gering. Der bayerische Brutbestand liegt bei 6.500 bis 11.000 Paaren und wird als zunehmend eingestuft (Rödl *et al.* 2012).

Schwarzspecht *(Dryocopus martius)*

En: Black woodpecker

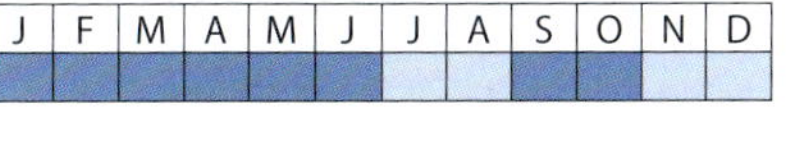

Lebensraum: Schwarzspechte leben im Murnauer Moos vor allem auf den Köcheln, im Umfeld des neuen Moosbergsees und in den Randbereichen. Wichtig sind Mischwälder mit Buchen, in die bevorzugt Bruthöhlen gebaut werden und Fichten in denen Rossameisen leben, sowie große Ameisennester, die eine wichtige Nahrungsgrundlage darstellen.

Zeitraum (Phänologie): Ganzjährig.

Bestandsentwicklung: Bezzel (1989) berichtet, dass der Schwarzspecht in den 1970er und 80er Jahren nur unregelmäßig im Moos brütete. In den letzten Jahren werden regelmäßig Schwarzspechte zur Brutzeit festgestellt. Auch wenn konkrete Brutnachweise ausstehen, kann also von einem Bestandsanstieg ausgegangen werden.

Jahreszeitliche Verteilung der Beobachtungen im Murnauer Moos und Individuenmaxima.

Gefährdung und Schutz: Höhlenbäume, besonders an Wegen, werden auch in Schutzgebieten immer wieder gefällt, wenn die Verkehrssicherungspflicht gewahrt werden muss (BEZZEL *et al.* 2005). Wenn die Wälder älter und lichter werden, sollten sich die Bedingungen für den Schwarzspecht auf den Köcheln langfristig aber verbessern.

Bedeutung: Gering. Der bayerische Brutbestand liegt bei 6.500 bis 10.000 Paaren und wird als leicht zunehmend eingestuft (RÖDL *et al.* 2012).

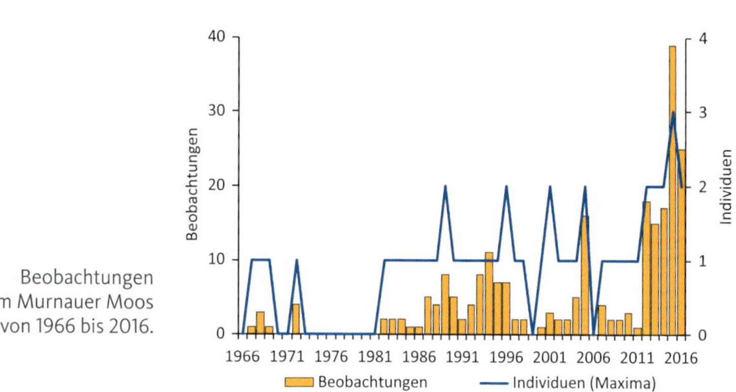

Beobachtungen im Murnauer Moos von 1966 bis 2016.

Buntspecht *(Dendrocopos major)*

En: Great spotted woodpecker

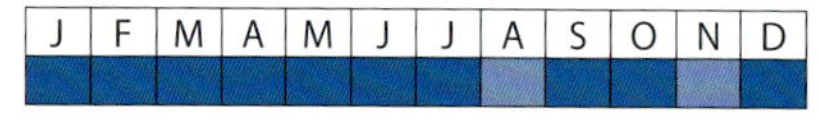

Lebensraum: Buntspechte brüten in Wäldern aller Art und sind auch im Murnauer Moos häufig. Da sie fast alljährlich neue Bruthöhlen bauen, sind sie sehr wichtig für andere Höhlenbrüter, die verlassene Spechthöhlen übernehmen (z.B. Meisen, Wendehals, Kleiber etc.).

Zeitraum (Phänologie): Ganzjährig.

Bestandsentwicklung: Der Buntspecht ist die häufigste Spechtart im Moos. Die Ergebnisse dreier Rasterkartierungen (1977, 1980, 2005) zeigen eine deutliche Ausbreitung des Brutareals im Moos bis 2005 (GEIERSBERGER 2012), die sich bis in die neueste Zeit fortgesetzt haben dürfte.

Gefährdung und Schutz: Es sind keine bestandsbedrohenden Gefährdungen erkennbar. Zusätzlich fördern ließe sich die Art, wenn in den Naturwäldern der Köchel Borkenkäfer nicht mehr bekämpft werden müssten, damit eine Ausbreitung der Käfer auf Wirtschaftswälder ausgeschlossen werden kann. Dadurch würde sich das Nahrungsangebot für den Buntspecht und andere Spechtarten vergrößern.

Bedeutung: Gering. Der bayerische Brutbestand liegt bei 87.000 bis 245.000 Paaren (RÖDL *et al.* 2012).

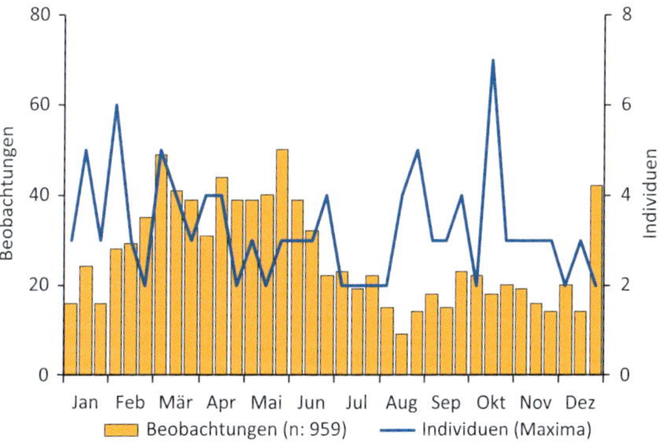

Jahreszeitliche Verteilung der Beobachtungen im Murnauer Moos und Individuenmaxima.

Mittelspecht *(Dendrocoptes medius)*

En: Middle spotted woodpecker

J	F	M	A	M	J	J	A	S	O	N	D

Lebensraum: Mittelspechte werden nur sehr selten im Bearbeitungsgebiet beobachtet. Am 18.4.1999 wurde ein Individuum in einem Wald bei Moosrain beobachtet. Gleich an zwei Stellen wurden 2017 Mittelspechte über ornitho.de gemeldet. Am 5.6.2017 wurde ein Weibchen bei Weichs von WOLFGANG CHUNSEK beobachtet. Am 29.7.2017 konnten Andreas und Wolfgang Kraus, beide ebenfalls erfahrene Vogelbeobachter, einen Mittelspecht in der Nähe des Ähndls beobachten. Das sind die ersten Beobachtungen der Art direkt im Murnauer Moos. Keine der Beobachtungen ist per Foto oder Tonaufnahme dokumentiert. Bislang gab es erst fünf Beobachtungen im Landkreis (Auswertung Avifauna Werdenfels und www.ornitho.de). Allerdings liegen nur für zwei Beobachtungen Dokumentationen vor. Auf den Mittelspecht sollte man in Zukunft verstärkt achten.

Bedeutung: Gering. Der bayerische Brutbestand liegt bei 2.300 bis 3.700 Paaren. Die Art zeigt eine leichte Ausbreitungstendenz auch in Südbayern (Rödl *et al.* 2012).

Weißrückenspecht *(Dendrocopos leucotos)*

En: White-backed woodpecker

J	F	M	A	M	J	J	A	S	O	N	D

Lebensraum: Während Weißrückenspechte in Bayern fast ausschließlich in naturnahen Mischwäldern mit hohem Totholzanteil vorkommen, macht die Population im Murnauer Moos eine Ausnahme. Infolge des Erlensterbens durch die Pilzart *Phytophthora alni* hat sich in den vergangenen Jahren besonders bachbegleitend sehr viel Erlentotholz entwickelt, von dem der Weißrückenspecht massiv profitiert. Aus diesem Grund lassen sich Weißrückenspechte hier beispielsweise am Lindenbach in der sonst offenen Landschaft beobachten. Bruthöhlen wurden in Laubbäumen direkt am Bach und angrenzend an große Streuwiesenbereiche festgestellt. Auch im Bereich der Köchelwälder kommen sie im für die Art typischen Waldlebensraum vor.

Weißrückenspecht an der Bruthöhle am Lindenbach.

Zeitraum (Phänologie): Ganzjährig.

Bestandsentwicklung: Die Bestandsentwicklung war im letzten Jahrzehnt positiv. Bezzel (1989) spricht noch von gelegentlichen Bruten und es gab bis dahin insgesamt nur eine Hand voll Beobachtungen. In den letzten Jahren wird die Art häufig im Moos beobachtet. Es wird jedoch befürchtet, dass der Totholzvorrat entlang der Bäche im kommenden Jahrzehnt wieder deutlich abnehmen wird. Das dürfte sich auch auf die Spechtpopulation negativ auswirken (Gugler 2017).

Gefährdung und Schutz: Während sich die Lebensbedingungen im Offenland in den kommenden Jahren wieder verschlechtern könnten, wird sich der Lebensraum auf den Köcheln weiter verbessern, wenn der Verzicht auf Nutzung der Wälder aufrechterhalten wird. Bislang ist die Totholzmenge auf den Köcheln noch deutlich geringer als in einem idealen Lebensraum (Gugler 2017). Die Wälder sollten folglich älter und strukturreicher werden dürfen.

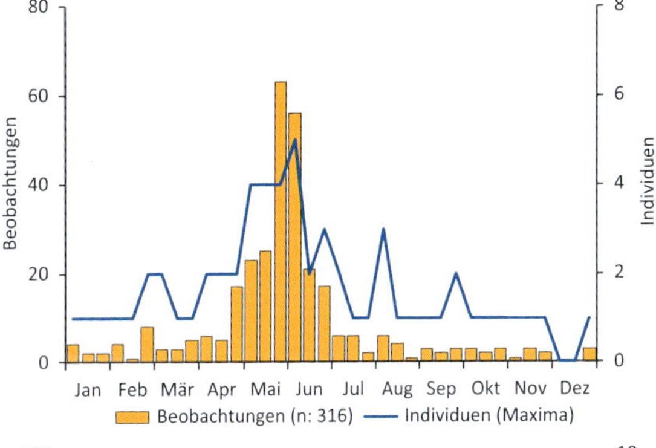

Jahreszeitliche Verteilung der Beobachtungen im Murnauer Moos und Individuenmaxima.

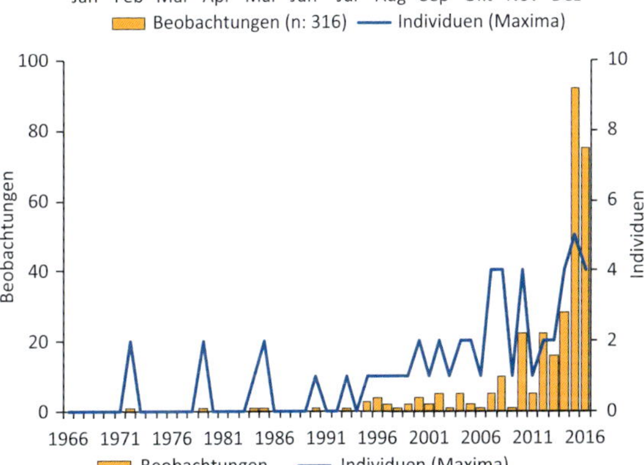

Beobachtungen im Murnauer Moos von 1966 bis 2016.

Bedeutung: Lokal bedeutsam. Der bayerische Brutbestand liegt bei 380 bis 600 Paaren (Rödl *et al.* 2012).

Trommelnder Weißrückenspecht am Lindenbach (Aufnahme: 6.4.2018, H. Liebel).

Kleinspecht *(Dryobates minor)*

En: Lesser spotted woodpecker

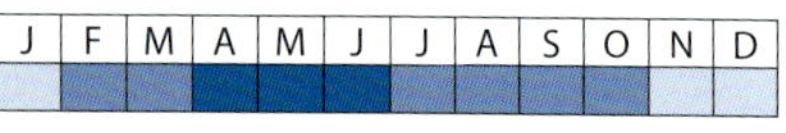

Lebensraum: Kleinspechte trifft man vor allem in den Auwaldbereichen von Lindenbach und Ramsach an, aber auch zerstreut im Moor an kleinen Gehölzgruppen. Dokumentierte Bruthöhlen im Murnauer Moos umfassen vor allem angefaulte Erlen, eine morsche Fichte und einen alten Apfelbaum.

Zeitraum (Phänologie): Ganzjährig.

Bestandsentwicklung: Die Bestandsentwicklung ist deutlich positiv. Der Kleinspecht hat von der zunehmenden Bewaldung seit den 1970er Jahren (z.B. Erlen-

Kleinspecht an der Bruthöhle in toter Grauerle am Lindenbach.

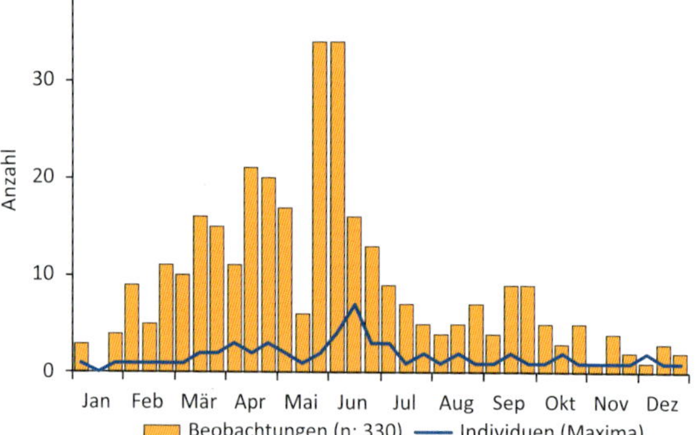

Jahreszeitliche Verteilung der Beobachtungen im Murnauer Moos und Individuenmaxima.

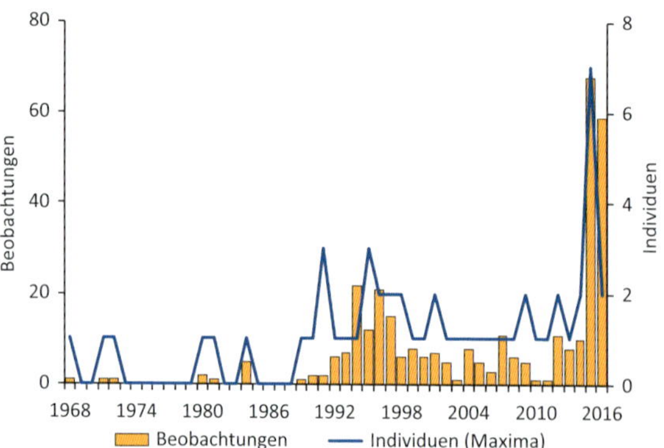

Beobachtungen im Murnauer Moos von 1966 bis 2016.

bruchwälder zwischen Langem und Steinköchel) und dem Erlensterben profitiert. Bezzel (1989) vermutet in den 1980er Jahren nur gelegentliche Bruten während die Art derzeit sicher jährlich im Gebiet brütet.

Gefährdung und Schutz: Es sind im Moment keine bestandsbedrohenden Gefährdungen zu erkennen.

Bedeutung: Gering. Der bayerische Brutbestand liegt bei 2.300 bis 3.400 Paaren (Rödl *et al.* 2012).

Dreizehenspecht *(Picoides tridactylus)*

En: Three-toed woodpecker

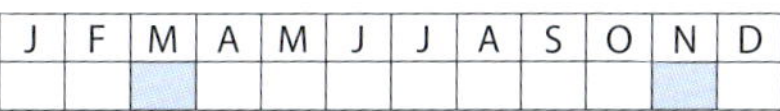

J	F	M	A	M	J	J	A	S	O	N	D

Lebensraum: Nur zwei Beobachtungen, am 1.11.2008 am Isenberg und am Langen Köchel am 21.3.2005, sonst regelmäßig in den Wäldern der umliegenden Berge.

Bedeutung: Gering. Der bayerische Brutbestand liegt bei 700 bis 1.100 Paaren (Rödl *et al.* 2012).

Pirol *(Oriolus oriolus)*

En: Eurasian golden oriole

J	F	M	A	M	J	J	A	S	O	N	D

Lebensraum: Der Pirol galt bisher als unregelmäßiger Gast vor allem im Bereich der Köchelwälder. Zuletzt verdichten sich die Hinweise auf eine Ansiedlung als Brutvogel im Auwald des Lindenbachs im nördlichen Murnauer Moos.

Zeitraum (Phänologie): Sommervogel (12.5.-10.9.).

Bestandsentwicklung: Der Pirol galt bei Bezzel (1989) als unregelmäßiger Gast auf dem Durchzug im Mai und September. Seit 2005 häufen sich jedoch die Beobachtungen und seit 2012 wird die Art fast jährlich noch im Juni im Moos gehört. Ein erster starker Brutverdacht gelang Antje Geigenberger am 8.6.2017 (singendes Männchen und abfliegendes Weibchen mit Raupe im Schnabel).

Gefährdung und Schutz: Pirole sind in Südbayern stark an Auwälder und alte Wälder der Flussniederungen geknüpft. Der Lebensraumtyp Auwald ist bedroht und folglich steht auch der Pirol in Bayern auf der Vorwarnliste (RUDOLPH *et al.* 2016). Im Murnauer Moos entstehen totholz- und insektenreiche Auwälder besonders an Ramsach und Lindenbach. Auch vom Klimawandel dürfte der wärmeliebende Pirol profitieren, sodass für das Murnauer Moos eine weiterhin positive Bestandsentwicklung zu erwarten ist.

Bedeutung: Gering. Der bayerische Brutbestand liegt bei 3.200 bis 5.000 Paaren (RÖDL *et al.* 2012).

Futtertragender Pirol (Weibchen) am Lindenbach.

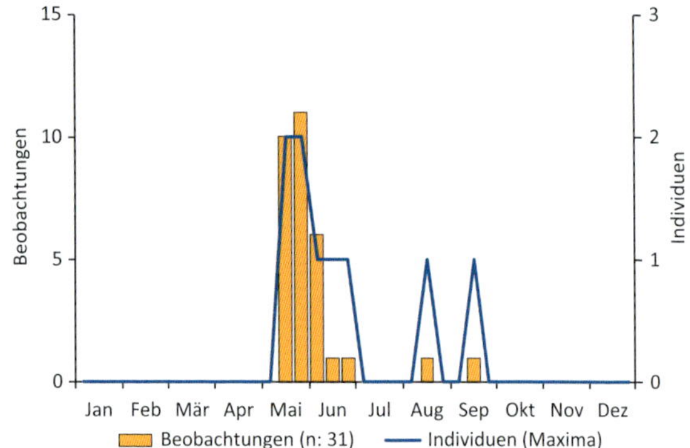

Jahreszeitliche Verteilung der Beobachtungen im Murnauer Moos und Individuenmaxima.

Rotkopfwürger *(Lanius senator)*

En: Woodchat shrike

J	F	M	A	M	J	J	A	S	O	N	D

Lebensraum: Einzelne Rotkopfwürger wurden bislang fünfmal in halboffenen Lebensräumen festgestellt (16.9.1968, 11.5.1985, 7.5.1992, 3.-5.7.1999, 20./21.4.2016). Es gibt eine Tendenz zu Beobachtungen vor allem im Frühjahr, die auf eine Zugverlängerung hindeuten könnte. Der Brutbestand nördlich des Murnauer Mooses ist in

Deutschland inzwischen fast komplett erloschen (2005-2009 noch ein bis vier Brutpaare, Gedeon *et al.* 2014).

Rotkopfwürger

Raubwürger *(Lanius excubitor)*

En: Great grey shrike

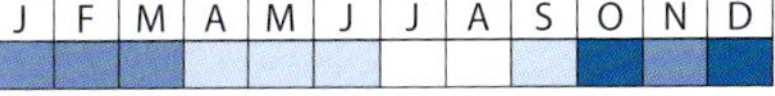

Lebensraum: Raubwürger brüteten bis mindestens 1997 vor allem im zentralen und südlichen Murnauer Moos südlich und östlich der Köchel (Schwerpunkt Ohlstädter Filz, Schwarzseefilz und Weghaus) entweder in Hochmoorbereichen oder im Übergang zwischen Extensivwiesen zu verbuschten Dauerbrachen. Nester wurden vor allem in Fichten oder »im Moorgehölz« festgestellt. Winterreviere befinden sich im Offenland mit Einzelbüschen und Pfosten, die als Ansitzwarten vor allem für die Kleinvogel- und Mäusejagd genutzt werden. Sie werden in schneereichen Wintern jedoch geräumt (siehe auch Wink 2008b). Zweimal wurden auch die nah verwandten Schwarzstirnwürger im Gebiet beobachtet. Da sie nicht ausreichend dokumentiert wurden, sind sie jedoch von den Seltenheitskommissionen nicht anerkannt worden.

Zeitraum (Phänologie): Heute nur noch Wintergast (19.9.-15.4.). Früher ganzjährig.

Bestandsentwicklung: Raubwürger galten bei Klammet (1932-1938) als »einzeln« brütend. Bezzel (1989) berichtet dann von mindestens ein bis drei Brutpaaren in den Jahren 1966-88 (keine Brutnachweise 1983/84). In den Folgejahren

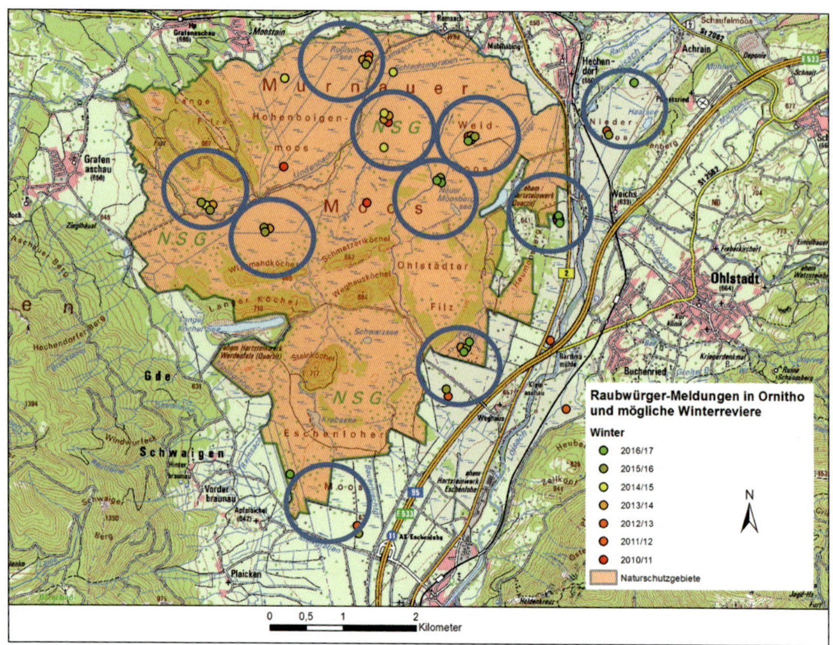

Schwerpunkte von Winterbeobachtungen des Raubwürgers im Murnauer Moos 2010/11-2016/17 basierend auf den Daten von www.ornitho.de (Hintergrundkarte: ©Bayerische Vermessungsverwaltung Nr. 6/19).

nahmen die sicheren Brutnachweise kontinuierlich ab (1989, 1993/94). Der letzte Brutnachweis gelang am 16.5.1997, als ein Altvogel mit Beute für die Jungen im Nest beobachtet wurde (darunter eine Eidechse). Seitdem gibt es nur noch sehr selten Beobachtungen zur Brutzeit. Spätestens seit Beginn des 3. Jahrtausends gilt der Raubwürger im Moos als Brutvogel ausgestorben. Über die Entwicklung des Winterbestands ist nichts bekannt.

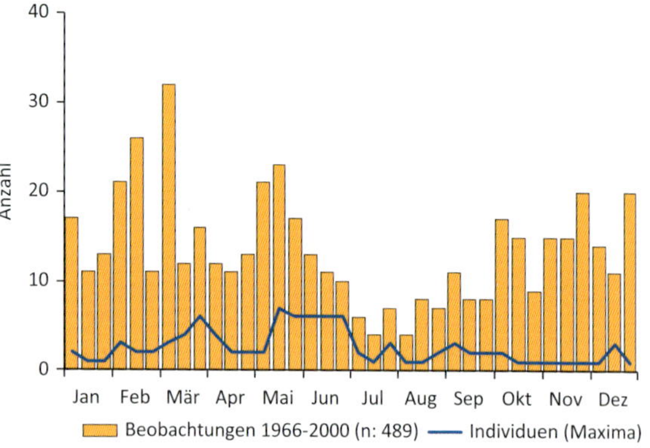

Jahreszeitliche Verteilung der Beobachtungen im Murnauer Moos und Individuenmaxima (Datengrundlage 1966–2000).

Gefährdung und Schutz: Gründe für das Aussterben als Brutvogel sind nicht bekannt. Weder der Lebensraum noch die

Jahreszeitliche Verteilung der Beobachtungen im Murnauer Moos und Individuenmaxima (Datengrundlage 2001-2016).

Anzahl

Jan Feb Mär Apr Mai Jun Jul Aug Sep Okt Nov Dez

Beobachtungen 2001-2016 (n: 246) — Individuen (Maxima)

Freizeitnutzung haben sich im Gebiet entscheidend verändert. Möglicherweise hat sich das Nahrungsangebot verändert (z.B. von Großinsekten). Als Kurzstreckenzieher sind Raubwürger weniger Gefahren auf dem Vogelzug ausgesetzt als Langstreckenzieher. Generell dürfte der Rückgang der Strukturvielfalt und Vielfalt der Beutetiere in der Kulturlandschaft für den bayernweiten Rückgang verantwortlich sein. Raubwürger reagieren empfindlich auf Störungen und fliehen oft schon bei Annäherungen unter 250 Meter.

Bedeutung: Das Moos ist als regelmäßiges Überwinterungsgebiet des Raubwürgers bedeutsam. Der bayerische Brutbestand liegt bei 45 bis 55 Paaren mit stark rückläufiger Tendenz (Rödl *et al.* 2012).

Neuntöter *(Lanius collurio)*

En: Red-backed shrike

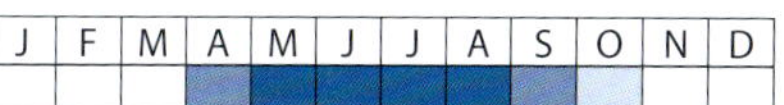

Lebensraum: Neuntöter brüten im Murnauer Moos häufig in offener Landschaft mit Einzelbüschen und strukturreichen Waldrändern. Die größte Dichte wird in Dauerbrachen mit nicht zu dichtem Schilfbestand in Kombination mit zahlreichen Büschen und Einzelbäumen erreicht. Reviere liegen oftmals auch am Rand von Streuwiesen, die zur Nahrungssuche mitgenutzt werden.

Zeitraum (Phänologie): Sommervogel (15.4.-2.10.). Das Erstbeobachtungsdatum des Neuntöters variiert stark (über 4 Wochen) und scheint sich tendenziell zu

Jahreszeitliche Verteilung der Beobachtungen im Murnauer Moos und Individuenmaxima.

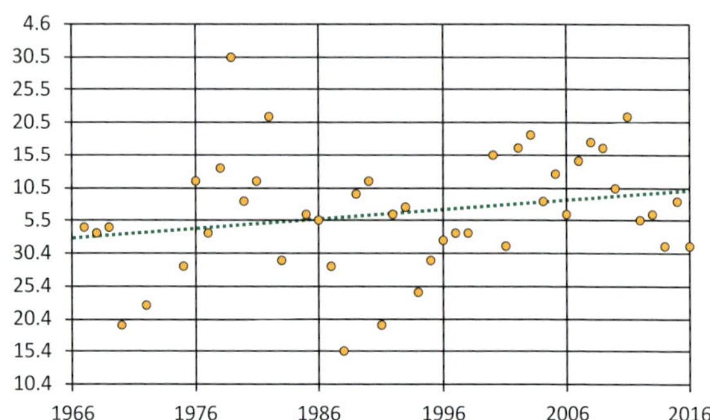

Erstbeobachtungsdatum des Neuntöters im Bearbeitungsgebiet.

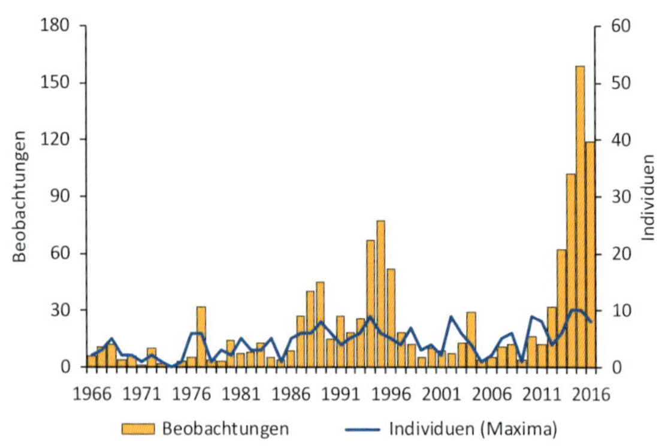

Beobachtungen im Bearbeitungsgebiet von 1966 bis 2016.

einem späteren Ankommen verschoben zu haben. Diese Beobachtung stimmt mit Beobachtungen in der Schweiz und am Chiemsee überein (Luder 1986, Lohmann & Rudolph 2016), steht aber im Widerspruch zu Beobachtungen in anderen Ländern (Tryjanowski *et al.* 2002).

Bestandsentwicklung: Der Brutbestand des Neuntöters ist im Murnauer Moos langfristig stark schwankend. KLAMMET (1932-38) gibt ihn als »häufig« an. Nach 1966 kam es dann zu einem deutlichen Rückgang. Bei den Rasterkartierungen im Naturschutzgebiet Murnauer Moos wurden 1977 11 und 1980 vier bis fünf Paare festgestellt. Trotz gezielter Nachsuche konnten 1982 gar keine Neuntöter mehr nachgewiesen werden. Daraufhin erholte sich der Bestand wieder (BEZZEL 1989). 2005 wurden dann bereits in 25 Rastern Neuntöter zur Brutzeit beobachtet. Der aktuelle Brutbestand im gesamten Bearbeitungsgebiet wurde 2016 von WEISS auf 75-107 Reviere geschätzt von denen 90 % im Naturschutzgebiet Murnauer Moos brüten. Somit unterscheidet sich die Bestandsentwicklung von der am Ammersee, wo von 2002 bis 2016 ein deutlicher Bestandsrückgang stattgefunden hat (WINK 2016).

Gefährdung und Schutz: Neuntöter sind derzeit nicht gefährdet. Sie profitieren von den großen, offenen und Gebüsch durchsetzten Dauerbrachen. Langfristig könnte sich der geeignete Lebensraum aber stark verkleinern, wenn sich die Dauerbrachen bewalden. Durch angepasste Bewirtschaftung und Landschaftspflegemaßnahmen sollte in Teilbereichen gegen diese Entwicklung gearbeitet werden.

Bedeutung: Gering. Der bayerische Brutbestand liegt bei 10.500 bis 17.500 Paaren (RÖDL *et al.* 2012).

Alpendohle *(Pyrrhocorax graculus)*

En: Alpine chough

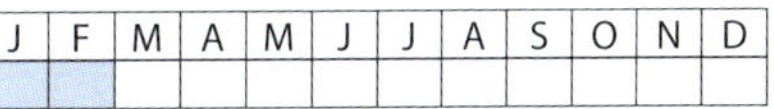

J	F	M	A	M	J	J	A	S	O	N	D

Lebensraum: Im Talraum gibt es nur zwei Beobachtungen von Alpendohlen. Einzelvögel wurden zwischen Schwaiganger und Hagener Moos beobachtet (2.1.1995, 2.2.1999).

Bedeutung: Gering. Die nächsten Brutvorkommen liegen in den umliegenden Gebirgsstöcken (Ester- und Ammergebirge). Der bayerische Brutbestand liegt bei 550 bis 1.000 Paaren (RÖDL *et al.* 2012).

Elster *(Pica pica)*

En: Eurasian magpie

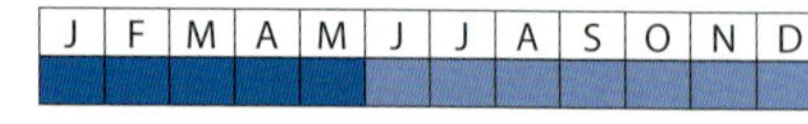

Lebensraum: Elstern sind häufige Brutvögel in offenen und halboffenen Lebensräumen mit Gebüschen, Bäumen und lockeren Wäldern sowie in Ortschaften. Nur geschlossene Wälder werden gemieden.

Zeitraum (Phänologie): Ganzjährig. Größter Trupp mit 32 Individuen am 28.10.2010 bei Hechendorf.

Bestandsentwicklung: Elstern galten bei KLAMMET (1932-38) als regelmäßige, aber sehr seltene Brutvögel im Moos. Bei den Rasterkartierungen im Naturschutzgebiet und direkten Umland wurden Hinweise auf Bruten 1977 in vier, 1980 in ein bis zwei und 2005 in 15 Rastern festgestellt. Die Elsterpopulation hat zugenommen.

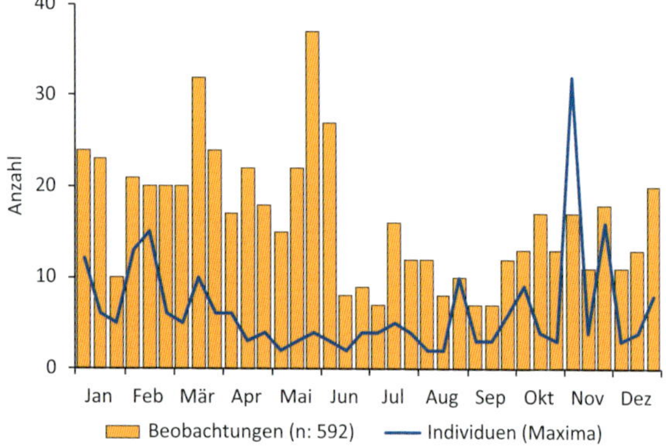

Jahreszeitliche Verteilung der Beobachtungen im Murnauer Moos und Individuenmaxima.

Gefährdung und Schutz: Elstern werden bejagt und sind von einem verantwortungsvollen Umgang mit der Art durch die Jägerschaft abhängig. Darüber hinaus sind derzeit keine bestandsgefährdenden Einschränkungen im Gebiet erkennbar.

Bedeutung: Gering. Der bayerische Brutbestand liegt bei 85.000 bis 235.000 Paaren (RÖDL *et al.* 2012).

Eichelhäher *(Garrulus glandarius)*

En: Eurasian jay

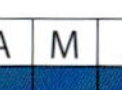

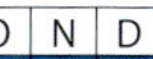

Lebensraum: Eichelhäher besiedeln Wälder aller Art mit einer Vorliebe für Laub- und Laubmischwälder mit einem guten Angebot an Bucheckern, Eicheln, Haselnüssen und Efeubeeren.

Zeitraum (Phänologie): Ganzjährig. Die größte Tagessumme wurde am 19.9.2004 mit 200 ziehenden Individuen beobachtet.

Bestandsentwicklung: Bei den Rasterkartierungen im Naturschutzgebiet und direkten Umland gab es 1977 Hinweise auf 22 und 1980 auf 13 Brutpaare. Bei der Rasterkartierung 2005 wurden an über 50 Stellen Eichelhäher zur Brutzeit beobachtet. Im Frühjahr 2005 gab es jedoch einen markanten Zug von Eichelhähern, der das Ergebnis stark verfälscht. Am 2.5.2005 wurden beispielsweise 106 Richtung Nordost ziehende Eichelhäher gezählt. Die Bestandsentwicklung des Eichelhähers ist unbekannt. Aus der Anzahl der Zufallsbeobachtungen kann geschlossen werden, dass es zumindest keinen Rückgang gibt.

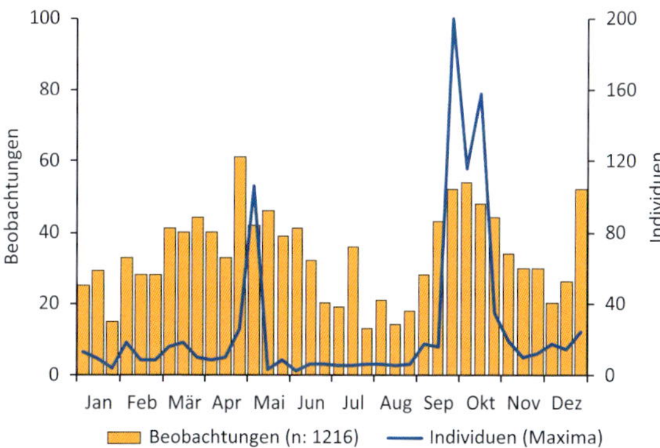

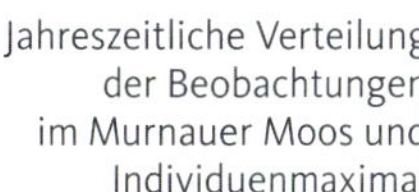
Jahreszeitliche Verteilung der Beobachtungen im Murnauer Moos und Individuenmaxima.

Gefährdung und Schutz: Eichelhäher werden bejagt und sind von einem verantwortungsvollen Umgang mit der Art durch die Jägerschaft abhängig. Darüber hinaus sind derzeit keine bestandsgefährdenden Einschränkungen im Gebiet erkennbar.

Bedeutung: Gering. Der bayerische Brutbestand liegt bei 105.000 bis 290.000 Paaren (Rödl *et al.* 2012).

Tannenhäher *(Nucifraga caryocatactes)*

En: Spotted nutcracker

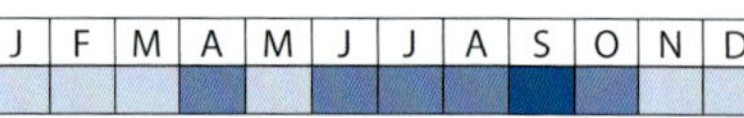

Lebensraum: Tannenhäher brüten im Landkreis Garmisch-Partenkirchen schwerpunktmäßig im montanen Nadelwald. Im Alpenvorland ist die Dichte deutlich geringer. Hier werden ebenfalls Nadel- und Mischwälder besiedelt, jedoch ersetzen dort Haselnüsse die Leibspeise der Tannenhäher (Zirbennüsse). Im Talraum liegt in Einzeljahren Brutverdacht auf den Köcheln vor. Ein Brutnachweis gelang 2002 am Langen Filz im nördlichen Murnauer Moos.

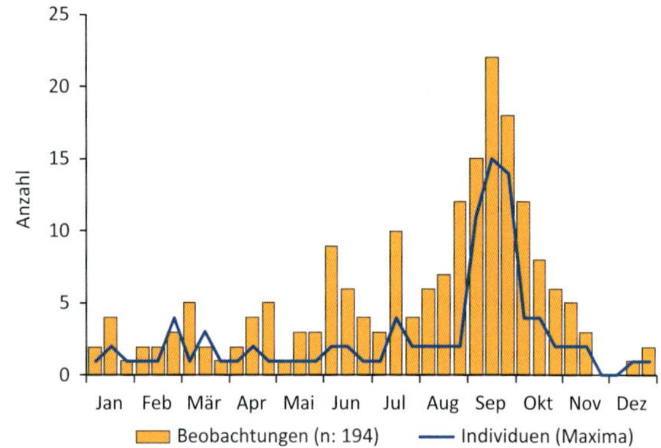

Jahreszeitliche Verteilung der Beobachtungen im Murnauer Moos und Individuenmaxima.

Zeitraum (Phänologie): Ganzjährig. Der Schwerpunkt der Beobachtungen liegt im Herbst, wenn die Tannenhäher der umliegenden Gebirgsstöcke weit umherstreifen, um Haselnüsse und Zirbennüsse aus Vorgärten zu hamstern. Sie fliegen dann mit gefülltem Kropf hinauf an die Baumgrenze, wo die Vorräte versteckt werden. Der größte Trupp wurde am 16.9.2006 mit 15 nach Osten ziehenden Individuen südwestlich von Ohlstadt beobachtet.

Bestandsentwicklung: Es werden immer wieder Tannenhäher zur Brutzeit beobachtet. Direkte Brutnachweise sind aber sehr selten. Es ist kein Trend erkennbar.

Gefährdung und Schutz: Tannenhäher sind im Bearbeitungsgebiet nicht gefährdet. Sie gehören zu den nicht-jagdbaren Rabenvögeln.

Bedeutung: Gering. Der bayerische Brutbestand liegt bei 2.000 bis 3.400 Paaren (Rödl *et al.* 2012).

Dohle *(Corvus monedula)*

En: Western jackdaw

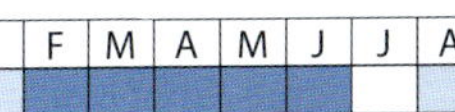
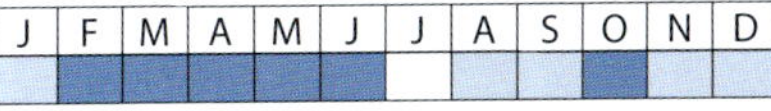

Lebensraum: Dohlen brüten seit wenigen Jahren regelmäßig in geringer Zahl im Bearbeitungsgebiet. Bruten wurden ausschließlich an Gebäuden bekannt (Autobahnbrücke bei Schwaiganger, Murnau im Ort, Brutverdacht am Ramsachkircherl). Dohlen wurden im Bearbeitungsgebiet noch nicht in Baumhöhlen brütend beobachtet. Dohlen gehen besonders in Offenlebensräumen, aber auch auf Mülldeponien auf Nahrungssuche.

Zeitraum (Phänologie): Ganzjährig, mit einer Lücke der Beobachtungen im Juli und bis Mitte August. Der größte Trupp wurde am 22.10.2002 mit 88 Individuen im Weidmoos beobachtet.

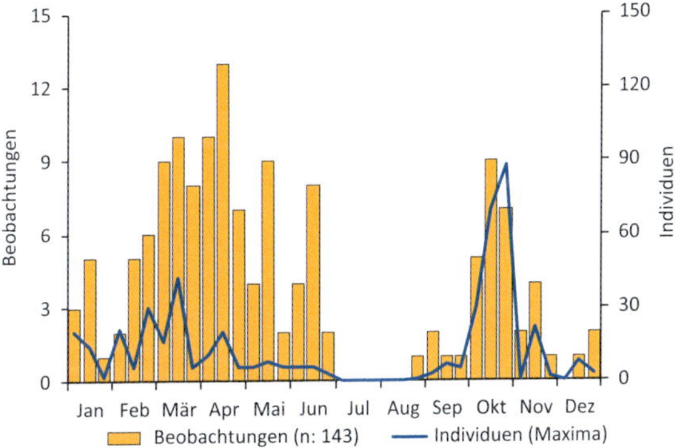

Jahreszeitliche Verteilung der Beobachtungen im Murnauer Moos und Individuenmaxima.

Bestandsentwicklung: Dohlen nutzen das Naturschutzgebiet Murnauer Moos traditionell nur zur Nahrungssuche (Bezzel 1989). Die Bestandsentwicklung im gesamten Bearbeitungsgebiet ist positiv.

Gefährdung und Schutz: Dohlen- und Straßentaubenbrutplätze an Gebäuden werden regelmäßig vergittert, sodass sie von Vögeln nicht mehr genutzt werden können. Insbesondere Dohlenbrutplätze sollten hingegen geschützt werden. Dohlen dürfen in Deutschland zwar nicht bejagt werden, fallen aber immer wieder der Rabenkrähenjagd zum Opfer.

Bedeutung: Gering. Der bayerische Brutbestand liegt bei 5.500 bis 9.500 Paaren (Rödl *et al.* 2012).

Saatkrähe *(Corvus frugilegus)*

En: Rook

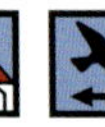

J	F	M	A	M	J	J	A	S	O	N	D

Lebensraum: Saatkrähen waren regelmäßige Gäste. Sie wurden vor allem im Umfeld der damals unversiegelten Mülldeponie Schwaiganger und im nahegelegenen Ostermoos bei der Nahrungssuche beobachtet. Seit der Versiegelung gibt es dort kaum noch Beobachtungen. Im Naturschutzgebiet und direkten Umland gab und gibt es nur sehr wenige Beobachtungen.

Zeitraum (Phänologie): Vor allem im Winterhalbjahr. Der größte Trupp wurde am 16.3.1987 auf 1.200 Individuen geschätzt. Er hielt sich an der Mülldeponie Schwaiganger auf.

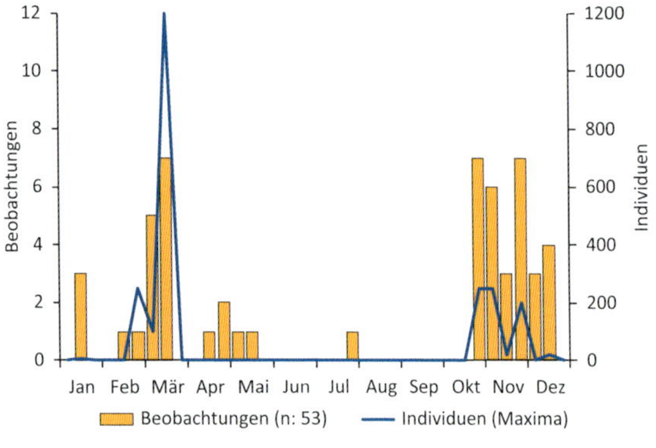

Jahreszeitliche Verteilung der Beobachtungen im Murnauer Moos und Individuenmaxima.

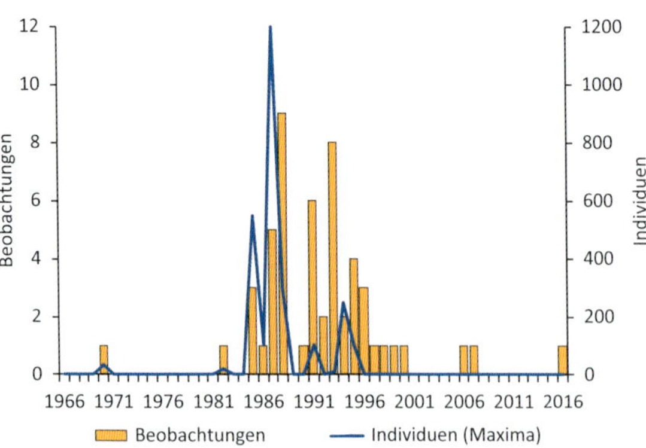

Beobachtungen im Bearbeitungsgebiet von 1966 bis 2016.

Bestandsentwicklung: KLAMMET (1938) berichtet von gelegentlichen Saatkrähenbeobachtungen auf dem Durchzug. In den 1980er und 1990er Jahren waren Saatkrähen regelmäßige Gäste an der Mülldeponie Schwaiganger. Seit 2000 gab es nur noch vier Sichtungen von Einzelvögeln und einem kleinen Trupp (vier Individuen).

Gefährdung und Schutz: An ihren Brutkolonien werden Saatkrähen oft illegal vergrämt, weil sich Anwohner durch Lärm und Schmutz von den Saatkrähen belästigt fühlen. Saatkrähen dürfen in Deutschland zwar nicht bejagt werden, fallen aber immer wieder der Rabenkrähenjagd oder illegaler Verfolgung zum Opfer.

Bedeutung: Gering. Der bayerische Brutbestand lag 2013 bei 8.468 Paaren (LFU 2018c). Das nächste Brutvorkommen liegt nur wenige Kilometer nördlich des Bearbeitungsgebiets am Riegsee.

Rabenkrähe *(Corvus corone* ssp. *corone)*

En: Carrion crow

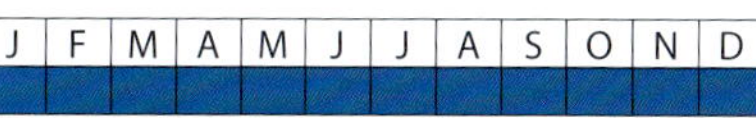

Lebensraum: Rabenkrähen nutzten die unversiegelte Mülldeponie Schwaiganger in großer Zahl zur Nahrungssuche. Im Murnauer Moos sind Rabenkrähen häufig in Nichtbrütertrupps in Streuwiesen unterwegs. Brutnachweise liegen von verschiedenen Wäldern, Waldrändern und dem Seidlpark in Murnau vor. Horste wurden meist in Fichten angelegt. Auch ein Horst in einer Eiche wurde registriert.

Zeitraum (Phänologie): Ganzjährig. Größter Trupp mit 600 Individuen am 15.1.1987 an der Mülldeponie Schwaiganger.

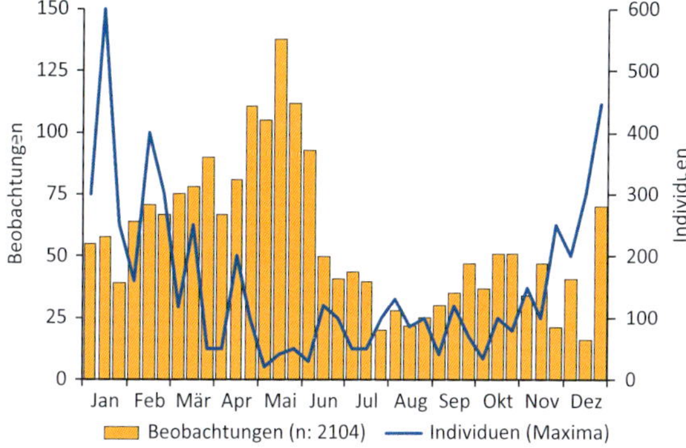

Jahreszeitliche Verteilung der Beobachtungen im Murnauer Moos und Individuenmaxima.

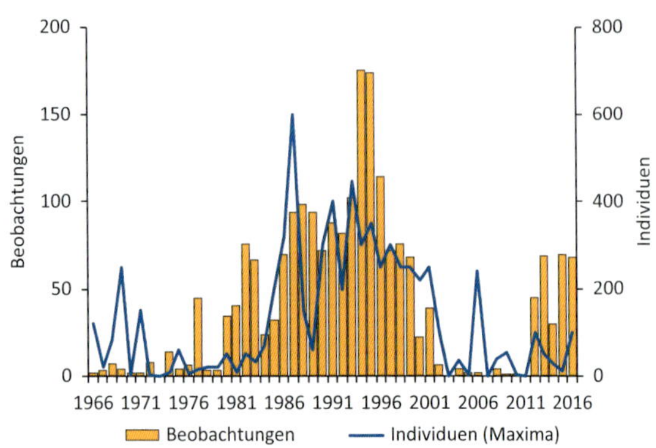

Beobachtungen im Bearbeitungsgebiet von 1966 bis 2016.

Bestandsentwicklung: Die Truppgrößen haben sich im Bearbeitungsgebiet seit der Versiegelung der Mülldeponie Schwaiganger reduziert. Rabenkrähen sind aber weiterhin sehr häufig zu sehen. Die Entwicklung des Brutbestands ist unbekannt.

Gefährdung und Schutz: Rabenkrähen werden bejagt und sind von einem verantwortungsvollen Umgang mit der Art durch die Jägerschaft abhängig. Darüber hinaus sind derzeit keine bestandsgefährdenden Einschränkungen erkennbar.

Bedeutung: Gering. Der bayerische Brutbestand liegt bei 230.000 bis 610.000 Paaren (RÖDL *et al.* 2012).

Nebelkrähe *(Corvus corone* ssp. *cornix)*

En: Hooded crow

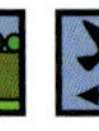

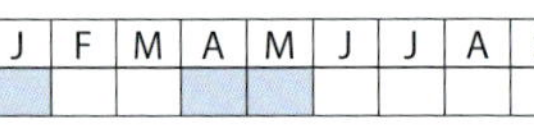

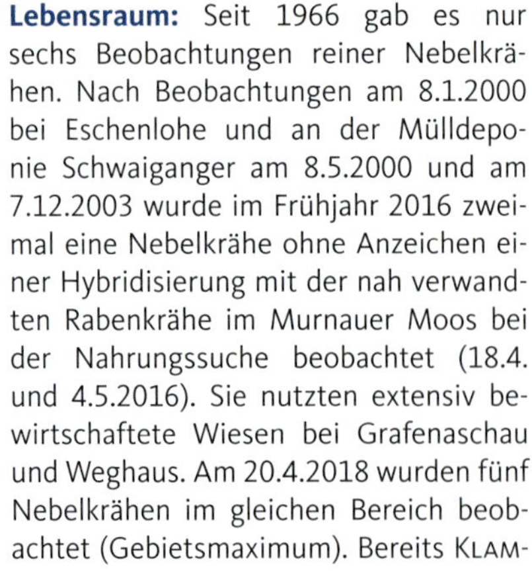

Lebensraum: Seit 1966 gab es nur sechs Beobachtungen reiner Nebelkrähen. Nach Beobachtungen am 8.1.2000 bei Eschenlohe und an der Mülldeponie Schwaiganger am 8.5.2000 und am 7.12.2003 wurde im Frühjahr 2016 zweimal eine Nebelkrähe ohne Anzeichen einer Hybridisierung mit der nah verwandten Rabenkrähe im Murnauer Moos bei der Nahrungssuche beobachtet (18.4. und 4.5.2016). Sie nutzten extensiv bewirtschaftete Wiesen bei Grafenaschau und Weghaus. Am 20.4.2018 wurden fünf Nebelkrähen im gleichen Bereich beobachtet (Gebietsmaximum). Bereits KLAM-

MET (1938) berichtet von gelegentlichen Winterbeobachtungen der Nebelkrähe im Bearbeitungsgebiet. Auch Übergangsformen zwischen Raben- und Nebelkrähe wurden bisher fünfmal registriert. Es handelt sich immer um Einzelvögel, die sich im Bereich der Mülldeponie Schwaiganger oder im Ostermoos aufhielten (12.8.1986, 21.11.1993, 8.8.1995, 31.8.1996, 4.9.1996).

Bedeutung: Gering. Die nächstgelegenen Brutvorkommen liegen in Nordostdeutschland, Tschechien und Norditalien.

Kolkrabe *(Corvus corax)*

En: Northern raven

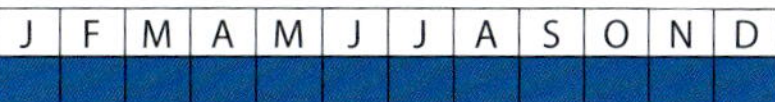

Lebensraum: Kolkraben brüten in den Randbereichen des Talraums auf Bäumen (z. B. in Tannen) und Felsen (z. B. am Höllenstein). Im Moos sind Bruten im Steinbruch des Langen Köchels bekannt. Es werden immer wieder balzende Paare an verschiedenen Stellen im Naturschutzgebiet beobachtet. Zur Nahrungssuche werden Kolkraben fast ausschließlich im Offenland angetroffen.

Zeitraum (Phänologie): Ganzjährig. Größter Trupp mit 250 Individuen an der Mülldeponie Schwaiganger am 22.4.2016.

Bestandsentwicklung: Kolkraben galten bei KLAMMET (1932-38) nur als Gäste aus den umliegenden Gebirgsstöcken. Seit

Kolkrabe beim Stehlen von Pferdedung bei Achrain.

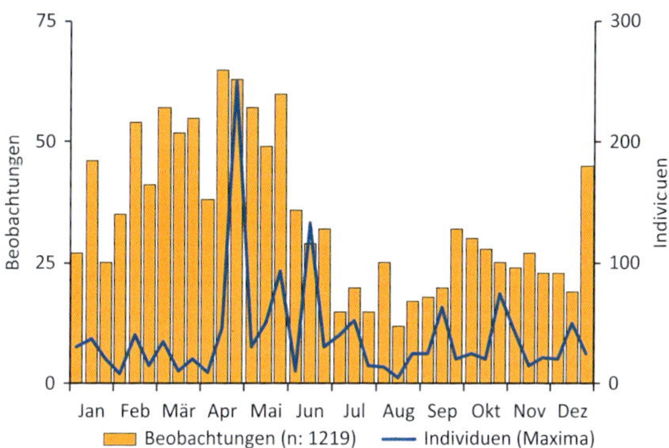

Jahreszeitliche Verteilung der Beobachtungen im Murnauer Moos und Individuenmaxima.

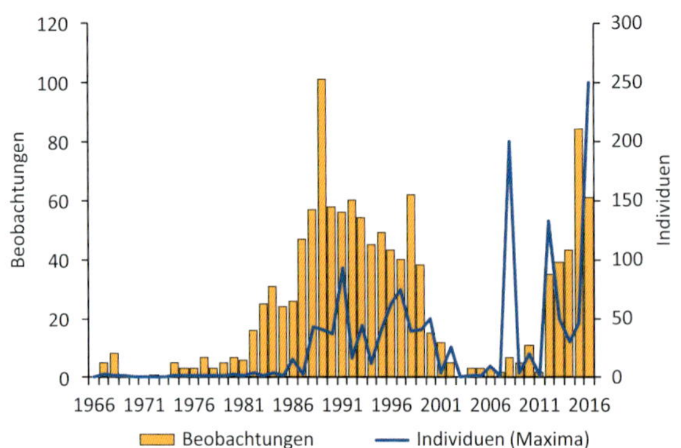

Beobachtungen im Bearbeitungsgebiet von 1966 bis 2016.

Ende der 1960er Jahre brütet mindestens ein Paar als Felsbrüter im Steinbruch am Langen Köchel (Bezzel 1989). Vermutlich gibt es wenige weitere Brutpaare die regelmäßig in Bäumen brüten.

Gefährdung und Schutz: Kolkraben galten außerhalb der Alpen und des unmittelbaren Umfelds der Alpen im 19. Jahrhundert als ausgestorben infolge nicht-nachhaltiger Jagd und Verfolgung. Kolkraben konnten sich nach der Unterschutzstellung erneut ausbreiten, aber durch ihre Ähnlichkeit zur Rabenkrähe kann es zu Fehlabschüssen kommen.

Bedeutung: Gering. Der bayerische Brutbestand liegt bei 1.200 bis 1.500 Paaren (Rödl *et al.* 2012).

Beutelmeise *(Remiz pendulinus)*

En: Eurasian penduline tit

J	F	M	A	M	J	J	A	S	O	N	D

Lebensraum: Beutelmeisen werden meist in kleinen Trupps auf der Nahrungssuche im Schilf in Gewässernähe beobachtet (z.B. an den Schilfseen, am Wöhrbach und entlang von Gräben). Fernab der Gewässer gibt es aber auch Beobachtungen, die zum Teil sogar auf Einzelbruten hinweisen könnten (z.B. 2016 im Unteren Galthüttenfilz, nördliches Murnauer Moos; Weiss 2016).

Zeitraum (Phänologie): Vor allem Sommervogel, aber Beobachtungen ganzjährig möglich. Die größten Trupps (10 Individuen) wurden am 31.3.1996 am Hoch-

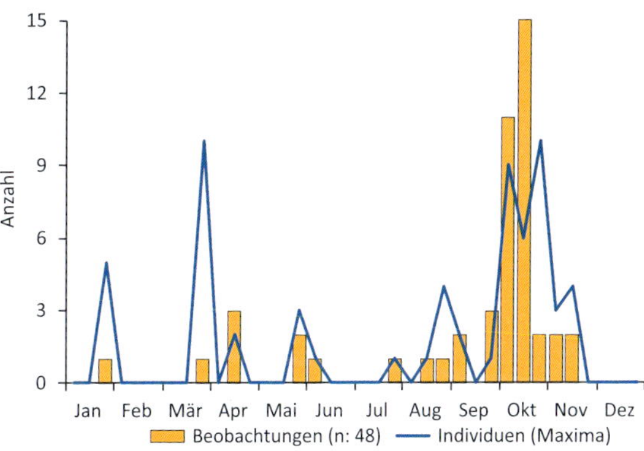

Jahreszeitliche Verteilung der Beobachtungen im Murnauer Moos und Individuenmaxima.

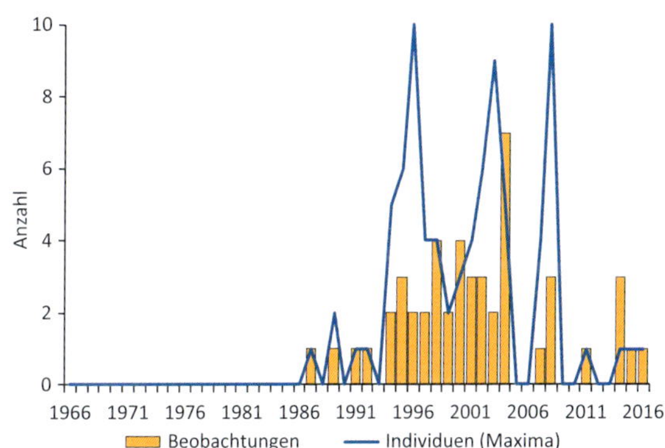

Beobachtungen im Bearbeitungsgebiet von 1966 bis 2016.

wasserrückhaltebecken an der Loisach südöstlich von Hechendorf und am 18.10.2008 (»Murnauer Moos« ohne genaue Ortsangabe) beobachtet.

Bestandsentwicklung: Erste Nachweise von Beutelmeisen ab Ende der 1980er Jahre. In den 1990er Jahren wurden sie dann jährlich beobachtet. Anschließend hat die Anzahl der Beobachtungen wieder deutlich abgenommen. Auch wurden seit 2008 immer nur noch Einzelvögel registriert. Der Rückgang der Beobachtungen könnte eine Folge des negativen Trends der Art in Bayern sein (Rödl *et al.* 2012). Deutschlandweit dagegen ist der Bestandstrend sogar positiv (Gedeon *et al.* 2014). Es ist nicht bekannt, woher die Vögel im Moos stammen.

Gefährdung und Schutz: Beutelmeisen leiden unter feuchten Sommern und finden somit am Alpenrand, bereits klimatisch bedingt, keinen Optimallebensraum vor.

Bedeutung: Gering. Der bayerische Brutbestand liegt bei 270 bis 380 Paaren (Rödl *et al.* 2012). In Zukunft sollte vor allem im Winter (Nester fallen in kahlen Büschen eher auf) auf alte Nester in schilfumstandenen Büschen und Bäumen geachtet werden, da ein Brutnachweis im Gebiet weiterhin aussteht.

Blaumeise *(Cyanistes caeruleus)*

En: Blue tit

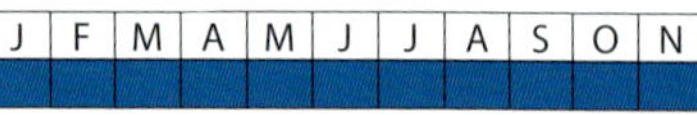

Lebensraum: Blaumeisen bewohnen verschiedenste Lebensräume im Wald oder zumindest mit einem ausreichenden Angebot an Deckung durch Hecken oder sogar hohes Schilf. Zur Brutzeit ist die Art auf Nisthöhlen mit geeignetem Durchmesser des Einfluglochs angewiesen.

Zeitraum (Phänologie): Ganzjährig. Das Gebietsmaximum wurde am 25.10.2012 mit 110 durchziehenden Blaumeisen im nördlichen Murnauer Moos erreicht.

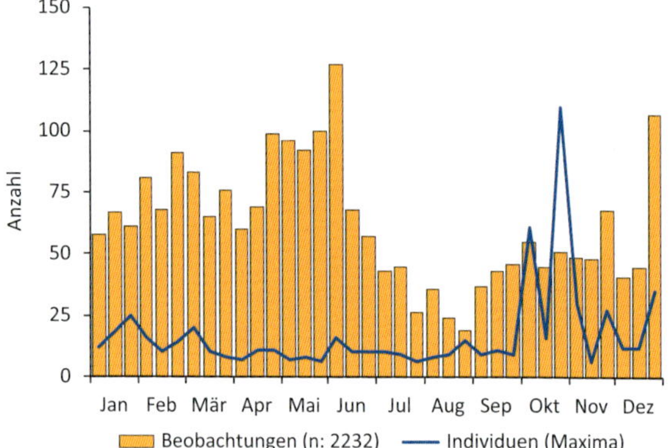

Jahreszeitliche Verteilung der Beobachtungen im Murnauer Moos und Individuenmaxima.

Bestandsentwicklung: Bei den Rasterkartierungen im Naturschutzgebiet und direkten Umland wurden 1977 40-50, 1980 30-40 und 2005 70-100 Paare festgestellt. Die Blaumeisenpopulation hat zugenommen.

Gefährdung und Schutz: Im Gebiet ist keine Gefährdung zu erkennen. Blaumeisen profitieren von den weit verbreiteten Vogelfütterungen der Gärten und dem Angebot an Nistkästen, das in manchen Bereichen Mangel an Höhlenbäumen ausgleicht. Auch die Anzahl der Höhlenbäume ist aufgrund des Erlensterbens und der Ausbreitung der Wälder in Teilbereichen angestiegen.

Bedeutung: Gering. Der bayerische Brutbestand liegt bei 250.000 bis 660.000 Paaren (Rödl *et al.* 2012).

Kohlmeise *(Parus major)*

En: Great tit

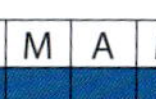
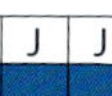

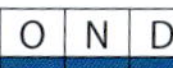

Lebensraum: Kohlmeisen sind sehr häufige Brutvögel im gesamten Gebiet und nutzen verschiedenste Lebensräume vom Wald bis hin zum Offenland zur Nahrungssuche. Für die Brut ist die Art jedoch auf Spechthöhlen, sonstige Höhlen und Nistkästen angewiesen. Als besonderer Nistplatz wurde 1996 beispielsweise ein ausgefaulter Dachbalken eines Moosstadels genutzt.

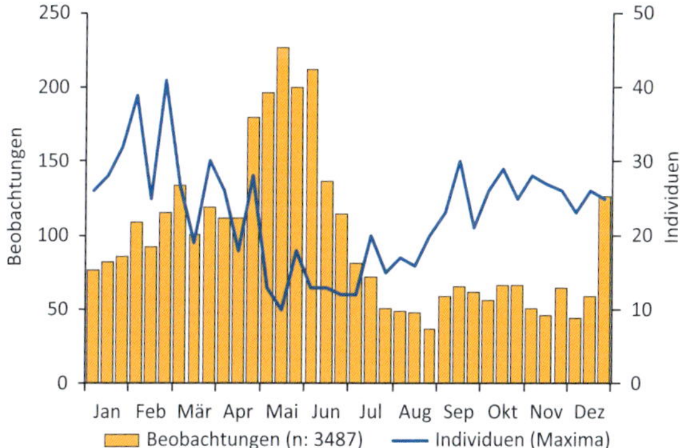

Jahreszeitliche Verteilung der Beobachtungen im Murnauer Moos und Individuenmaxima.

Zeitraum (Phänologie): Ganzjährig. Das Gebietsmaximum wurde am 22.2.1989 mit 41 Individuen im Seidlpark Murnau erreicht.

Bestandsentwicklung: Bei den Rasterkartierungen im Naturschutzgebiet und direkten Umland wurden 1977 130-150, 1980 90-110 und 2005 ca. 250 Paare festgestellt. Der Bestand hat offensichtlich zumindest bis 2005 zugenommen.

Gefährdung und Schutz: Es ist keine Gefährdung zu erkennen. Kohlmeisen profitieren von den weit verbreiteten Vogelfütterungen der Gärten und dem Angebot an Nistkästen, das in manchen Bereichen Mangel an Höhlenbäumen ausgleicht.

Bedeutung: Gering. Der bayerische Brutbestand liegt bei 455.000 bis 1.200.000 Paaren (RÖDL *et al.* 2012).

Haubenmeise *(Lophophanes cristatus)*

En: European crested tit

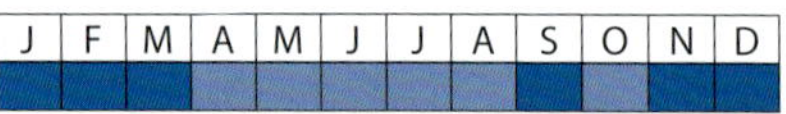

Lebensraum: Haubenmeisen bevorzugen Nadelwälder aller Art. Im Moos besiedeln sie fichtenreiche Wälder genauso wie Bereiche mit Spirken. In geringerer Dichte treten sie auch in Laubwäldern auf. Im Winter schließen sie sich gerne gemischten Meisentrupps an und ziehen dann gemeinsam auch mit Wintergoldhähnchen und Baumläufern auf der Nahrungssuche von Baum zu Baum. Haubenmeisen können im Winter dabei beobachtet werden, wenn sie ihre im Herbst hinter Rinde angelegten Futtervorräte plündern.

Zeitraum (Phänologie): Ganzjährig.

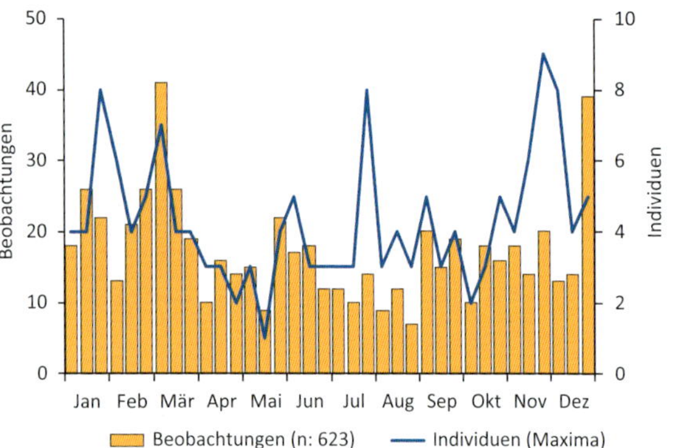

Jahreszeitliche Verteilung der Beobachtungen im Murnauer Moos und Individuenmaxima.

Bestandsentwicklung: Bei den Rasterkartierungen im Naturschutzgebiet und direkten Umland wurden 1977 ca. 30, 1980 ca. 15 und 2005 60-70 Paare festgestellt. Die Haubenmeise hat zugenommen. Gründe dafür könnten mildere Winter und die Ausbreitung der Spirke in Teilbereichen sein.

Gefährdung und Schutz: Es ist keine Gefährdung zu erkennen. Haubenmeisen nehmen keine Nistkästen an, finden aber im Gebiet offensichtlich ausreichend Bäume, in denen sie ihre Bruthöhlen zimmern können.

Bedeutung: Gering. Der bayerische Brutbestand liegt bei 110.000 bis 310.000 Paaren (Rödl *et al.* 2012).

Tannenmeise *(Periparus ater)*

En: Coal tit

    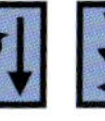   

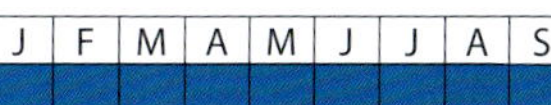

Lebensraum: Tannenmeisen leben in reinen Nadel- und Mischwäldern mit Fichtenanteil. Auch sie nehmen Nistkästen gerne an, wenn sie nicht direkt in menschlichen Siedlungen liegen. Neben Bruten in Baumhöhlen wurden Bruten auch in einem Baumstumpf direkt am Boden bekannt.

Zeitraum (Phänologie): Ganzjährig. Das Gebietsmaximum zwischen Ohlstadt und Eschenlohe wurde am 15.9.1993 mit mindestens 508 Individuen erreicht, die sich auf zahlreiche ziehende Trupps verteilten.

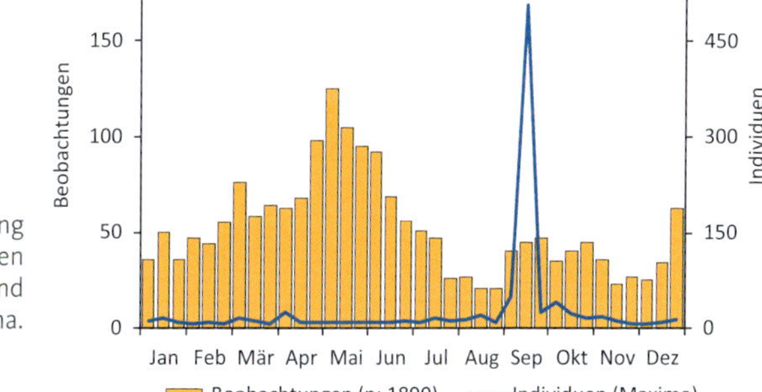

Jahreszeitliche Verteilung der Beobachtungen im Murnauer Moos und Individuenmaxima.

Bestandsentwicklung: Bei den Rasterkartierungen im Naturschutzgebiet und direkten Umland wurden 1977 ca. 100, 1980 70-80 und 2005 ca. 110 Paare festgestellt. Der Bestand ist stabil.

Gefährdung und Schutz: Es ist keine Gefährdung zu erkennen.

Bedeutung: Gering. Der bayerische Brutbestand liegt bei 240.000 bis 640.000 Paaren (RÖDL *et al.* 2012).

Weidenmeise *(Poecile montanus)*

En: Willow tit

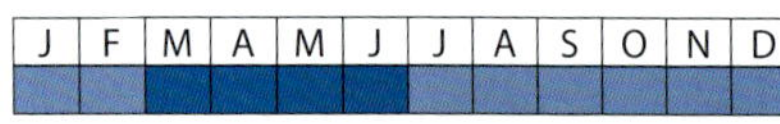

Lebensraum: Weidenmeisen werden im Talraum fast ausschließlich in Auwäldern und sonstigen feuchten Wäldern beobachtet. Dabei werden auch Hochmoore mit Bergkiefern und Spirken zumindest zur Nahrungssuche genutzt. Bruthöhlen werden dann aber in morschem Laubholz (gerne Weichholz) oft von den Weidenmeisen selbst angelegt.

Zeitraum (Phänologie): Ganzjährig.

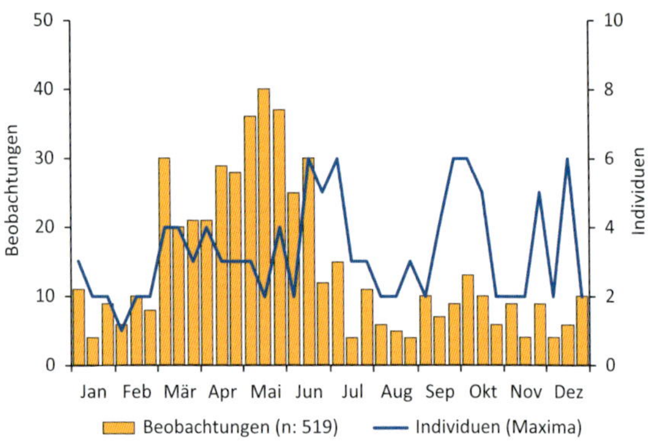

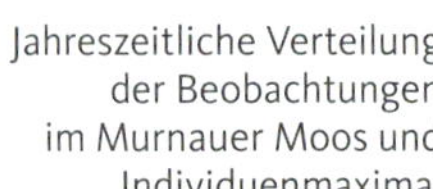
Jahreszeitliche Verteilung der Beobachtungen im Murnauer Moos und Individuenmaxima.

Bestandsentwicklung: Bei den Rasterkartierungen im Naturschutzgebiet und direkten Umland wurden 1977, 1980 und 2005 jeweils 30-35 Paare festgestellt. Der Bestand der Weidenmeise hat sich bis 2005 nicht geändert.

Gefährdung und Schutz: Es ist keine Gefährdung zu erkennen. Die Art profitiert von einem großen Totholzvorrat, wobei vor allem stehendes Totholz für den Höhlenbau notwendig ist. Weidenmeisen dürften derzeit vom hohen Anteil toter Grauerlen (Weichholz) profitieren.

Bedeutung: Gering. Der bayerische Brutbestand liegt bei 10.000 bis 18.500 Paaren (RÖDL *et al.* 2012).

Sumpfmeise *(Poecile palustris)*

En: Marsh tit

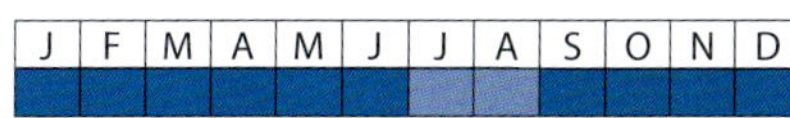

Lebensraum: Sumpfmeisen bevorzugen die laubholzdominierten Bereiche der Wälder, nehmen aber auch bachbegleitende Gehölze (z. B. am Lindenbach) und Auwälder an. Nistkästen werden mitgenutzt, Naturhöhlen aber bevorzugt (Bauer *et al.* 2005).

Zeitraum (Phänologie): Ganzjährig. Das Gebietsmaximum wurde am 30.6.1982 beobachtet (Familienverband mit mindestens fünf Jungen).

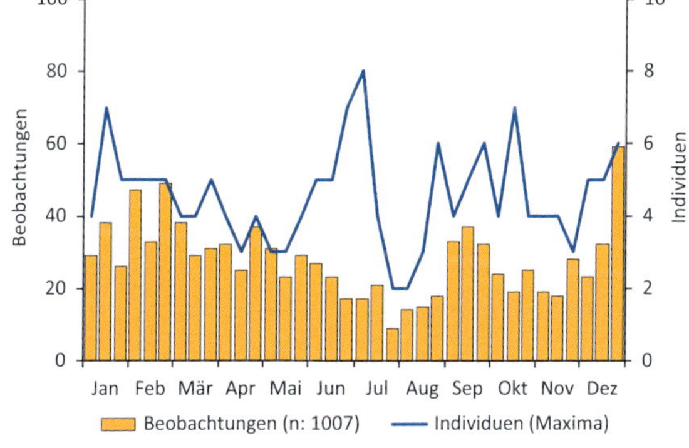

Jahreszeitliche Verteilung der Beobachtungen im Murnauer Moos und Individuenmaxima.

Bestandsentwicklung: Bei den Rasterkartierungen im Naturschutzgebiet und direkten Umland wurden 1977 15-20 und 1980 10-15 Paare festgestellt. 2005 wurden Sumpfmeisen an mindestens 38 Stellen während der Brutzeit festgestellt. Die Sumpfmeise hat zugenommen.

Gefährdung und Schutz: Es ist keine Gefährdung zu erkennen. Sumpfmeisen profitieren von älteren Laubholzbeständen, die sich besonders im Naturschutzgebiet Murnauer Moos auf den Köcheln und in Auwaldbereichen entwickeln.

Bedeutung: Gering. Der bayerische Brutbestand liegt bei 72.000 bis 200.000 Paaren (Rödl *et al.* 2012).

Kurzzehenlerche *(Calandrella brachydactyla)*

En: Greater short-toed lark

J	F	M	A	M	J	J	A	S	O	N	D

Lebensraum: Es wurden bisher mindestens zwei einzeln rastende Kurzzehenlerchen beobachtet. Am 15.5.2013 rastete ein Individuum im Weidmoos, das von Peter Köhler sehr gut dokumentiert wurde. Am 20. und 26.4.2016 wurde nochmals jeweils ein Individuum rastend im zentralen und nördlichen Murnauer Moos von Ingo Weiss beobachtet. Wahrscheinlich handelte es sich bei den letzten beiden Beobachtungen um dasselbe Individuum.

Kurzzehenlerche im Weidmoos.

Heidelerche *(Lullula arborea)*

En: Woodlark

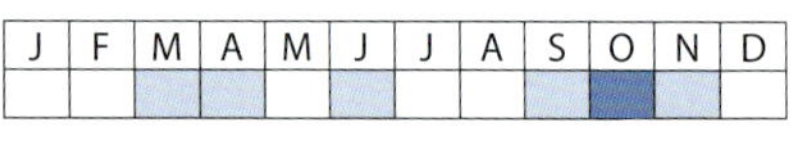

J	F	M	A	M	J	J	A	S	O	N	D

Lebensraum: Fast alle Beobachtungen beziehen sich auf überfliegende Heidelerchen. Zur Brutzeit hielt sich vom 7.-9.6.2013 eine Heidelerche im nördlichen Murnauer Moos auf (Lange Lüsse). Bisher liegen jedoch keinerlei Hinweise auf Bruten vor.

Zeitraum (Phänologie): Beobachtungen zur Zugzeit mit einem Schwerpunkt im Herbst (25.9.-4.11.). Größte Tagessumme am 16.10.1998 mit 108 Individuen im Weidmoos.

Bestandsentwicklung: Aus den 1990er Jahren liegen regelmäßige Beobachtungen vor, während sonst nur vereinzelt Heidelerchen festgestellt wurden. Vermutlich war in dieser Zeit die Beobachtungsintensität zur Zugzeit höher. Der bayerische Brutbestand in Bayern gilt seit den 1990er Jahren als stabil (Rödl *et al.* 2012).

Bedeutung: Gering. Der bayerische Brutbestand liegt bei 550 bis 850 Paaren (Rödl *et al.* 2012).

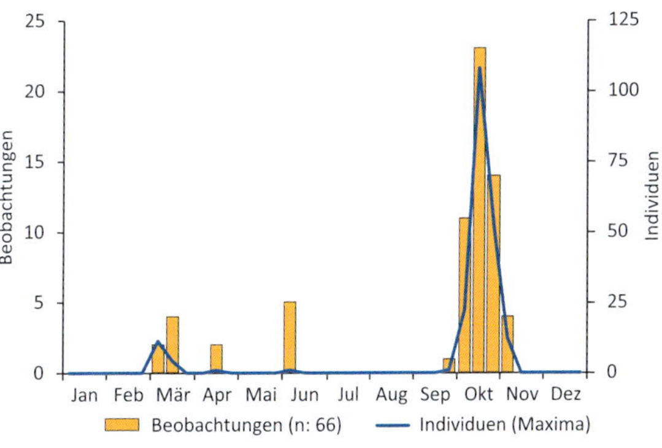

Jahreszeitliche Verteilung der Beobachtungen im Murnauer Moos und Individuenmaxima.

Beobachtungen im Murnauer Moos von 1966 bis 2016.

Feldlerche *(Alauda arvensis)*

En: Eurasian skylark

Lebensraum: Feldlerchen bevorzugen offene, lückig bewachsene, eher trockene Wiesen. Im südlichen Teil des Murnauer Mooses sind diese Bedingungen derzeit am ehesten erfüllt (z.B. am ehemaligen Segelflugplatz bei Weghaus). Auch im Bereich nasser Streuwiesen brüten Feldlerchen, wenn wenigstens Teilbereiche trocken sind, z.B. im Weidmoos, dem derzeitigen Schwerpunktgebiet der Art im Moos.

Zeitraum (Phänologie): Ganzjährig. Regelmäßige Beobachtungen von März bis Oktober. Größte Tagessummen während des

Durchzugs im Herbst (Maximum: 851 Individuen am 16.10.1998).

Bestandsentwicklung: Die Feldlerche hat im Moos stark abgenommen. Bei einer Zählung 1977 wurden noch über

Jahreszeitliche Verteilung der Beobachtungen im Murnauer Moos und Individuenmaxima.

250 Paare gezählt (Bezzel 1989). Bis zum Jahr 2005 hat sich das besiedelte Areal um über 70 % reduziert (Geiersberger 2012). 2016 wurden gerade einmal 16 Reviere festgestellt (Weiss 2016).

Gefährdung und Schutz: Die Feldlerche hat die intensivierten Wiesenflächen bei Eschenlohe und Schwaigen komplett geräumt. Die Restpopulation hält sich bislang noch auf nicht idealen Flächen der Streuwiesen. Für die Feldlerche wäre es wichtig, trockenere Wiesen wieder auszuhagern und nur noch maximal zweimal zu mähen. Künstlich angelegte Feldlerchenfenster könnten in den Intensivwiesen zur Wiederansiedlung führen.

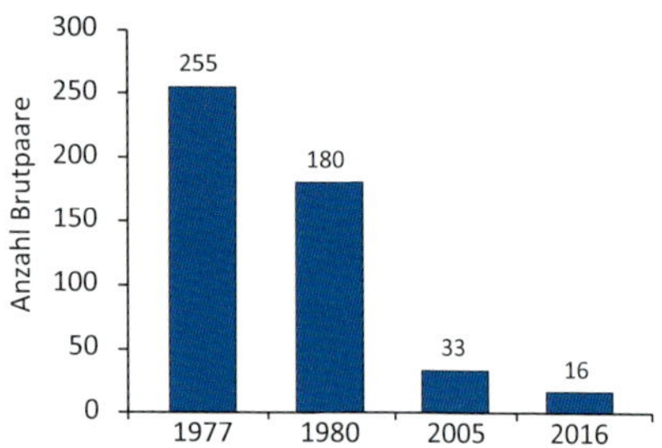

Bestandsentwicklung der Feldlerche im Naturschutzgebiet und direkten Umland.

Bedeutung: Gering. Der bayerische Brutbestand liegt bei 54.000 bis 135.000 Paaren (Rödl *et al.* 2012).

Uferschwalbe *(Riparia riparia)*

En: Sand martin

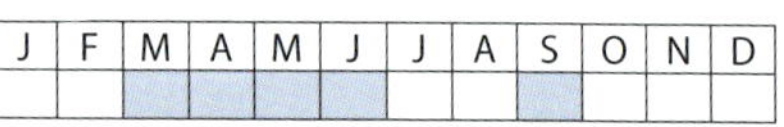

Lebensraum: Uferschwalben werden unregelmäßig als Durchzügler beobachtet. Nachweise liegen vom neuen Moosbergsee, von der Loisach, aber auch über Streuwiesen jagend vor.

Zeitraum (Phänologie): Beobachtungen vom 27.3.-4.6. (Frühjahrszug) und 4.9.-29.9. (Herbstzug). Größter Trupp: sieben Individuen am 29.9.2002 an der Loisach.

Bedeutung: Gering. Der bayerische Brutbestand liegt bei 11.500 bis 18.500 Paaren (Rödl *et al.* 2012).

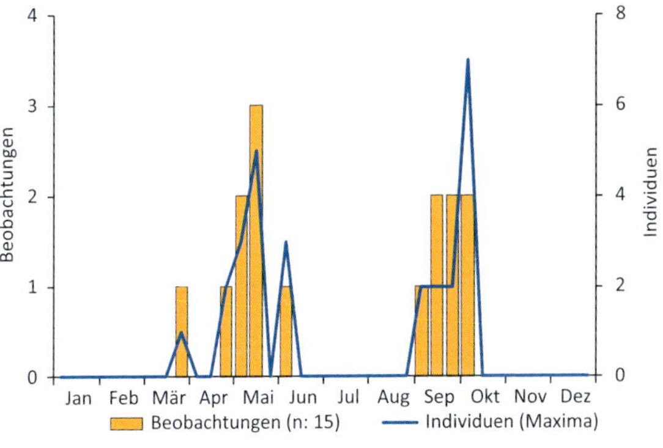

Jahreszeitliche Verteilung der Beobachtungen im Murnauer Moos und Individuenmaxima.

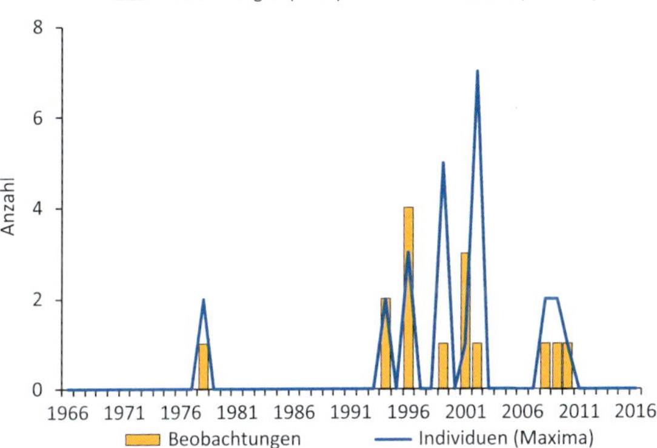

Beobachtungen im Murnauer Moos von 1966 bis 2016.

Felsenschwalbe *(Hirundo rupestris)*

En: Eurasian crag martin

J	F	M	A	M	J	J	A	S	O	N	D

Lebensraum: Felsenschwalben werden immer wieder am Rand des Murnauer Mooses am Fuß der Gebirgsstöcke beobachtet. An der Klammwand bei Eschenlohe brüten sie seit vielen Jahren regelmäßig. Am Höllenstein bestand 1990 und 1993 Brutverdacht. Im eigentlichen Moos werden sie dagegen nur sehr selten bei der Nahrungssuche beobachtet.

Zeitraum (Phänologie): Beobachtungen vom 6.3. bis 29.10. Größter Trupp: 20 Individuen am 3.4.1991 nördlich von Eschenlohe.

Bedeutung: Gering. Der bayerische Brutbestand liegt bei 60 bis 100 Paaren (Rödl *et al.* 2012).

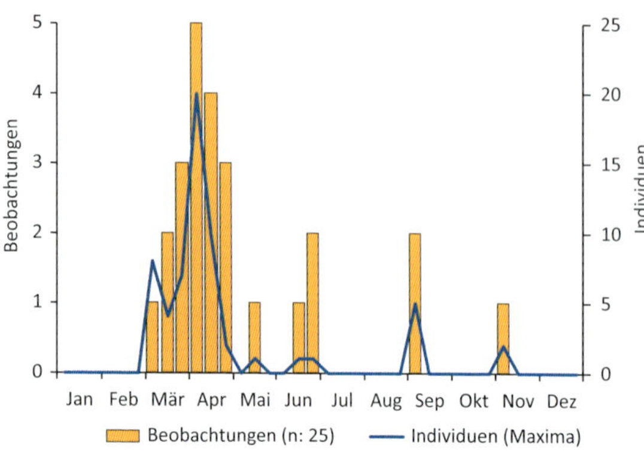

Jahreszeitliche Verteilung der Beobachtungen im Murnauer Moos und Individuenmaxima.

Beobachtungen im Murnauer Moos von 1966 bis 2016.

Rauchschwalbe *(Hirundo rustica)*

En: Barn swallow

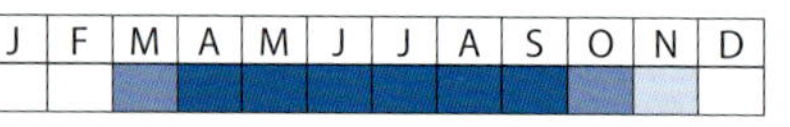

Lebensraum: Rauchschwalben brüten regelmäßig in den Ortschaften und nutzen das Murnauer Moos zur Nahrungssuche.

Zeitraum (Phänologie): Beobachtungen vom 15.3. bis 12.11. Größter Trupp: 2.800 Individuen am 9.9.2000 nach Westen ziehend. Rauchschwalben zeigen im Gebiet die Tendenz, im Frühjahr zeitiger anzukommen und im Herbst länger anwesend zu sein als früher.

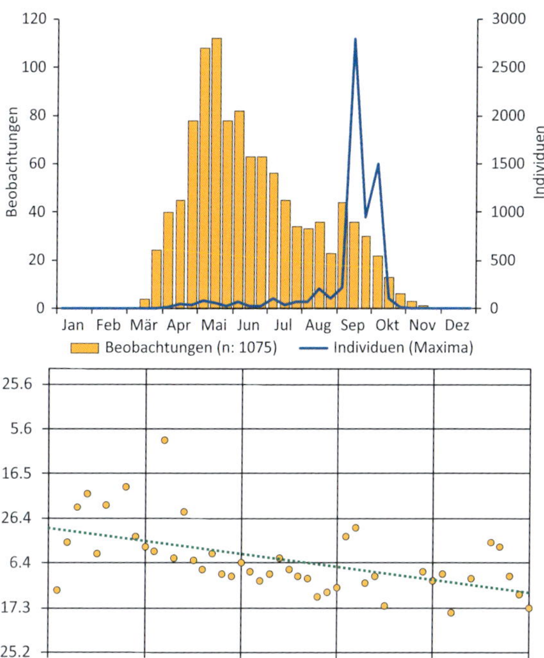

Jahreszeitliche Verteilung der Beobachtungen im Murnauer Moos und Individuenmaxima.

Erstbeobachtungsdatum der Rauchschwalbe im Murnauer Moos.

Bestandsentwicklung: Die Bestandsentwicklung der Art ist unbekannt. Es existieren keine systematischen Erhebungen.

Gefährdung und Schutz: Ställe sollten eine dauerhaft geöffnete Einflugöffnung haben. Schwalbennester sollten nicht entfernt werden, da sie sehr gerne wieder benutzt werden. Gegen Verkotung kann ein einfaches Brett unter dem Nest angebracht werden. Auch Kunstnester werden angenommen. Rauchschwalben leiden unter dem Rückgang von feuchten Erdstellen und wahrscheinlich auch am Rückgang der Insekten.

Bedeutung: Gering. Der bayerische Brutbestand liegt bei 79.000 bis 150.000 Paaren (RÖDL *et al.* 2012).

Dunkle Ställe wie im historischen „Ökonomiegebäude" in Weghaus sind für Rauchschwalben ideal.

Mehlschwalbe *(Delichon urbicum)*

En: Common house martin

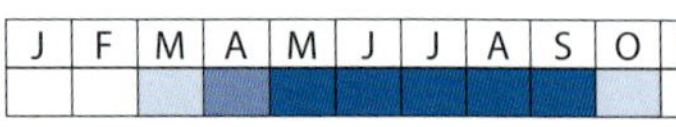

Lebensraum: Mehlschwalben brüten regelmäßig in den Ortschaften und nutzen das Murnauer Moos zur Nahrungssuche ähnlich wie die Rauchschwalbe. Im Gegensatz zu ihr baut die Mehlschwalbe ihr Nest meist an der Außenwand der Gebäude unter dem Dachvorsprung.

Zeitraum (Phänologie): Beobachtungen vom 2.3. bis 15.10. Größter Trupp: 3.000 Individuen am 19.9.1999. Mehlschwalben zeigen die Tendenz, im Frühjahr zeitiger anzukommen.

Bestandsentwicklung: Die Bestandsentwicklung der Art ist unbekannt. Es existieren keine systematischen Erhebungen.

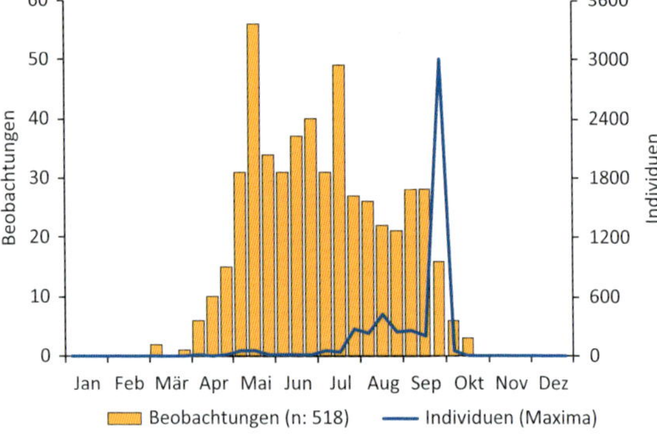

Jahreszeitliche Verteilung der Beobachtungen im Murnauer Moos und Individuenmaxima.

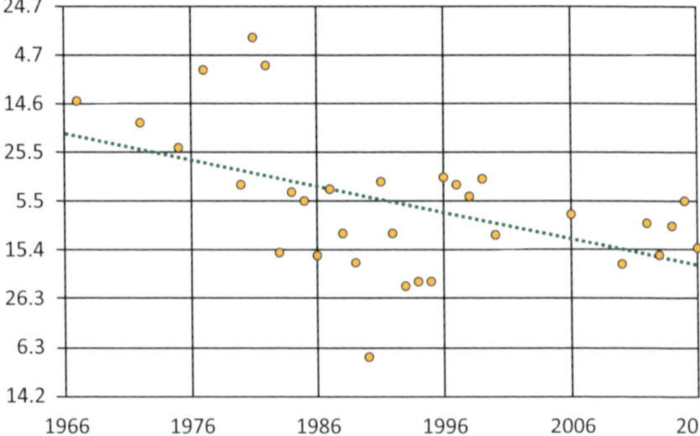

Erstbeobachtungsdatum der Mehlschwalbe im Murnauer Moos.

Gefährdung und Schutz: Mehlschwalbennester werden immer wieder entfernt. Gegen Verkotung kann ein einfaches Brett unter dem Nest angebracht werden, das Abhilfe schafft. Auch künstliche Nisthilfen werden angenommen. Mehlschwalben leiden unter dem Rückgang von feuchten Erdstellen und wahrscheinlich auch unter dem Schwund der Insekten.

Bedeutung: Gering. Der bayerische Brutbestand liegt bei 63.000 bis 115.000 Paaren. Die Mehlschwalbe zeigt einen stärkeren Rückgang als die Rauchschwalbe (RÖDL *et al.* 2012).

Bartmeise *(Panurus biarmicus)*

En: Bearded reedling

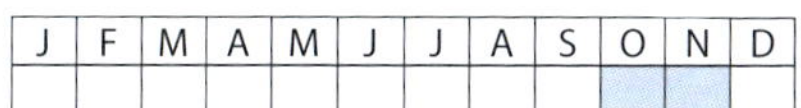

Lebensraum: Bartmeisen wurden nur dreimal im herbstlichen Schilf beobachtet: Ein diesjähriges Individuum am 18.10.1994 südlich von Weghaus, ein adultes Männchen südöstlich von Hechendorf am 7.11.1998 und ein Individuum am 1.11.2008 im Bereich Schlechten (nördliches Murnauer Moos).

Bedeutung: Gering. Der bayerische Brutbestand liegt bei drei bis vier Paaren. Das nächstgelegene Brutvorkommen liegt am Südufer des Ammersees (RÖDL *et al.* 2012).

Schwanzmeise *(Aegithalos caudatus)*

En: Long-tailed tit

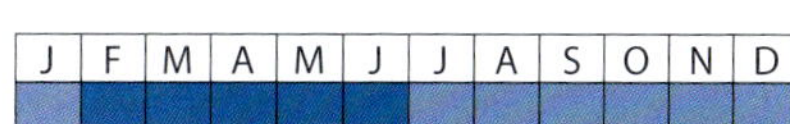

Lebensraum: Schwanzmeisen brüten besonders gerne in Auwäldern und bachbegleitenden Gehölzstreifen (z. B. am Lindenbach und der Ramsach). Laub- und Mischwälder werden ebenfalls in geringer Dichte besiedelt.

Zeitraum (Phänologie): Ganzjährig. Gebietsmaximum mit 29 Individuen am 30.9.1994, die sich auf zwei Trupps (12 und 17 Individuen) im Seidlpark in Murnau verteilten.

Bestandsentwicklung: Bei den Rasterkartierungen im Naturschutzgebiet und direkten Umland wurden 1977 5-6, 1980 ca. 5 und 2005 7-10 Paare festgestellt. Der Bestand der Schwanzmeise war mindestens bis 2005 stabil oder hat sogar leicht zugenommen.

Gefährdung und Schutz: Es ist keine Gefährdung zu erkennen. Die Art profitiert von der Verbuschung in Teilbereichen und dürfte durch den Klimawandel begünstigt sein.

Bedeutung: Gering. Der bayerische Brutbestand liegt bei 7.500 bis 14.000 Paaren (Rödl *et al.* 2012).

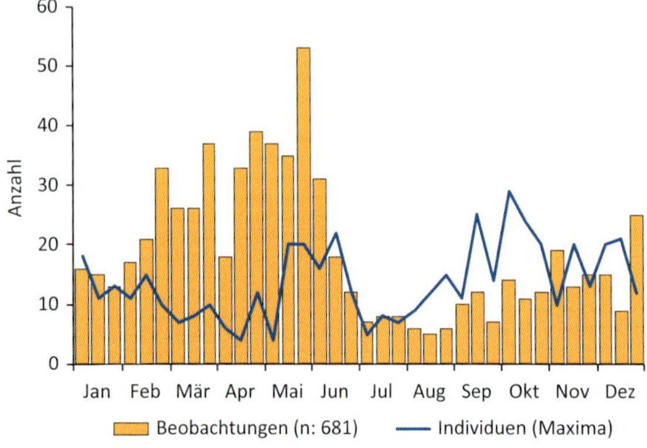

Jahreszeitliche Verteilung der Beobachtungen im Murnauer Moos und Individuenmaxima.

Waldlaubsänger *(Phylloscopus sibilatrix)*

En: Wood warbler

J	F	M	A	M	J	J	A	S	O	N	D

Lebensraum: Waldlaubsänger besiedeln ältere Wälder mit wenigstens einzelnen starken Buchen, möglichst fehlender Strauchschicht und einem Minimum an Vertretern der Krautschicht, um für das Nest am Boden ausreichend Deckung zu finden. Idealer Lebensraum mit jährlich besetzten Revieren bietet sich beispielsweise am Ostende des Langen Köchels.

Zeitraum (Phänologie): Sommervogel. Beobachtungen vom 12.4.-21.9.

Jahreszeitliche Verteilung der Beobachtungen im Murnauer Moos und Individuenmaxima.

Bestandsentwicklung: Bei den Rasterkartierungen im Naturschutzgebiet und direkten Umland wurden 1977 11 Reviere, 1980 21 Reviere und 2005 8 Reviere festgestellt. Der Bestand ist im Gegensatz zu 1980 um über 50% zurückgegangen. Der Rückgang deckt sich mit dem überregionalen Trend für ganz Deutschland (Sudfeldt *et al.* 2013). Zur weiteren Entwicklung ab 2005 kann keine Aussage getroffen werden.

Gefährdung und Schutz: Die Lebensraumbedingungen dürften sich für den Waldlaubsänger zumindest auf den Kögeln im Moos stetig verbessern. Dort wird in die buchendominierten Bestände kaum noch eingegriffen, sodass sich das Habitat mit dem Altern des Waldbestands kontinuierlich verbessert. Rückgangsursachen liegen vermutlich außerhalb des Bearbeitungsgebiets.

Bedeutung: Gering. Der bayerische Brutbestand liegt bei 11.500 bis 21.000 Paaren (Rödl *et al.* 2012).

Berglaubsänger *(Phylloscopus bonelli)*

En: Western bonelli's warbler

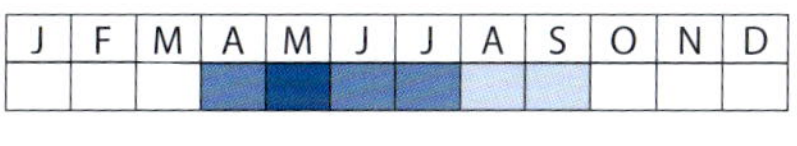

J	F	M	A	M	J	J	A	S	O	N	D

Lebensraum: Berglaubsänger besiedeln im Moos am ehesten Hochmoorbereiche mit einer hohen Dichte an Bergkiefern und Spirken. Singende Individuen werden aber auch an Waldrändern mit Kiefern registriert. Die meisten Nachweise liegen aber von den Bergflanken vor, die den Talraum nach Süden hin begrenzen.

Zeitraum (Phänologie): Sommervogel. Beobachtungen 22.4.-3.9.

Jahreszeitliche Verteilung der Beobachtungen im Murnauer Moos und Individuenmaxima.

Bestandsentwicklung: Bei den Rasterkartierungen im Naturschutzgebiet und direkten Umland wurden 1977 11 Reviere, 1980 8 Reviere und 2005 4 Reviere festgestellt. In der zweiten Hälfte der 1980er Jahre hat der Bestand vorübergehend auf mindestens 15 Reviere zugenommen, um dann deutlich zurückzugehen (Bezzel 1989). Es werden weiterhin jährlich wenige singende Berglaubsänger im Moos gemeldet. Der aktuelle Brutbestand ist jedoch unbekannt.

Gefährdung und Schutz: Von Kiefern und Spirken dominierte Bereiche sollten für den Berglaubsänger dort erhalten werden, wo er regelmäßig vorkommt. Das gilt insbesondere für wärmebegünstigte Lagen der Berghänge (süd- und westorientierte Flanken) und für die Randbereiche der Hochmoore.

Bedeutung: Gering. Der bayerische Brutbestand liegt bei 1.100 bis 2.100 Paaren (Rödl *et al.* 2012).

Tonaufnahme eines Berglaubsängers im Weidmoos (u. a. Braunkehlchen im Hintergrund, Aufnahme: 28.5.2018, H. Liebel).

Zilpzalp *(Phylloscopus collybita)*

En: Common chiffchaff

Lebensraum: Der Zilpzalp besiedelt die verschiedensten Lebensräume, solange Büsche und Bäume vorhanden sind. Auch geschlossene Waldbereiche werden angenommen. Der Zilpzalp ist eine der häufigsten Arten im Murnauer Moos.

Zeitraum (Phänologie): Sommervogel mit vereinzelten Winternachweisen. Schwerpunkt der Beobachtungen 2.3.-28.10. Der größte rastende Trupp mit 22 Individuen wurde am 18.9.1993 am Haarsee beobachtet.

Bestandsentwicklung: Bei den Rasterkartierungen im Naturschutzgebiet und direkten Umland wurden 1977 210 Reviere, 1980 235 Reviere und 2005 ca. 430

singende Männchen festgestellt. Der Bestandstrend im Moos ist positiv.

Gefährdung und Schutz: Der Zilpzalp findet im Moos sehr gute Lebensbedingungen vor. Dennoch ist der allgemeine Schwund der Insekten nicht nur für die Zukunft des Zilpzalps besorgniserregend.

Bedeutung: Gering. Der bayerische Brutbestand liegt bei 240.000 bis 650.000 Paaren (RÖDL *et al.* 2012).

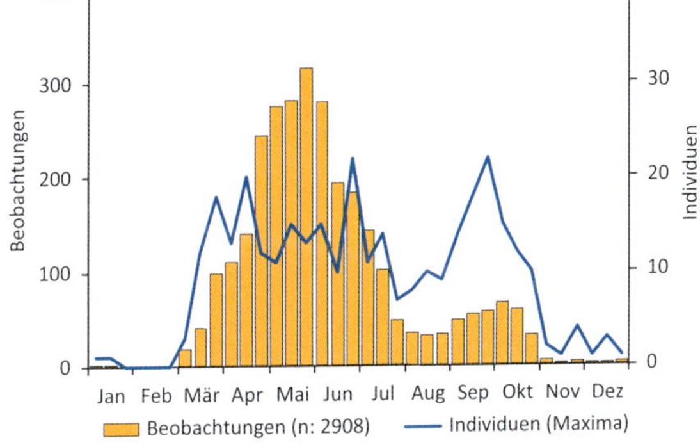

Jahreszeitliche Verteilung der Beobachtungen im Murnauer Moos und Individuenmaxima.

Fitis *(Phylloscopus trochilus)*

En: Willow warbler

J	F	M	A	M	J	J	A	S	O	N	D

Lebensraum: Der Fitis ist im Moos häufig. Er bevorzugt aufgelockerte Waldbestände mit einer gut entwickelten Kraut- und reichen Strauchschicht. Besonders hohe Dichten werden in lichten Fichtensumpfwäldern und Berg- und Moorkieferdominierten Hochmoorbereichen erreicht.

Zeitraum (Phänologie): Sommervogel. Beobachtungen 24.3.-1.10. Das Erstbeobachtungsdatum des Fitis hat sich in

Jahreszeitliche Verteilung der Beobachtungen im Murnauer Moos und Individuenmaxima.

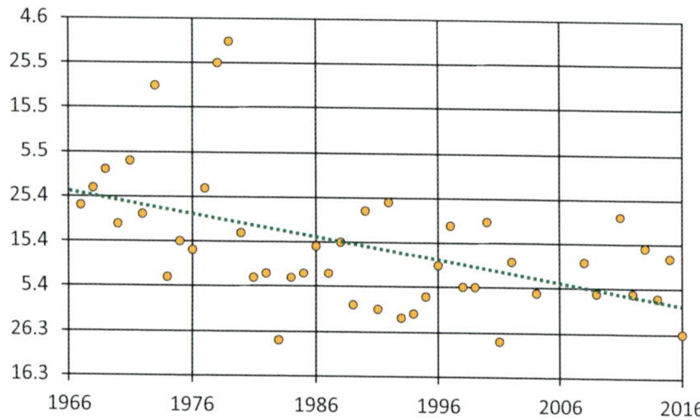

Erstbeobachtungsdatum des Fitis im Bearbeitungsgebiet.

den vergangenen 50 Jahren um etwa drei Wochen verfrüht.

Bestandsentwicklung: Bei den Rasterkartierungen im Naturschutzgebiet und direkten Umland wurden 1977 310 Reviere, 1980 270 Reviere und 2005 ca. 370 Reviere festgestellt. Der Bestand ist deutlich angestiegen. Das dürfte eine Folge, der zunehmenden Verbuschung der großen Hochmoorbereiche, wie dem Ohlstädter Filz, sein. Dort ist die Dichte des Fitis besonders hoch.

Gefährdung und Schutz: Fitisse profitieren derzeit von den großen halboffenen, brachliegenden Bereichen. Eine Gefahr liegt in der fortschreitenden Trennung von Offenland und geschlossenem Wald, wenn nicht durch Landschaftspflege eingegriffen wird, um Sukzessionsbereiche zu fördern.

Bedeutung: Gering. Der bayerische Brutbestand liegt bei 88.000 bis 240.000 Paaren (Rödl *et al.* 2012).

Fitisgesang im Ohlstädter Filz (im Hintergrund Autobahn A95, Aufnahme: 15.4.2016, H. Liebel).

Gelbbrauen-Laubsänger *(Phylloscopus inornatus)*

En: Yellow-browed warbler

J	F	M	A	M	J	J	A	S	O	N	D

Lebensraum: Eine Beobachtung eines Gelbbrauen-Laubsängers in gemischtem Trupp ziehend am 2.10.2016. Der Trupp bestand aus Schwanzmeisen, Zilpzalpen und adulten Sommergoldhähnchen und suchte südlich des Langen Köchels in Fichten und Birken nach Nahrung. Die Beobachtung ist leider weder per Tonaufnahme noch per Foto belegt.

Bedeutung: Gering. Der asiatisch verbreitete Gelbbrauen-Laubsänger zieht in geringer Zahl über Mitteleuropa in die Winterquartiere in Nordafrika während der Hauptbestand nach Südostasien (Thailand, Myanmar, Vietnam, Indien) zieht.

Feldschwirl *(Locustella naevia)*

En: Common grasshopper warbler

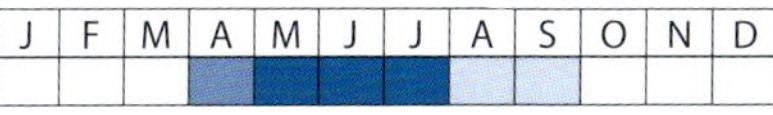

Lebensraum: Feldschwirle kommen im Murnauer Moos in möglichst schilfreichen Dauerbrachen mit wenigen Büschen vor. Es gibt keine Bindung an Gewässer. Der Schwerpunkt der Reviere liegt nördlich der Köchel.

Zeitraum (Phänologie): Sommervogel. Beobachtungen 1.4.-23.9. Das Erstbeobachtungsdatum hat sich in den vergangenen 50 Jahren um etwa eine Woche verfrüht.

Bestandsentwicklung: Die Ergebnisse der Rasterkartierungen im Naturschutzgebiet und direkten Umland, 1977 80-100 Reviere, 1980 100-130 Reviere und 2005 100-110 Reviere, zeigen, dass die Art relativ stabil vorkommt. Weiss schätzt

Jahreszeitliche Verteilung der Beobachtungen im Murnauer Moos und Individuenmaxima.

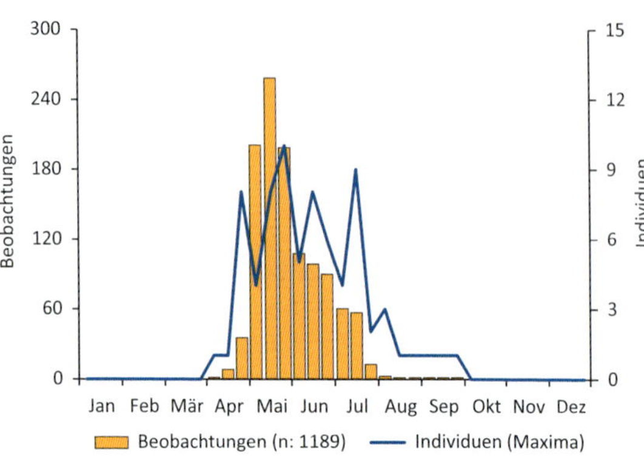

Erstbeobachtungsdatum des Feldschwirls im Bearbeitungsgebiet.

den Brutbestand im gesamten Talraum (einschließlich Hagener Moos) 2016 auf 98-146 Paare.

Gefährdung und Schutz: Feldschwirle profitieren derzeit von den ausgedehnten Schilfflächen im nördlichen Murnauer Moos. Eine weitere Ausweitung der Streuwiesenmahd würde sich auf den Feldschwirl negativ auswirken.

Bedeutung: Gering. Der bayerische Brutbestand liegt bei 4.600 bis 8.000 Paaren (Rödl *et al.* 2012).

Schlagschwirl *(Locustella fluviatilis)*

En: River warbler

J	F	M	A	M	J	J	A	S	O	N	D

Lebensraum: Es sind bislang nur vier Beobachtungen von singenden Einzelvögeln dokumentiert: Am 2.6.1992 im Hagener Moos, am 1.6.2002, 25.5.2008 und am 22.5.2018 am Moosrundweg im nördlichen Murnauer Moos. Schlagschwirle treffen in Südbayern erst recht spät ein (am Chiemsee ab 2. Maidekade, LOHMANN & RUDOLPH 2016). Deshalb sind auch so späte Beobachtungen wie hier sicher auf Durchzügler zurückzuführen. Schlagschwirle bevorzugen dichte Gebüsche, zum Beispiel uferbegleitend, wie sie an manchen Stellen am Lindenbach vorhanden sind.

Bedeutung: Gering. Der bayerische Brutbestand liegt bei 290 bis 400 Paaren. Nächste Brutvorkommen liegen am Zellsee im Landkreis Weilheim-Schongau (RÖDL *et al.* 2012).

Rohrschwirl *(Locustella luscinioides)*

En: Savi's warbler

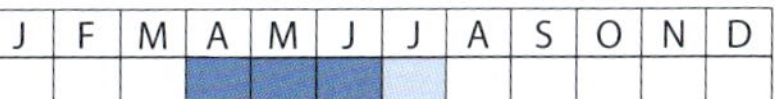

J	F	M	A	M	J	J	A	S	O	N	D

Lebensraum: Rohrschwirle benötigen Altschilfbereiche mit einer Schicht abgeknickter Halme in der unteren Etage und einen zumindest zeitweisen Überstau. Es werden nährstoffreiche Überschwemmungsbereiche der Loisach besiedelt, während ähnliche Bereiche an den Schilfseen und im Hohenboigenmoos 2016 nicht besetzt waren (WEISS 2016).

Zeitraum (Phänologie): Sommervogel. Beobachtungen 11.4.-27.7.

Bestandsentwicklung: Der erste dokumentierte Nachweis des Rohrschwirls gelang 1947, als drei singende Männchen beobachtet wurden (WÜST 1986). Bei den Rasterkartierungen im Naturschutzgebiet und direkten Umland wurden 1977 sieben Reviere, 1980 und 2005 je zwei Reviere gefunden. 2016 konnten dann keine Reviere mehr festgestellt werden, sodass es offensichtlich einen Rückgang der Art, zumindest im Naturschutzgebiet, gegeben hat. WEISS schätzt den Brutbestand im gesamten Talraum (einschließlich Verbreitungsschwerpunkt an der Loisach östlich der B2) 2016 auf 14-18 Paare.

Gefährdung und Schutz: Altschilfbereiche in den Kernbereichen der Art an der

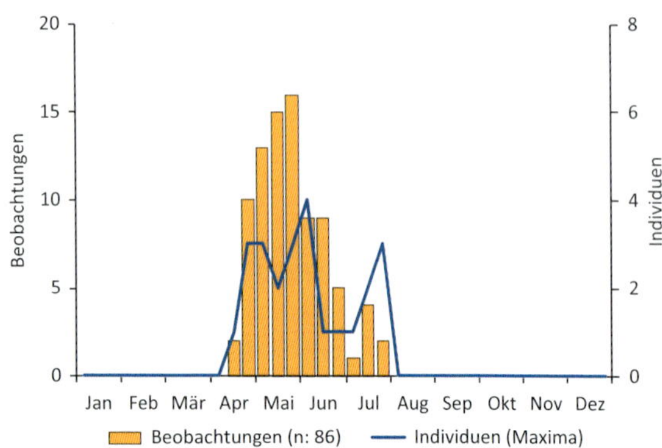

Jahreszeitliche Verteilung der Beobachtungen im Murnauer Moos und Individuenmaxima.

Loisach und am Wöhrbach sollten erhalten werden. Grabenräumungen und Entwässerungsmaßnahmen wären in diesen Bereichen schädlich für den Rohrschwirl.

Bedeutung: Groß. Der bayerische Brutbestand liegt bei 150 bis 210 Paaren (RÖDL *et al.* 2012). Somit brüten 7-12 % des bayerischen Bestands im Bearbeitungsgebiet. Das Vorkommen ist neben dem am Ammersee das größte Bayerns (WEISS 2016).

Schilfrohrsänger *(Acrocephalus schoenobaenus)*

En: Sedge warbler

J	F	M	A	M	J	J	A	S	O	N	D

Lebensraum: Schilfrohrsänger bevorzugen im Moos ausgedehnte Landschilfbereiche mit dichter Vegetation von Großseggen oder Schneidried im Unterwuchs. Wichtiger Bestandteil der Reviere ist auch ein dauerhafter Überstau bzw. das Vorhandensein von vorübergehenden Wasserflächen. Ideale Bedingungen finden Schilfrohrsänger im Hagener Moos und im Schaufelmoos (WEISS 2016). Schilfrohrsänger tendieren dazu, in der Nähe von Artgenossen zu brüten. Das führt zu einer Klumpung der Reviere in den Dichtezentren, auch wenn es weiteren geeigneten Lebensraum im Naturschutzgebiet und seinem direkten Umland gäbe.

Zeitraum (Phänologie): Sommervogel. Beobachtungen 1.4.-30.9.

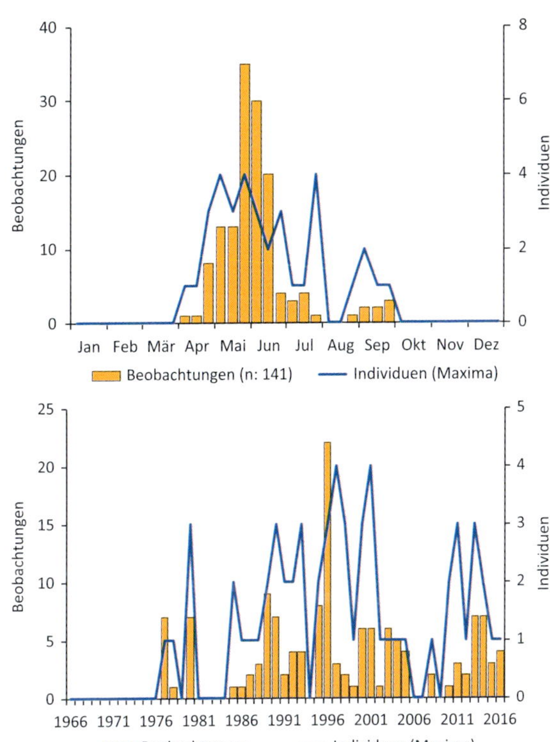

Jahreszeitliche Verteilung der Beobachtungen im Murnauer Moos und Individuenmaxima.

Beobachtungen im Murnauer Moos von 1966 bis 2016.

Bestandsentwicklung: Erstmals wird der Schilfrohrsänger von DINGLER (1943) erwähnt. Die Art wurde vermutlich zu Beginn der Datenreihe übersehen. Erst mit der ersten Rasterkartierung 1977 gab es Nachweise. Die Ergebnisse der Rasterkartierungen im Naturschutzgebiet und direkten Umland 1977 sieben bis acht Reviere, 1980 13 Reviere und 2005 vier bis fünf Reviere zeigen dann einen Rückgang, der auch von WEISS 2016 mit nur ein bis zwei Revieren im Naturschutzgebiet und direkten Umland bestätigt wird. Über die Bestandsentwicklung im Schwerpunktgebiet östlich der B2 bei Hechendorf kann nichts ausgesagt werden. Im gesamten Talraum wurden 2016 29-34 Reviere festgestellt.

Gefährdung und Schutz: Schilfrohrsänger sind von strukturreichen Landschilfbereichen abhängig. In den Dichtezentren sollte deshalb laut WEISS (2016) auf eine Ausdehnung der Streuwiesenmahd verzichtet werden. Stattdessen sollten eher Schilfrandbereiche durch unregelmäßige Formen (Loben) attraktiver gestaltet werden. Eine weitere Vernässung in Teilbereichen wäre nicht nur für den Schilfrohrsänger günstig.

Bedeutung: Groß. Der bayerische Brutbestand liegt bei 380 bis 550 Paaren (RÖDL *et al.* 2012). Somit siedeln etwa 5 bis 9 % der bayerischen Schilfrohrsänger im Bearbeitungsgebiet.

Seggenrohrsänger *(Acrocephalus paludicola)*

En: Aquatic warbler

J	F	M	A	M	J	J	A	S	O	N	D

Lebensraum: Am 26.4.2016 konnte Ingo Weiss einen männlichen Seggenrohrsänger akustisch und optisch im nördlichen Murnauer Moos nahe des Moosrundwegs rastend nachweisen.

Bedeutung: Gering. Die nächsten und einzigen Brutvorkommen Deutschlands liegen im unteren Odertal in Brandenburg mit 0-10 Brutpaaren (Gedeon *et al.* 2014).

Sumpfrohrsänger *(Acrocephalus palustris)*

En: Marsh warbler

J	F	M	A	M	J	J	A	S	O	N	D

Lebensraum: Sumpfrohrsänger sind im gesamten Talraum bachbegleitend verbreitet. Im Gegensatz zu anderen Rohrsängern bevorzugen sie Büsche, die sie als Singwarten nutzen. Es gibt aber auch Reviere fernab von Gewässern, zum Beispiel in relativ hoher Dichte am ehemaligen Segelflugplatz bei Weghaus, wo der Lebensraum aus extensiven Heuwiesen mit randlichen Büschen besteht.

Zeitraum (Phänologie): Sommervogel. Beobachtungen 12.4.-18.9. Das Erstbeobachtungsdatum hat sich in den letzten 50 Jahren nicht geändert. Maximalanzahlen über sechs Individuen gehen auf Kartierungen von Teilbereichen zurück, wo Einzelbeobachtungen zusammengefasst wurden.

Bestandsentwicklung: Die Ergebnisse der Rasterkartierungen im Naturschutzgebiet und direkten Umland 1977 und 1980 jeweils ca. 120-130 Reviere und 2005 105-110 Reviere zeigen, dass die Art relativ stabil vorkommt. Weiss schätzt den Brutbestand im gesamten Talraum (einschließlich Hagener Moos) 2016 auf über 170 Paare.

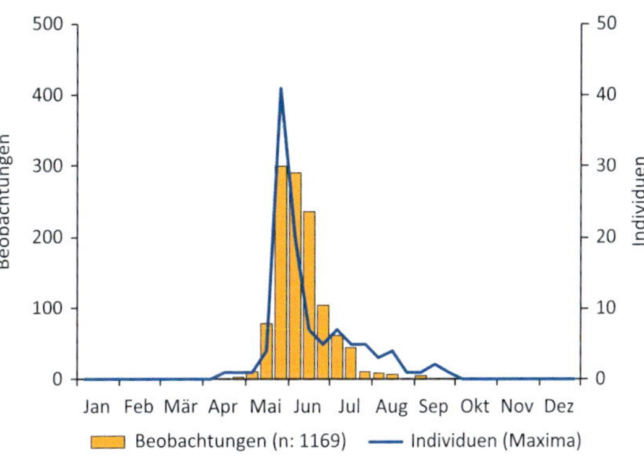

Jahreszeitliche Verteilung der Beobachtungen im Murnauer Moos und Individuenmaxima.

24.6
14.6
4.6
25.5
15.5
5.5
25.4
15.4
5.4
1966 1976 1986 1996 2006 2016

Erstbeobachtungsdatum von Sumpfrohrsängern im Bearbeitungsgebiet.

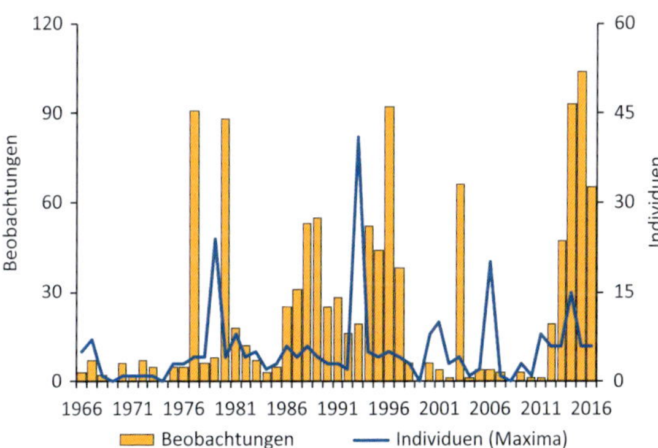

Beobachtungen im Murnauer Moos von 1966 bis 2016.

Gefährdung und Schutz: Sumpfrohrsänger profitieren von offener Landschaft mit bachbegleitenden Büschen und Gehölzen. Deshalb ist die Erhaltung dieser Landschaftselemente für diese Art essenziell wichtig. Bereiche mit fortgeschrittener Sukzession mit hohen Bäumen werden jedoch gemieden, sodass sich auch eine Bewaldung der Ufer negativ auswirkt.

Bedeutung: Gering. Der bayerische Brutbestand liegt bei 18.500 bis 44.000 Paaren (Rödl *et al.* 2012).

Gesang eines Sumpfrohrsängers an der Ramsach mit vielen Imitationen heimischer und exotischer Vogelarten (Aufnahme: 9.6.2014, B. Saadi-Varchmin).

Teichrohrsänger *(Acrocephalus scirpaceus)*

En: Eurasian reed warbler

Lebensraum: Teichrohrsänger bevorzugen Schilfbereiche mit einer hohen Dichte der Halme. Deshalb sind die Schilfbestände im Überschwemmungsbereich nährstoffreicher Gewässer (z.B. an der Ramsach) am dichtesten besiedelt. Das Kerngebiet des Teichrohrsängers liegt im Bereich der Schilfseen und im Hagener und Schaufelmoos östlich der B2. Die meisten Reviere liegen meist an Gewässern und Gräben.

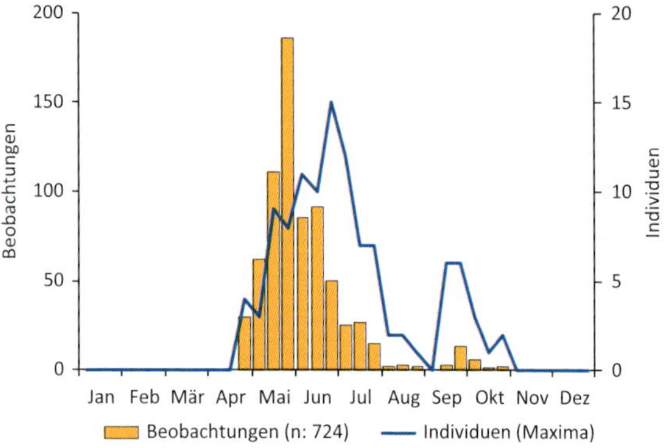

Jahreszeitliche Verteilung der Beobachtungen im Murnauer Moos und Individuenmaxima.

Zeitraum (Phänologie): Sommervogel. Beobachtungen 22.4.-28.10. Das Gebietsmaximum mit 15 Individuen am 25.6.1994 bezieht sich auf eine Kartierung eines Teilbereichs nördlich des Schmatzerköchels. Es handelt sich dabei also um keinen Trupp. Das Erstbeobachtungsdatum hat sich im Gebiet in den vergangenen 50 Jahren um etwa drei Wochen verfrüht.

Bestandsentwicklung: Bei Rasterkartierungen im Naturschutzgebiet und direkten Umland wurden 1977 und 1980 jeweils 150 Paare festgestellt. 2005 dagegen wurden nur etwa 75 Reviere kartiert. Weiss stellte 2016 48-114 Reviere im gesamten Bearbeitungsgebiet fest. Die Art hat deutlich abgenommen.

Gefährdung und Schutz: Teichrohrsänger sind auf wüchsige, dichte Schilfbestände im Gebiet angewiesen. Bachbegleitende Mahd entlang der Fließgewässer, Streuwiesenmahd bis zum Gewässerrand und Schilfmahd entlang der Rechtach durch Angler reduzieren und entwerten den Lebensraum des Teichrohrsängers. Entwässerungsmaßnahmen wirken sich ebenfalls negativ aus. Eine Verringerung der Nährstoffbelastung der

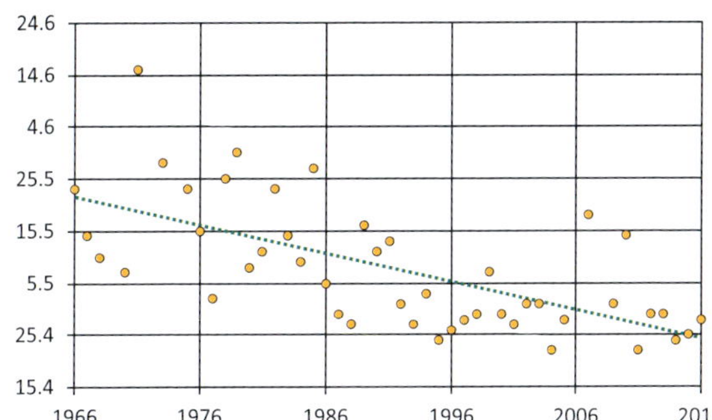

Erstbeobachtungsdatum von Teichrohrsängern im Bearbeitungsgebiet.

Ramsach würde den Lebensraum für diese Art paradoxerweise verschlechtern, für andere Arten aber zu einer Verbesserung führen.

Bedeutung: Gering. Der bayerische Brutbestand liegt bei 9.000 bis 16.000 Paaren (Rödl *et al.* 2012).

Tonaufnahme eines singenden Teichrohrsängers am Haarsee (Aufnahme: 18.5.2017, H. Liebel).

Drosselrohrsänger *(Acrocephalus arundinaceus)*

En: Great reed warbler

J	F	M	A	M	J	J	A	S	O	N	D

Lebensraum: Der vergleichsweise große und schwere Drosselrohrsänger benötigt sehr starkes Schilf in Gewässernähe um sich ansiedeln zu können. Besonders stabiles Schilf ist in nährstoffreichen Bereichen vorhanden (Schilfseen, Haarsee). Die letzte Brut des Drosselrohrsängers wurde 1973 im Bereich der Schilfseen festgestellt. Seitdem wurden zwar immer wieder Drosselrohrsänger auch singend an verschiedenen Stellen im Moos beobachtet. Alle zogen jedoch nach kurzer Zeit weiter, sodass die Art derzeit im Murnauer Moos als lokal ausgestorben gelten muss.

Bedeutung: Gering. Der bayerische Brutbestand liegt bei 300 bis 400 Paaren (Rödl *et al.* 2012).

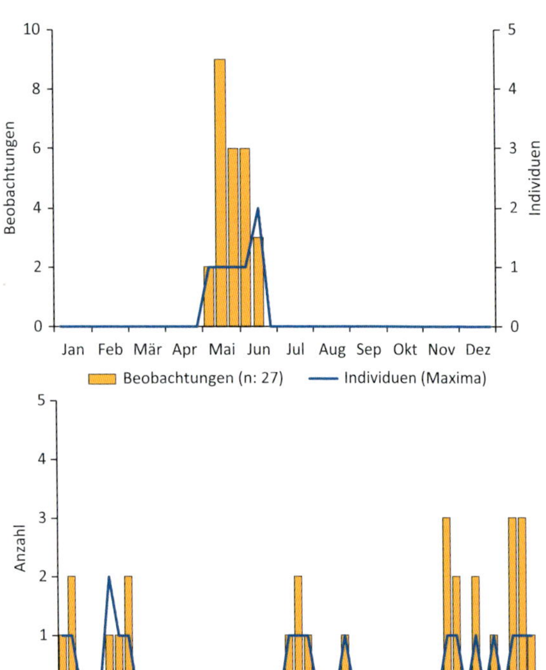

Jahreszeitliche Verteilung der Beobachtungen im Murnauer Moos und Individuenmaxima.

Beobachtungen im Murnauer Moos von 1966 bis 2016.

Gelbspötter *(Hippolais icterina)*

En: Icterine warbler

J	F	M	A	M	J	J	A	S	O	N	D

Lebensraum: Gelbspötter brüten in Lebensräumen mit hohen Gebüschen und an Waldrändern mit einem weichen Übergang zum Offenland. Sie wurden zuletzt vor allem im Ufergehölz von Lindenbach und Loisach festgestellt.

Zeitraum (Phänologie): Sommervogel. Beobachtungen 19.4.-17.9. Bei Weghaus wurden am 5.6.1997 acht singende Männchen in einer Baumreihe beobachtet (Gebietsmaximum).

Jahreszeitliche Verteilung der Beobachtungen im Murnauer Moos und Individuenmaxima.

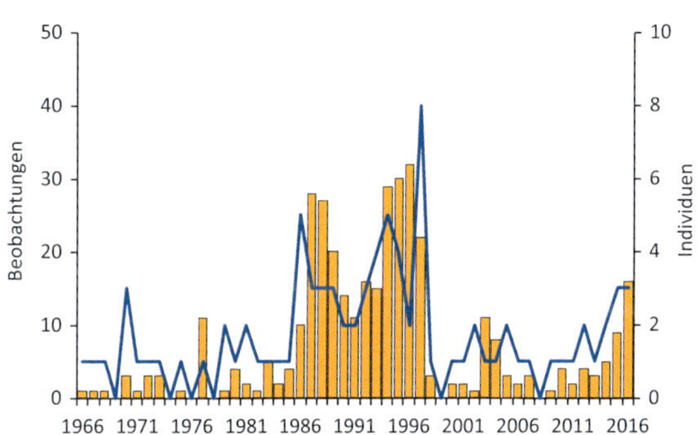

Beobachtungen im Murnauer Moos von 1966 bis 2016.

Bestandsentwicklung: Bei den Rasterkartierungen im Naturschutzgebiet und direkten Umland wurden 1977 10 Reviere, 1980 mindestens 3 Reviere und 2005 5 Reviere festgestellt. Auch WEISS geht 2016 von maximal 5 Revieren im gesamten Talraum aus.

Gefährdung und Schutz: Gelbspötter profitieren von strukturreicher, hecken- und buschreicher Landschaft. Die Förderung von Gelbspöttern steht im Bearbeitungsgebiet im Konflikt mit Wiesenbrütern, die aufgrund der extremen Rückgänge in Bayern derzeit priorisiert werden sollten.

Bedeutung: Gering. Der bayerische Brutbestand liegt bei 6.000 bis 12.000 Paaren (RÖDL *et al.* 2012).

Mönchsgrasmücke *(Sylvia atricapilla)*

En: Eurasian blackcap

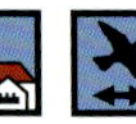

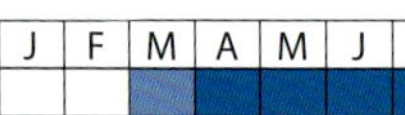
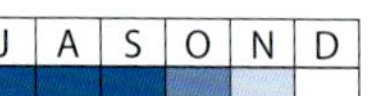

Lebensraum: Mönchsgrasmücken besiedeln alle Arten von Hecken und Büschen. Sie sind weniger auf bachbegleitende Lebensräume fokussiert als ihre Schwesterart, die Gartengrasmücke.

Zeitraum (Phänologie): Sommervogel. Beobachtungen 6.3.-28.11. Das Erstbeobachtungsdatum hat sich innerhalb der vergangenen 50 Jahre um fast sechs Wochen im Schnitt verfrüht (Kurz- und Mittelstreckenzieher).

Bestandsentwicklung: Ergebnisse der Rasterkartierungen, 1977 ca. 150 Reviere, 1980 ca. 160 Reviere und 2005 ca. 220 Reviere, legen einen positiven Bestandstrend nahe, der auch bayern- und deutschlandweit beobachtet wird (Gedeon *et al.* 2014).

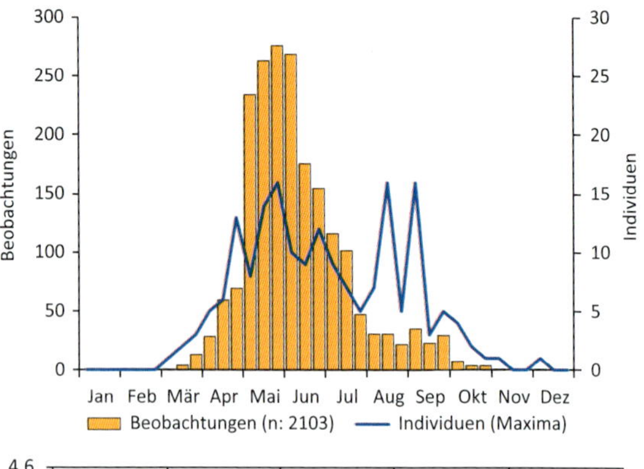

Jahreszeitliche Verteilung der Beobachtungen im Murnauer Moos und Individuenmaxima.

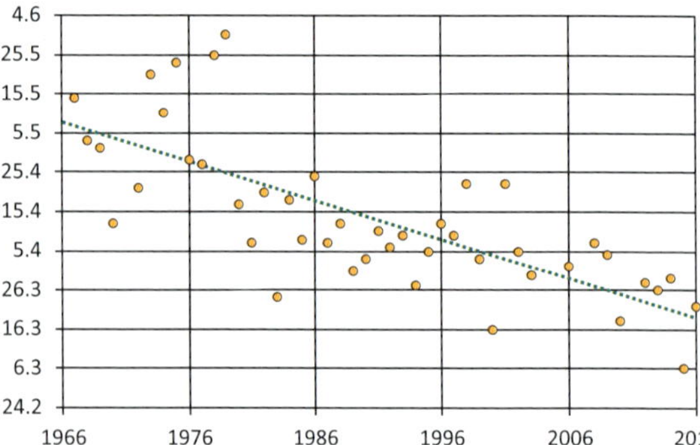

Erstbeobachtungsdatum von Mönchsgrasmücken im Bearbeitungsgebiet.

Gefährdung und Schutz: Es sind keine akuten Gefährdungen für Mönchsgrasmücken erkennbar.

Bedeutung: Gering. Der bayerische Brutbestand liegt bei 350.000 bis 910.000 Paaren (RÖDL *et al.* 2012).

Gartengrasmücke *(Sylvia borin)*

En: Garden warbler

Lebensraum: Gartengrasmücken erreichen im Moos in den bachbegleitenden Gehölzen ihre größten Dichten. Sie besiedeln aber auch Waldränder mit weichen Übergängen ins Offenland und verbuschte Dauerbrachen.

Zeitraum (Phänologie): Sommervogel. Beobachtungen 15.4.-21.10. Das Erstbeobachtungsdatum hat sich im Gebiet in den vergangenen 50 Jahren nur um knapp eine Woche verfrüht (typisch für viele Langstreckenzieher).

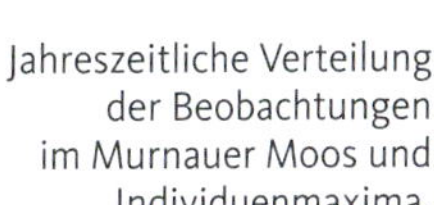
Jahreszeitliche Verteilung der Beobachtungen im Murnauer Moos und Individuenmaxima.

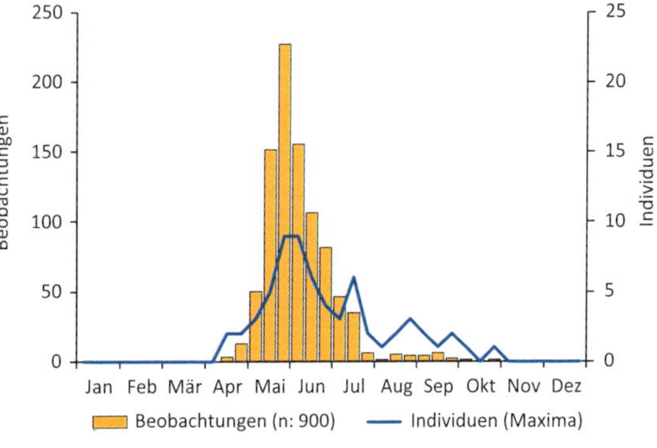

Bestandsentwicklung: Ergebnisse der Rasterkartierungen 1977 82 Reviere, 1980 97 Reviere und 2005 89 Reviere, zeigen einen stabilen Bestand im Murnauer Moos.

Gefährdung und Schutz: Es sind keine akuten Gefährdungen für Gartengrasmücken erkennbar.

Bedeutung: Gering. Der bayerische Brutbestand liegt bei 87.000 bis 240.000 Paaren (RÖDL *et al.* 2012).

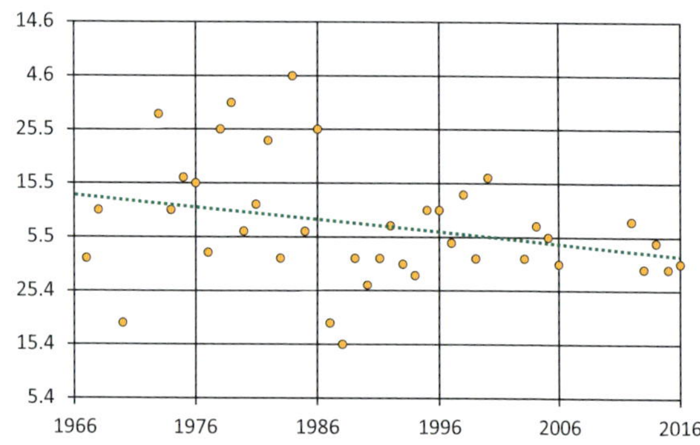

Erstbeobachtungsdatum von Gartengrasmücken im Bearbeitungsgebiet.

Klappergrasmücke *(Sylvia curruca)*

En: Lesser whitethroat

J	F	M	A	M	J	J	A	S	O	N	D

Lebensraum: Klappergrasmücken besiedeln vor allem Hochmoorbereiche mit aufkommenden Spirken und Bergkiefern, zum Teil aber auch Dauerbrachen mit Einzelbüschen.

Zeitraum (Phänologie): Sommervogel. Beobachtungen 14.4.-23.9.

Bestandsentwicklung: Die Ergebnisse der Rasterkartierungen im Naturschutzgebiet und direkten Umland, 1977 20-25 Reviere, 1980 35-40 Reviere und 2005 7 Reviere, zeigen, dass die Art stark abgenommen hat. Weiss schätzt

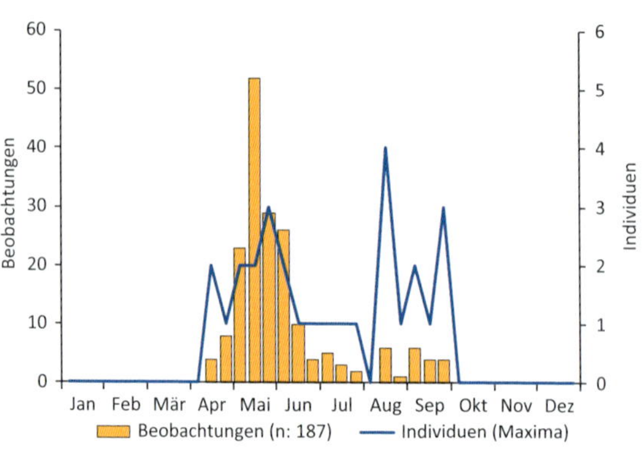

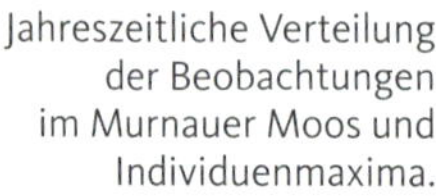

Jahreszeitliche Verteilung der Beobachtungen im Murnauer Moos und Individuenmaxima.

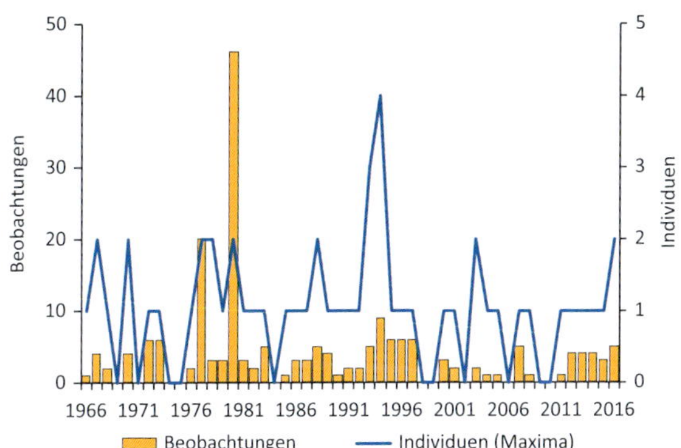

Beobachtungen im Murnauer Moos von 1966 bis 2016.

den Brutbestand im gesamten Talraum (einschließlich Hagener Moos) 2016 auf 2 bis 14 Paare. Die große Unsicherheit der Schätzung zeigt, dass nicht klar ist, ob die Art immer brütet oder nur auf dem Durchzug singt. Die Art scheint sich weiterhin auf niedrigem Niveau zu halten.

Gefährdung und Schutz: Klappergrasmücken müssten im Moos derzeit gute Brutbedingungen vorfinden (große Dauerbrachen mit Verbuschungstendenz). Gründe für die starken Rückgänge liegen deshalb eher im Winterquartier, wo Dürren und Habitatzerstörung zu Verlusten führen (BAUER *et al.* 2005).

Bedeutung: Gering. Der bayerische Brutbestand liegt bei 10.000 bis 22.000 Paaren (RÖDL *et al.* 2012).

Dorngrasmücke *(Sylvia communis)*

En: Common whitethroat

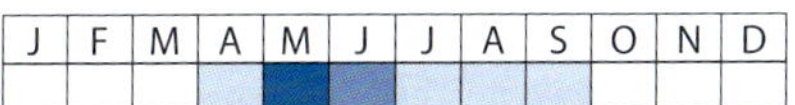

Lebensraum: Dorngrasmücken brüten in sehr geringer Zahl in trockenen Offenlandbereichen mit Einzelbüschen, gerne mit Dornsträuchern. Im Moos häufen sich Beobachtungen im nördlichen Murnauer Moos und im Bereich um Weghaus.

Zeitraum (Phänologie): Sommervogel. Beobachtungen 13.4.-24.9.

Bestandsentwicklung: BEZZEL (1989) gibt für 1966-1970 noch 10-15 Brutpaare an. Die Ergebnisse der Rasterkartierungen, 1977 drei Reviere, 1980 drei Reviere und 2005 ohne Reviere zeigen da-

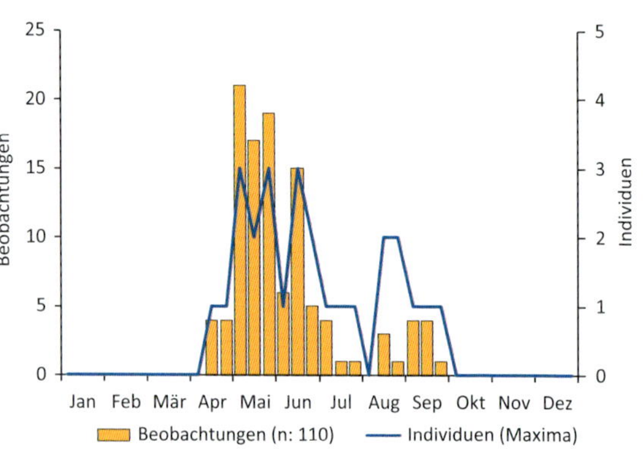

Jahreszeitliche Verteilung der Beobachtungen im Murnauer Moos und Individuenmaxima.

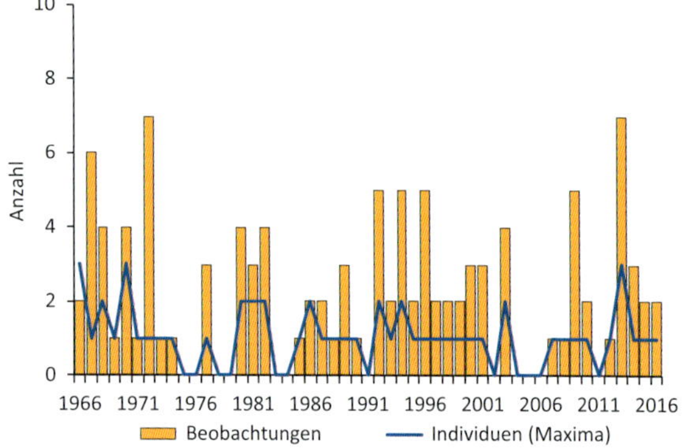

Beobachtungen im Murnauer Moos von 1966 bis 2016.

gegen, dass die Art stark abgenommen hat. Der Bestandseinbruch in den 1960er Jahren wurde europaweit beobachtet und auf Dürren in den Überwinterungsgebieten zurückgeführt (Berthold 1973). Seit der Einführung von ornitho.de werden dennoch jährlich singende Dorngrasmücken in sehr geringer Zahl registriert. Vermutlich brütet die Art wieder im Gebiet.

Gefährdung und Schutz: Dorngrasmücken sind wärmeliebend und bevorzugen trockene, gebüschreiche Lebensräume. Die Bestände dünnen deshalb aus natürlichen Gründen in Südbayern besonders im niederschlagsreichen Alpenvorland aus. Der Klimawandel könnte der Art aber entgegenkommen, sodass sich die Bestände auch im Moos womöglich in der Zukunft wieder erhöhen könnten. Dornstrauchreiche Hecken sollten vor allem im Bereich trockener, extensiv genutzter Wiesen erhalten und gefördert werden (z.B. am Heumoosberg, am Südabhang des Murnauer Molassezugs und bei Weghaus).

Bedeutung: Gering. Der bayerische Brutbestand liegt bei 10.000 bis 22.000 Paaren (Rödl *et al.* 2012).

Weißbart-Grasmücke *(Sylvia cantillans)*

En: Subalpine warbler

J	F	M	A	M	J	J	A	S	O	N	D

Lebensraum: Vom 22.5.-25.5.2010 wurde eine Weißbart-Grasmücke der südosteuropäischen Unterart *albistriata* im nördlichen Murnauer Moos beobachtet und per Fotonachweis dokumentiert. Bis 2011 gab es nur 10 anerkannte Nachweise der Art in Bayern (HAASS *et al.* 2011). Heute wird diese Form auch als eigene Art, Balkan-Bartgrasmücke, geführt (BERGMANN 2016).

Bedeutung: Gering. Die nächsten Brutvorkommen der Weißbart-Grasmücke (Ligurien-Bartgrasmücke) liegen in Norditalien (BERGMANN 2016).

Weißbart-Grasmücke im nördlichen Murnauer Moos.

Wintergoldhähnchen *(Regulus regulus)*

En: Goldcrest

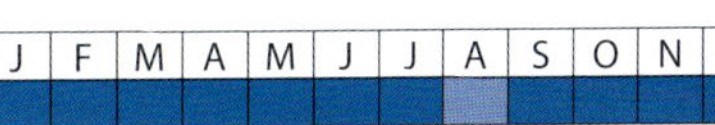

Lebensraum: Wintergoldhähnchen sind eng an das Vorkommen von Fichten gebunden und werden deshalb beispielsweise am Langen Filz und in fichtendominierten Bereichen der Köchelwälder regelmäßig beobachtet.

Zeitraum (Phänologie): Ganzjährig. Die größte Tagessumme wurde am 20.10.1992 mit insgesamt 32 Individuen beobachtet. Der größte Trupp an diesem Tag bestand aus 18 Wintergoldhähnchen.

Bestandsentwicklung: Bei den Rasterkartierungen im Naturschutzgebiet und direkten Umland wurden 1977 35, 1980 55 und 2005 57 singende Männchen festgestellt. Der Bestand ist stabil.

Gefährdung und Schutz: Der Fichtenanteil im Murnauer Moos wird auf den Köchelwäldern langfristig abnehmen. Vom Borkenkäfer befallene Fichten wer-

Jahreszeitliche Verteilung der Beobachtungen im Murnauer Moos und Individuenmaxima.

den dort bekämpft, der Wald verjüngt sich dann aber mit einem höheren Anteil von Buche und Bergahorn. Traditionell bewirtschaftete Fichtenforste in den Randbereichen und natürlich vorkommende Fichtensumpfwälder im Murnauer Moos werden dem Wintergoldhähnchen weiterhin zur Verfügung stehen.

Bedeutung: Gering. Der bayerische Brutbestand liegt bei 185.000 bis 500.000 Paaren (RÖDL *et al.* 2012).

Sommergoldhähnchen *(Regulus ignicapilla)*

En: Common firecrest

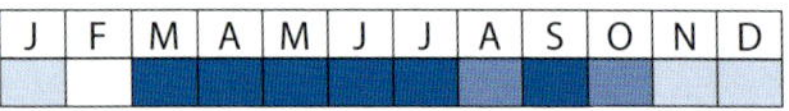

J	F	M	A	M	J	J	A	S	O	N	D

Lebensraum: Sommergoldhähnchen sind regelmäßige Brutvögel vor allem der Köchelwälder, wo sie im Gegensatz zum Wintergoldhähnchen laubholzreiche Wälder besiedeln.

Zeitraum (Phänologie): Sommervogel. Regelmäßige Beobachtungen 8.3.-31.10. Einzelne Beobachtungen auch im Winter. Der größte durchziehende Trupp wurde am 30.8.1990 mit 20 Goldhähnchen gezählt, von denen 14 Sommergoldhähnchen waren.

Bestandsentwicklung: Bei den Rasterkartierungen im Naturschutzgebiet und direkten Umland wurden 1977 58, 1980 62 und 2005 95 singende Männchen festgestellt. Der Bestand hat bis 2005 zugenommen.

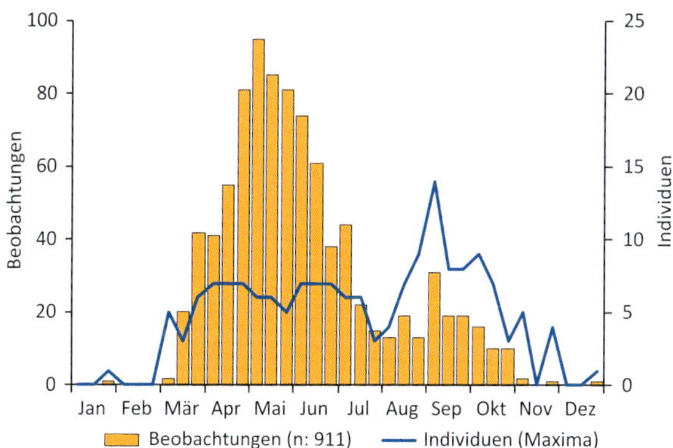

Jahreszeitliche Verteilung der Beobachtungen im Murnauer Moos und Individuenmaxima.

Gefährdung und Schutz: Das Sommergoldhähnchen ist nicht gefährdet. Deutschland umfasst das Kernvorkommen der Art weltweit. Nur beim Rotmilan ist der relative Anteil am Weltbestand in Deutschland noch höher (GEDEON *et al.* 2014).

Bedeutung: Gering. Der bayerische Brutbestand liegt bei 215.000 bis 570.000 Paaren (RÖDL *et al.* 2012).

Seidenschwanz *(Bombycilla garrulus)*

En: Bohemian waxwing

J	F	M	A	M	J	J	A	S	O	N	D

Lebensraum: Seidenschwänze fliegen alljährlich in sehr unterschiedlicher Anzahl nach Deutschland ein, wenn das Nahrungsangebot im Winter (Beeren und Früchte aller Art) im skandinavischen Überwinterungsgebiet zur Neige geht. In unregelmäßigen Abständen wird dann auch der Alpenrand und das Murnauer Moos erreicht.

Zeitraum (Phänologie): Beobachtungen vom 20.11. bis 14.5. Der größte Trupp wurde am 25.12.2004 mit 200 Individuen bei Hechendorf beobachtet.

Bedeutung: Gering. Im Gebiet wachsen relativ wenige Ebereschen und Mehlbeeren, die die Leibspeise der Seidenschwänze sind.

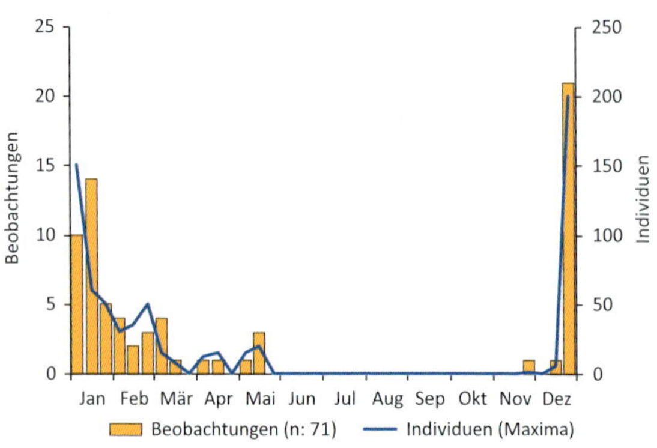

Jahreszeitliche Verteilung der Beobachtungen im Murnauer Moos und Individuenmaxima.

Beobachtungen im Murnauer Moos von 1966 bis 2016.

Mauerläufer *(Tichodroma muraria)*

En: Wallcreeper

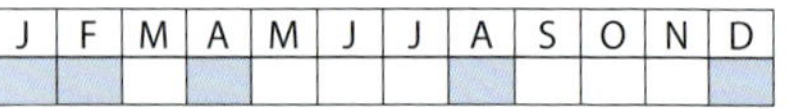

Lebensraum: Im Talraum gab es bisher sechs Nachweise des Mauerläufers, vorwiegend an der Felswand des Langen Köchels und seinem Umfeld (6.8.1991, 9.2.2002, 8.1.-30.1.2005), bzw. am Steinbruch des Moosbergs (11.4.1998) vor der Flutung und Entstehung des Moosbergsees. Bemerkenswert sind auch Nachweise an einer Scheune nördlich von Eschenlohe am 28.2.2005 und im Ortsbereich von Ohlstadt im Winter 1974/75.

Bedeutung: Gering. Der bayerische Brutbestand liegt bei 80-120 Paaren (Rödl *et al.* 2012).

Kleiber *(Sitta europaea)*

En: Eurasian nuthatch

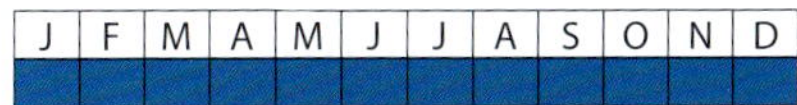

Lebensraum: Kleiber bevorzugen Laub- und Laubmischwälder mit alten Bäumen und einem großen Angebot an Spechthöhlen, deren Eingang dann mit Lehm auf die richtige Lochgröße angepasst wird. Eine hohe Dichte des Kleibers wird vor allem auf dem Langen Köchel erreicht.

Zeitraum (Phänologie): Ganzjährig. Am 22.10.1996 wurden 20 Individuen im Seidlpark in Murnau gezählt (Gebietsmaximum).

Bestandsentwicklung: Bei den Rasterkartierungen im Naturschutzgebiet und direkten Umland wurden 1977 und 1980 je ca. 20 und 2005 30-35 Paare festgestellt. Der Bestand hat mindestens bis 2005 zugenommen.

Gefährdung und Schutz: Es sind kaum Gefährdungen zu erkennen. Kleiber profitieren von der natürlichen Waldentwicklung auf den Köcheln und den Auwäldern mit relativ hohen Totholzanteilen an der Ramsach. Kleiber nehmen auch Nistkästen an. In den Wirtschaftswäldern lässt sich der Kleiber durch das Stehenlassen mehrerer alter Bäume und durch Totholzinseln weiter fördern.

Bedeutung: Gering. Der bayerische Brutbestand liegt bei 125.000 bis 355.000 Paaren (RÖDL *et al.* 2012).

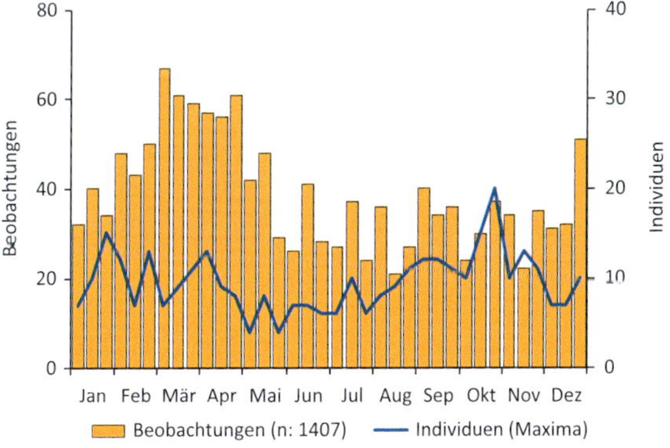

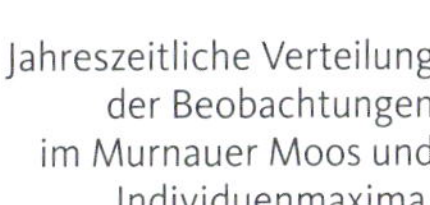

Jahreszeitliche Verteilung der Beobachtungen im Murnauer Moos und Individuenmaxima.

Waldbaumläufer *(Certhia familiaris)*

En: Eurasian treecreeper

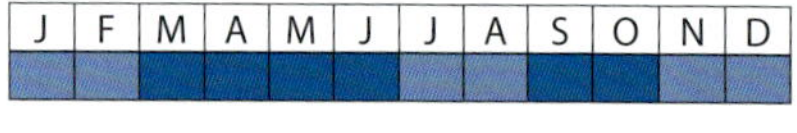

Lebensraum: Waldbaumläufer besiedeln in höchster Dichte die Nadel- und Mischwälder, die den Talraum umgeben, in geringer Dichte aber auch die Laubmischwälder der Köchel und die Auwälder im Moos.

Zeitraum (Phänologie): Ganzjährig.

Bestandsentwicklung: Bei den Rasterkartierungen im Naturschutzgebiet und direkten Umland wurden 1977 12, 1980 14 und 2005 ca. 25 Paare festgestellt. Der Bestand hat mindestens bis 2005 zugenommen.

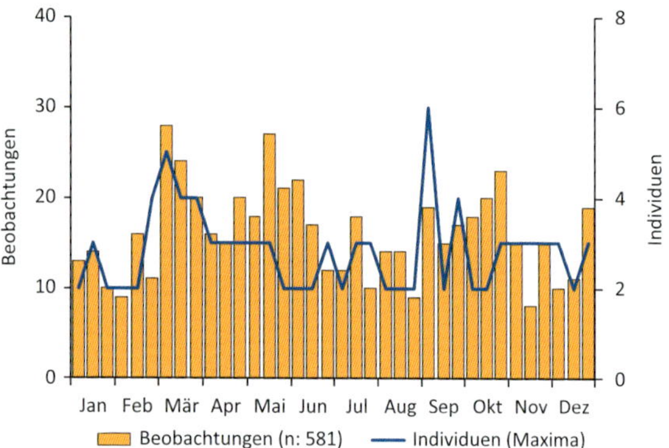

Jahreszeitliche Verteilung der Beobachtungen im Murnauer Moos und Individuenmaxima.

Gefährdung und Schutz: Es sind keine Gefährdungen zu erkennen. Waldbaumläufer profitieren von stehendem Altholz, da dort geeignete Insektennahrung in größerer Menge vorkommt und die Nester dort hinter abstehender, alter Rinde angelegt werden.

Bedeutung: Gering. Der bayerische Brutbestand liegt bei 96.000 bis 265.000 Paaren (Rödl *et al.* 2012).

Gartenbaumläufer *(Certhia brachydactyla)*

En: Short-toed treecreeper

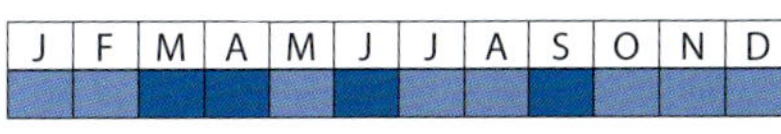

Lebensraum: Gartenbaumläufer werden vor allem von den Randbereichen des Talraums oder im Bereich der Ortschaften gemeldet. Reine Nadelwälder werden gemieden. Im Murnauer Moos werden vor allem Auwälder entlang der Ramsach und des Lindenbachs besiedelt.

Zeitraum (Phänologie): Ganzjährig.

Bestandsentwicklung: Während bei den Rasterkartierungen 1977 und 1980 noch keine singenden Gartenbaumläufer im Murnauer Moos beobachtet wurden, waren es 2005 vier bis sechs. In den Randbereichen gibt es regelmäßige Beobachtungen mindestens seit den 1980er Jahren. Die Zufallsbeobachtungen der letzten Jahre deuten darauf hin, dass es regelmäßige Bruten in den Auwäldern gibt.

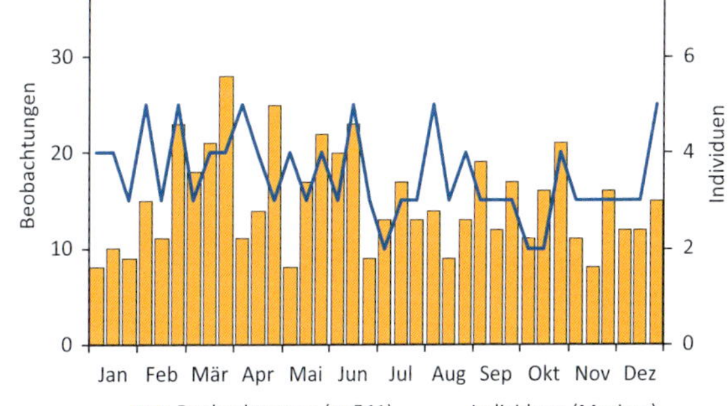

Jahreszeitliche Verteilung der Beobachtungen im Murnauer Moos und Individuenmaxima.

Gefährdung und Schutz: Im Naturschutzgebiet Murnauer Moos sind keine Gefährdungen zu erkennen. In den Wirtschaftswäldern würde sich eine verstärkte Alt- und Totholzanreicherung positiv auswirken.

Bedeutung: Gering. Der bayerische Brutbestand liegt bei 37.000 bis 98.000 Paaren (RÖDL *et al.* 2012).

Zaunkönig *(Troglodytes troglodytes)*

En: Eurasian wren

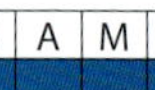

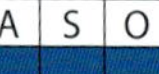
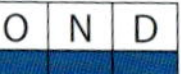

J	F	M	A	M	J	J	A	S	O	N	D

Lebensraum: Zaunkönige brüten regelmäßig im Murnauer Moos und umgebenden Gebieten. Sie bevorzugen feuchte Wälder und bachbegleitende Hecken. Auch sonstige buschreiche Bereiche bis hin zu Reisighaufen werden angenommen. Nester wurden auch in Wurzeltellern umgefallener Bäume, in Baumhöhlen und an Gebäuden gefunden.

Zeitraum (Phänologie): Ganzjährig. Am 10.6.1980 wurden acht Zaunkönige zusammen im Bereich des Langen Köchels beobachtet, von denen sieben flügge Jungvögel waren (Gebietsmaximum).

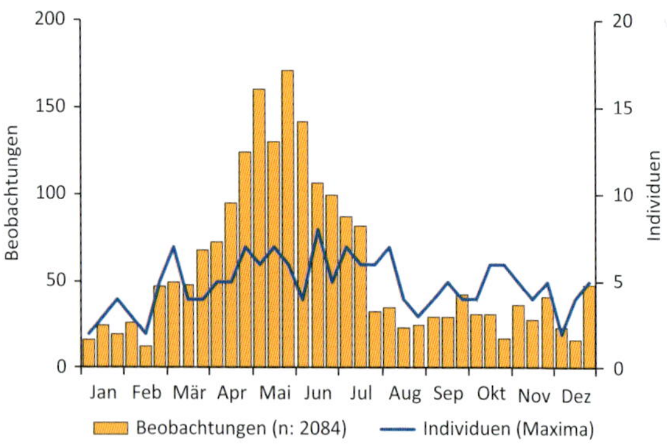

Jahreszeitliche Verteilung der Beobachtungen im Murnauer Moos und Individuenmaxima.

Bestandsentwicklung: KLAMMET gibt den Zaunkönig 1932-1938 als häufig an. Bei den Rasterkartierungen im Naturschutzgebiet und direkten Umland wurden 1977 140-150, 1980 110-120 und 2005 80-90 singende Männchen festgestellt. Der Bestand scheint leicht abnehmend zu sein. Die Bestände des Zaunkönigs schwanken aber stark, da es in Kältewintern zu großen Verlusten kommt. Der Bestand baut sich dann erst über mehrere Jahre wieder auf.

Gefährdung und Schutz: Zaunkönige leben auch im Winter hauptsächlich von Insekten. Nur gelegentlich werden auch Samen gefressen (BAUER *et al.* 2005). Deshalb verhungern und erfrieren Zaunkönige häufig in besonders kalten Wintern. Eine Gefährdung für Zaunkönige stellen auch Reisighaufen dar, die über den Winter abgelagert werden und erst zur Brutzeit abgefahren werden. Darin angelegte Nester gehen verloren.

Bedeutung: Gering. Der bayerische Brutbestand liegt bei 235.000 bis 630.000 Paaren (RÖDL *et al.* 2012). Deutschlandweit gilt der Bestand langfristig als stabil, im Zeitraum 1990 bis 2009 hat er womöglich als Folge seltener Kältewinter zugenommen (GEDEON *et al.* 2014).

Star *(Sturnus vulgaris)*

En: Common starling

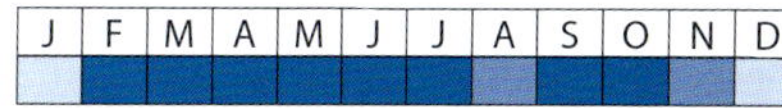

Lebensraum: Stare sind regelmäßige Brutvögel im gesamten Talraum. Sie brüten vor allem in Nistkästen in Ortschaften und im Kulturland. Aber auch Bruten in natürlichen Baumhöhlen kommen vor. Stare nutzen Wiesen im Moos zur Nahrungssuche. Zur Durchzugszeit rasten Trupps in teils großen Schwärmen im Schilf (Schlafplätze). Als hervorragender Stimmenimitator werden zahlreiche andere Vogelarten ins Gesangsrepertoir aufgenommen. Bemerkenswert ist die Beobachtung eines Stars mit Brachvogelimitationen am 15.2.2001 im nördlichen Murnauer Moos.

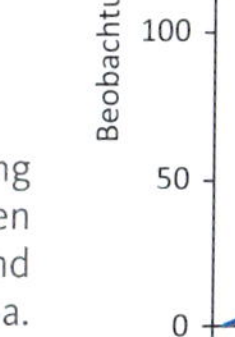

Jahreszeitliche Verteilung der Beobachtungen im Murnauer Moos und Individuenmaxima.

Erstbeobachtungsdatum des Stars im Bearbeitungsgebiet.

Zeitraum (Phänologie): Sommervogel (Februar bis Oktober) mit einzelnen Beobachtungen bis in den Hochwinter hinein.

Größte Trupps werden im zeitigen Frühjahr beobachtet mit bis zu 1.300 Individuen am 19.3.1985 (Mülldeponie Schwaiganger) und im Herbst in der Tagessumme bis zu 466 Individuen am 5.10.1993 (Weidmoos). Am 23.8.2003 wurde ein Starentrupp am Schlafplatz im Wöhrbachgebiet auf 2000 Individuen geschätzt. Das Erstbeobachtungsdatum hat sich in den vergangenen 50 Jahren um ca. zwei Wochen ins zeitige Frühjahr verschoben.

Bestandsentwicklung: Klammet (1932-38) gab den Star als häufigen Brutvogel der Ortschaften an. Bei den Rasterkartierungen im Naturschutzgebiet und direkten Umland wurden 1977 23, 1980 24 und 2005 25 Paare festgestellt. Der Bestand war zumindest bis 2005 stabil.

Gefährdung und Schutz: Der Starenbestand gilt in Bayern zwar noch als ungefährdet, er ist aber rückläufig. Deutschlandweit wird die Art bereits als gefährdet geführt (Grüneberg *et al.* 2015). Probleme liegen in der Intensivierung der Land- und Forstwirtschaft (Nahrungsverlust) und dem Lebensraumverlust im Siedlungsbereich (Versiegelung, höhlenarme Fassaden; Stickroth 2018). Auch im Bearbeitungsgebiet besteht eine große Abhängigkeit von Nistkästen.

Bedeutung: Gering. Der bayerische Brutbestand liegt bei 495.000 bis 1.250.000 Paaren (Rödl *et al.* 2012).

Wasseramsel *(Cinclus cinclus)*

En: White-throated dipper

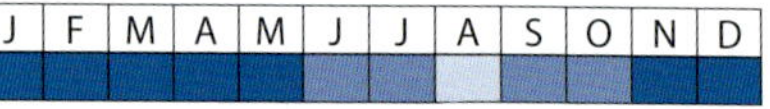

Lebensraum: Wasseramseln brüten an Fließgewässern. Vor allem die Loisach ist geschlossen besiedelt, aber auch an den Bächen im Moos brüten Wasseramseln. Die kugeligen Nester aus Moos werden meist unter Brücken auf den Stahlträgern angelegt, aber auch natürliche Orte werden gewählt (z. B. in angeschwemmter Fichte, zwischen Steinen am Ufer). Sogar auf einem Siloballen wurde ein Nest gefunden.

Zeitraum (Phänologie): Ganzjährig. Bei der Maximalzahl von 22 beobachteten Wasseramseln handelt es sich um eine Zählung entlang der Loisach, bei der Einzelvögel addiert wurden.

Bestandsentwicklung: Aus den Daten lässt sich keine wesentliche Bestandsänderung erkennen.

Gefährdung und Schutz: Freizeitnutzung beeinträchtigt Wasseramseln vor allem entlang der Loisach. Im eigentlichen Moos sind die Lebensraumvoraussetzungen nur streckenweise gegeben. Dort sind kaum Gefährdungen erkennbar.

Bedeutung: Gering. Der bayerische Brutbestand liegt bei 2.300 bis 3.600 Paaren (Rödl *et al.* 2012).

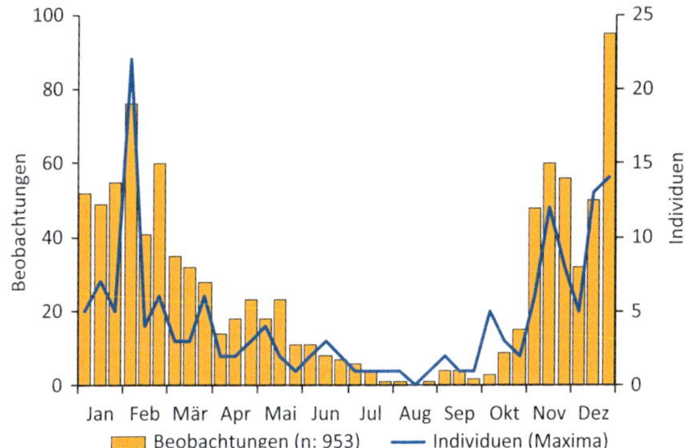

Jahreszeitliche Verteilung der Beobachtungen im Murnauer Moos und Individuenmaxima.

Singdrossel *(Turdus philomelos)*

En: Song thrush

J	F	M	A	M	J	J	A	S	O	N	D

Lebensraum: Singdrosseln sind regelmäßige und häufige Brutvögel der Köchel- und sonstigen Wälder. Zur Nahrungssuche werden die geschlossenen Waldbereiche aber auch verlassen. Zur Zugzeit rasten größere Trupps bevorzugt auf Wiesen mit einem guten Angebot von Regenwürmern, Schnecken, Spinnen, Puppen und Larven von Schmetterlingen.

Zeitraum (Phänologie): Beobachtungen vom 11.1. bis 18.11. Größte Trupps während des Herbstzugs. Maximum am 19.10.1993 mit 330 Individuen im Niedermoos bei Zugstau,

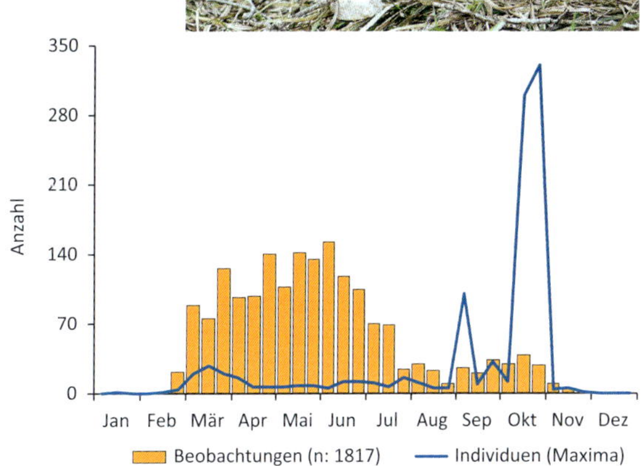

Jahreszeitliche Verteilung der Beobachtungen im Murnauer Moos und Individuenmaxima.

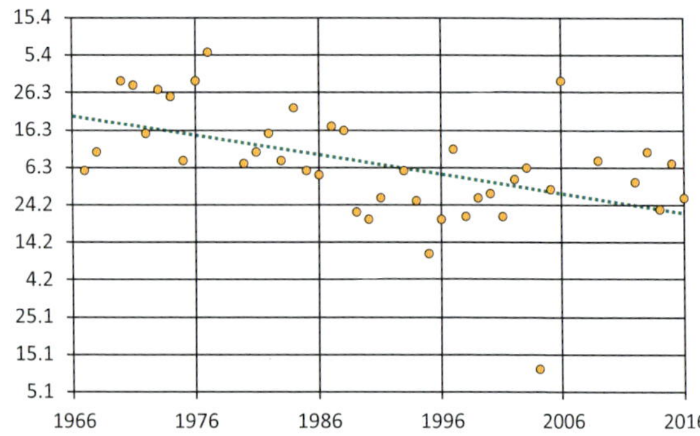

Erstbeobachtungsdatum von Singdrosseln im Bearbeitungsgebiet.

verursacht durch schlechtes Wetter. Das Erstbeobachtungsdatum hat sich in den letzten 50 Jahren um ca. drei Wochen verfrüht.

Bestandsentwicklung: Die Auswertung der Rasterkartierungen mit vergleichbarer Methodik im Moos zeigt, dass sich der Bestand der Singdrossel stabil auf gleichem Niveau mit etwa 100 Paaren hält (Daten: 1977, 1980, 2005).

Gefährdung und Schutz: Es sind keine akuten Gefährdungen erkennbar.

Bedeutung: Gering. Der bayerische Brutbestand liegt bei 110.000 bis 310.000 Paaren (RÖDL *et al.* 2012).

Gesang einer Singdrossel am Deponieweiher bei Grafenaschau (Aufnahme: 6.4.2018, H. LIEBEL).

Misteldrossel *(Turdus viscivorus)*

En: Mistle thrush

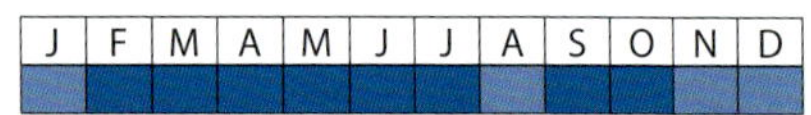

Lebensraum: Misteldrosseln besiedeln vor allem fichtenreiche Wälder mit lichten Bereichen, in denen sie sich auf Nahrungssuche begeben können. Regelmäßig überwintern Misteldrosseln dort, wo es ein reiches Angebot an Misteln gibt, z. B. am Lindenbach und der Loisach, wo es Laubholzmisteln gibt, oder am Isenberg, wo die Tannenmistel häufig ist.

Zeitraum (Phänologie): Ganzjährig. Größte Trupps auf dem Durchzug im Frühjahr

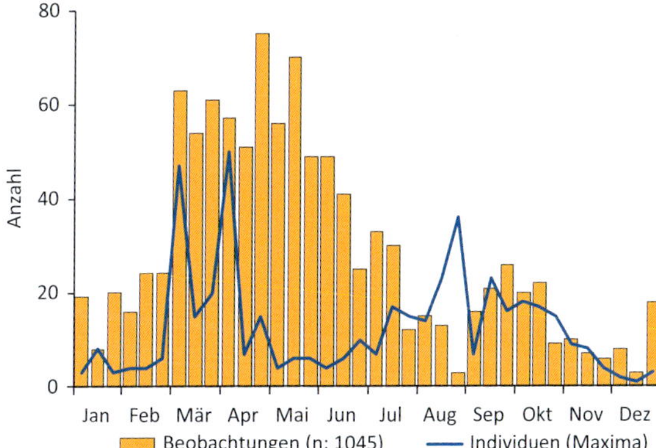

Jahreszeitliche Verteilung der Beobachtungen im Murnauer Moos und Individuenmaxima.

(Maximum mit 50 Individuen am 4.4.1996) und Herbst (Maximum mit 36 Individuen am 20.8.1991).

Bestandsentwicklung: Sowohl 1980 als auch 2005 wurden etwa 30 Reviere im Naturschutzgebiet und im direkten Umland gezählt. Der Bestand ist stabil.

Gefährdung und Schutz: Es sind keine akuten Gefährdungen erkennbar.

Bedeutung: Gering. Der bayerische Brutbestand liegt bei 29.000 bis 55.000 Paaren (Rödl *et al.* 2012).

Rotdrossel *(Turdus iliacus)*

En: Redwing

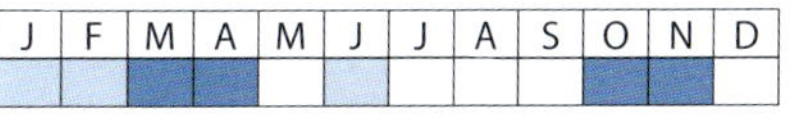

Lebensraum: Rotdrosseln sind regelmäßige Gäste, die sich entweder in reinen Trupps oder gemischt mit Wacholderdrosseln im Gebiet auf Nahrungssuche begeben. Besonders beliebt sind Weißdorn-, Ebereschen- und Mehlbeerenfrüchte.

Zeitraum (Phänologie): Beobachtungen vor allem während der Durchzugszeiten im Herbst (1.10.-28.11.) und Frühjahr (5.3.-15.4.) mit wenigen Mittwinterbeobachtungen, die auf Überwinterer zurückgehen. Größte Tagessumme am 30.10.1988 mit 200 Individuen, die zwischen Weghaus und Langem Köchel Nahrung suchten (v. a. Weißdornbeeren).

Jahreszeitliche Verteilung der Beobachtungen im Murnauer Moos und Individuenmaxima.

Wacholderdrossel *(Turdus pilaris)*

En: Fieldfare

J	F	M	A	M	J	J	A	S	O	N	D

Lebensraum: Wacholderdrosseln galten in den 1930er Jahren als häufige Brutvögel der Hochmoorflächen (Klammet 1932-38). Daraufhin hat sich die Art auf verschiedenste Lebensräume ausgebreitet. Heute brüten Wacholderdrosseln vor allem in Gehölzgruppen mit direktem Anschluss an Offenflächen, die zur Nahrungssuche genutzt werden.

Zeitraum (Phänologie): Ganzjährig. Größte Trupps über 200 Individuen während der Zugzeiten. Gebietsmaximum am 20.11.1984 mit 269 Individuen auf Streuwiesen bei Grafenaschau.

Bestandsentwicklung: Nur max. 26 Reviere wurden bei der Rasterkartierung 2005 festgestellt, die eine Wiederholung der Kartierung von

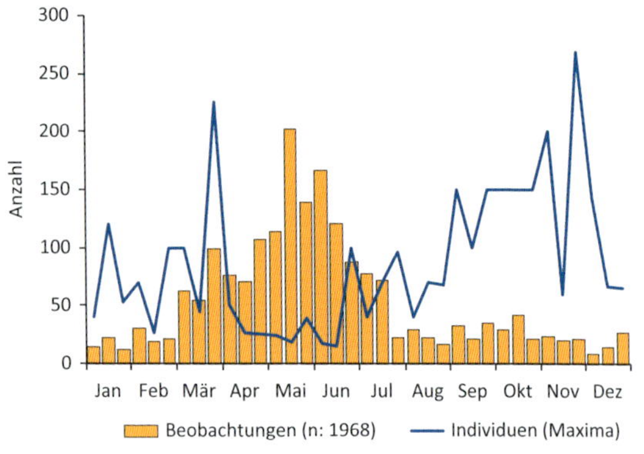

Jahreszeitliche Verteilung der Beobachtungen im Murnauer Moos und Individuenmaxima.

1980 war. 1980 wurden noch fast 300 Paare registriert (BEZZEL 1989). Es kam offensichtlich zu einem drastischen Rückgang im Gebiet, der im gesamten Landkreis Garmisch-Partenkirchen von 1980/83 bis 2009/13 auf über 80 % geschätzt wird (BEZZEL 2015).

Gefährdung und Schutz: Der Rückgang der Wacholderdrossel im Landkreis wird von BEZZEL (2015) auf die Intensivierung der Grünlandnutzung und die hohe Mähfrequenz auf Garten- und Parkflächen zurückgeführt. Im Naturschutzgebiet Murnauer Moos können diese Gründe den Rückgang aber nicht erklären. Einen Hinweis auf eine wichtige Gefährdungsursache liefert eine im Murnauer Moos beringte Wacholderdrossel, die 246 Tage nach der Beringung in Venedig geschossen wurde (12.1.1969). Die Jagd im Mittelmeerraum wirkt sich negativ auf die Art aus.

Bedeutung: Gering. Der bayerische Brutbestand liegt bei 40.000 bis 75.000 Paaren (RÖDL *et al.* 2012).

Amsel *(Turdus merula)*

En: Common blackbird

Lebensraum: Amseln besiedeln Wälder, Gärten und halboffene Bereiche mit ausreichend Büschen zur Deckung.

Zeitraum (Phänologie): Ganzjährig. Amseln sind im Frühjahr durch ihren Gesang am auffälligsten. Im Winter gibt es deutlich weniger Beobachtungen. Ein Teil der Amseln zieht dann in mildere Gegenden.

Bestandsentwicklung: 1980 wurde der Bestand im Naturschutzgebiet und direkten Umland auf ca. 150 Brutpaare geschätzt. 2005 lag der ermittelte Wert mit über 220 Paaren deutlich höher.

Gefährdung und Schutz: Es sind keine akuten Gefährdungen für Amseln im Gebiet erkennbar.

Bedeutung: Gering. Der bayerische Brutbestand liegt bei 810.000 bis 2.050.000 Paaren (RÖDL *et al.* 2012).

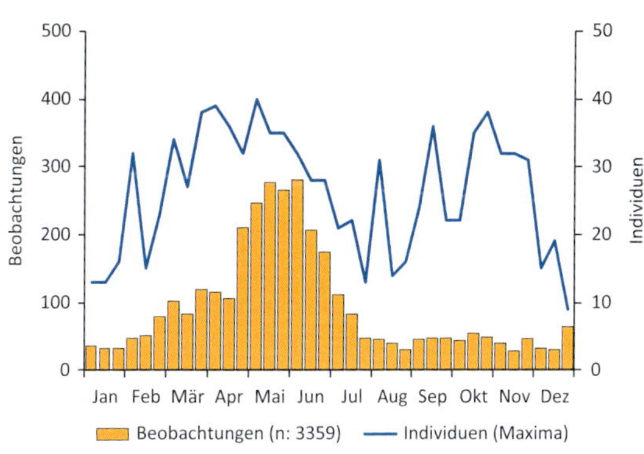

Jahreszeitliche Verteilung der Beobachtungen im Murnauer Moos und Individuenmaxima.

Ringdrossel *(Turdus torquatus)*

En: Ring ouzel

J	F	M	A	M	J	J	A	S	O	N	D

Lebensraum: Ringdrosseln sind regelmäßige Gäste im Frühjahr. Sie nutzen vor allem Offenlandflächen zur Nahrungssuche (vor allem Regenwürmer). In den Datenbanken wurde nicht zwischen der nordischen *(ssp. torquatus)* und der mitteleuropäischen Unterart *(ssp. alpestris*, Alpenringdrossel) unterschieden. Die Großzahl der Beobachtungen dürfte sich aber auf die Alpenringdrossel beziehen, die bei späten Wintereinbrüchen vom Bergwald in die Tallagen flüchtet (Schneeflucht).

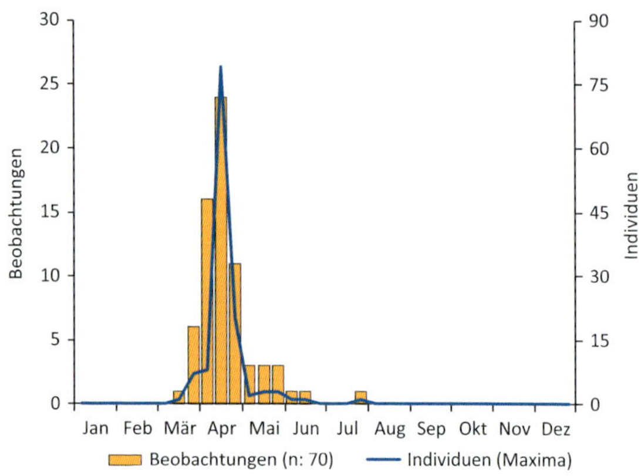

Jahreszeitliche Verteilung der Beobachtungen im Murnauer Moos und Individuenmaxima.

Zeitraum (Phänologie): Beobachtungen vor allem auf dem Frühjahrszug 21.3.-18.6. (Einzelbeobachtung im Hochsommer am 23.7.2011). Größte Zugaktivität am 12.4.1990 mit insgesamt 79 Individuen in Truppgrößen von 56 + 16 + 7 Ringdrosseln.

Bedeutung: Gering. Der bayerische Brutbestand liegt bei 2.200 bis 4.000 Paaren (RÖDL *et al.* 2012).

Grauschnäpper *(Muscicapa striata)*

En: Spotted flycatcher

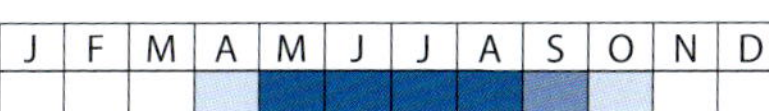

Lebensraum: Grauschnäpper brüten regelmäßig im Gebiet und nutzen vor allem bachbegleitende Auwälder und Gebüsche, Waldränder, Gärten und Parks. Brutplätze liegen oft an Gebäuden, aber auch an natürlichen Halbhöhlen. Zu den »künstlichen« Brutplätzen gehörten zum Beispiel ein Schwalbenbrett, ein Holzschuppen und Halbhöhlennistkästen. 1998 wurde ein Nest des Grauschnäppers gar auf der Mitra einer Bischofsfigur in der Flur im Bereich des Hagener Mooses entdeckt. Grauschnäpper werden im Gebiet nachweislich vom Kuckuck als Wirtsvögel genutzt.

Jahreszeitliche Verteilung der Beobachtungen im Murnauer Moos und Individuenmaxima.

Zeitraum (Phänologie): Sommervogel. Beobachtungen 15.4.-1.10. Größte Tagessummen umfassten bis zu 10 Individuen (24.8.1987 in Hechendorf und 16.8.2014 im zentralen Murnauer Moos).

Bestandsentwicklung: Bei den Rasterkartierungen im Naturschutzgebiet und direkten Umland wurden 1977 ca. 8, 1980 ca. 7 und 2005 27 singende Männchen festgestellt. Der Brutbestand war zumindest bis 2005 zunehmend. Der aktuelle Bestand ist unbekannt.

Gefährdung und Schutz: Grauschnäpper sind im Gebiet nicht gefährdet. Sie profitieren vor allem von Ansitzwarten entlang der insektenreichen Gewässer (z. B. entlang des Lindenbachs). Generell könnte

Tonaufnahme eines Grauschnäppers am Lindenbach (weitere Arten: Amsel, Wachtelkönig, Kohlmeise; Aufnahme: Datum unbekannt, S. Rieck).

der Rückgang der Insekten für den Grauschnäpper zum Problem werden. Die Strategie, relativ offen zugängliche und sichtbare Nester anzulegen, führt zu höheren Verlusten als beim Trauerschnäpper, der in Höhlen brütet. Auch im Bearbeitungsgebiet wurde beispielsweise eine Elster dabei beobachtet, als sie ein Grauschnäppernest plünderte.

Bedeutung: Gering. Der bayerische Brutbestand liegt bei 30.000 bis 77.000 Paaren (RÖDL *et al.* 2012).

Zwergschnäpper *(Ficedula parva)*

En: Red-breasted flycatcher

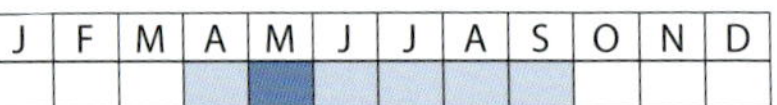

Lebensraum: Zwergschnäpper bevorzugen alte Laubmischwälder mit Vorkommen alter Buchen, die durch ihre lichte Struktur genügend Platz für Jagdflüge zulassen. Es liegt nur ein Brutnachweis aus dem Bearbeitungsgebiet südwestlich Ohlstadt aus dem Jahr 1985 vor. Im Naturschutzgebiet und direkten Umland wurden Zwergschnäpper bislang nur am Langen Köchel (15.4.1987 ein Weibchen, 22.5.2002 und 25.5.2016 jeweils ein singendes Männchen) in edellaubholzreichen Beständen beobachtet (darunter Esche, Ulme, Vogelkirsche, Bergahorn, Spitzahorn). Am 3.6.2016 wurde dort ein Pärchen gemeinsam beobachtet, sodass

Brutverdacht bestand. Aus den Randbereichen des Bearbeitungsgebietes liegen mehrere Einzelbeobachtungen vor.

Zeitraum (Phänologie): Sommervogel. Beobachtungen 15.4.-18.9.

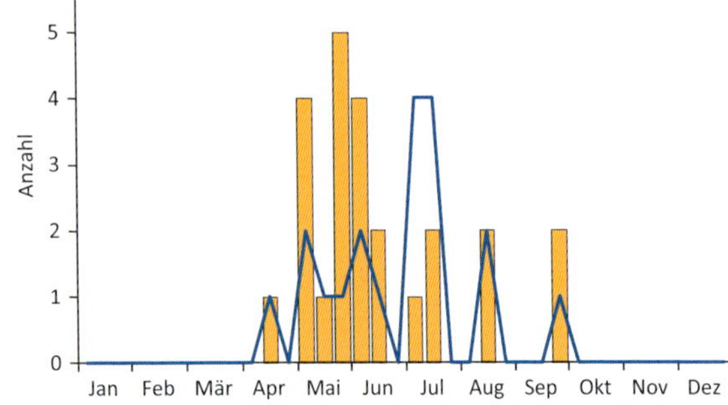

Jahreszeitliche Verteilung der Beobachtungen im Murnauer Moos und Individuenmaxima.

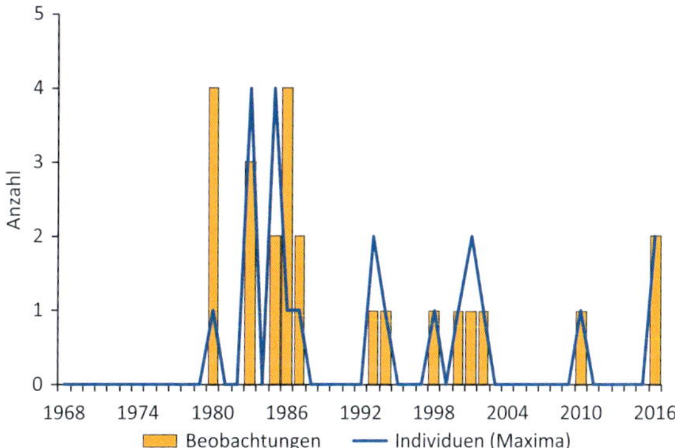

Beobachtungen im Bearbeitungsgebiet von 1966 bis 2016.

Bestandsentwicklung: Die Abstände der Nachweise in den Köchelwäldern sind groß und es ist bislang kein Trend zu einer dauerhaften Ansiedlung der Art zu erkennen. Mit dem Älterwerden der Köchelwälder könnte sich das ändern.

Gefährdung und Schutz: Zwergschnäpper profitieren von einer reichen Waldstruktur mit alten Buchen. Derartige Lebensräume sind auf den Köcheln immer noch Mangelware. Nur wenn eine natürliche Waldentwicklung dauerhaft zugelassen wird, könnte sich die Art ansiedeln. Die moderne Forstwirtschaft schränkt den Lebensraum des Zwergschnäppers besonders in den Randbereichen stark ein.

Bedeutung: Gering. Der bayerische Brutbestand liegt bei 140 bis 250 Paaren (RÖDL *et al.* 2012).

Trauerschnäpper *(Ficedula hypoleuca)*

En: European pied flycatcher

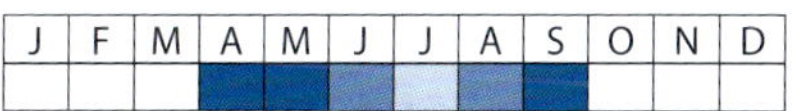

J	F	M	A	M	J	J	A	S	O	N	D

Lebensraum: Trauerschnäpper sind regelmäßige, aber seltene Brutvögel im Bearbeitungsgebiet. Sie besiedeln Laub- und Mischwälder, Gärten und Parks sowie bachbegleitende Gehölze. Nistkästen werden angenommen, wenn sie von Meisen nicht bereits belegt sind.

Zeitraum (Phänologie): Sommervogel. Beobachtungen 8.4.-25.9. Die größten Anzahlen rastender Trauerschnäpper wurden am 14.4.1997 mit 30 bis 40 Individuen im Seidlpark Murnau und mit ca. 50

Jahreszeitliche Verteilung der Beobachtungen im Murnauer Moos und Individuenmaxima.

Individuen am Südrand des Kleinaschauer Filzes am 18.9.2008 beobachtet.

Bestandsentwicklung: Bei den Rasterkartierungen im Naturschutzgebiet und direkten Umland wurden 1977 drei, 1980 zwei und 2005 fünf singende Männchen festgestellt. Der Brutbestand war zumindest bis 2005 auf sehr geringem Niveau stabil.

Gefährdung und Schutz: Limitierender Faktor für Trauerschnäpper ist das relativ späte Ankunftsdatum im Brutgebiet. Zu diesem Zeitpunkt ist eine Vielzahl geeigneter Bruthöhlen bereits von anderen Vogelarten belegt, allen voran von Meisen.

Bedeutung: Gering. Der bayerische Brutbestand liegt bei 4.200 bis 7.500 Paaren (Rödl *et al.* 2012).

Braunkehlchen *(Saxicola rubetra)*

En: Whinchat

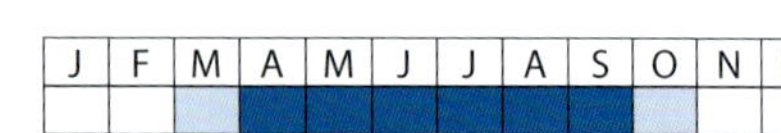

J	F	M	A	M	J	J	A	S	O	N	D

Lebensraum: Große Teile der Streuwiesen und gehölzarmen Dauerbrachen (z. B. Schilfflächen mit Einzelbäumen) sowie Hochmoorbereiche werden als Rastgebiete genutzt. Brutreviere beschränken sich auf Streuwiesenbereiche mit einer großen Vielfalt an Sing- und Ansitzwarten (Schilfhalme, Brachestreifen, kleinere Einzelgehölze). Nester werden in breiten Brachestreifen in Streuwiesen oder in angrenzenden Dauerbrachen, seltener auch

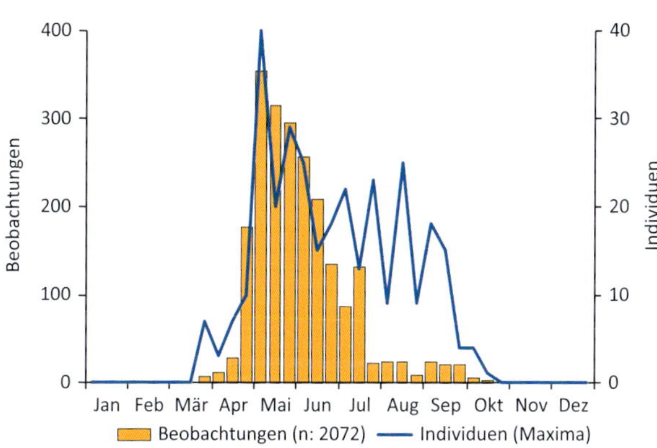

Jahreszeitliche Verteilung der Beobachtungen im Murnauer Moos und Individuenmaxima.

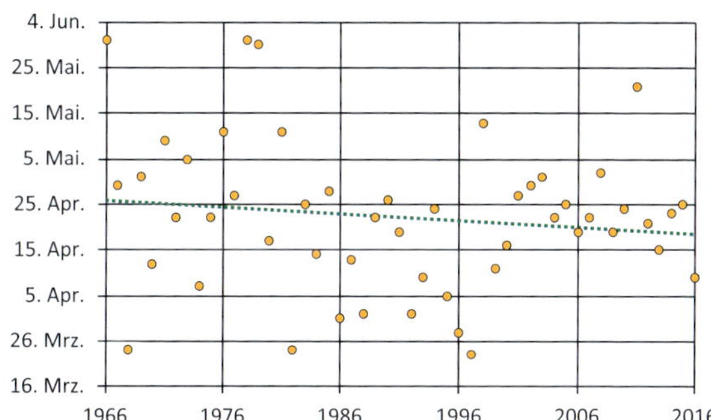

Erstbeobachtungsdatum der Braunkehlchen im Murnauer Moos.

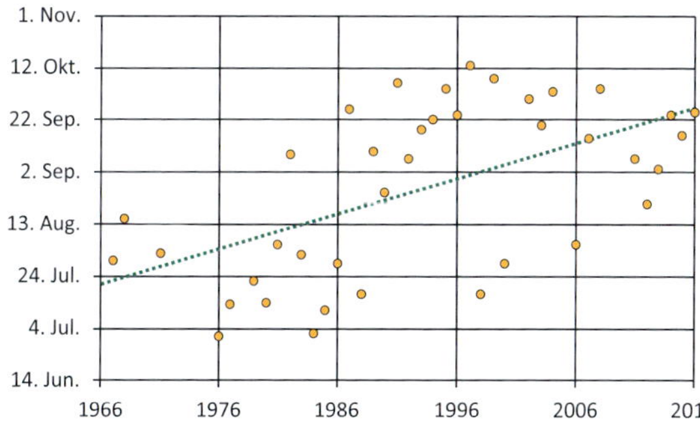

Datum der letzten Beobachtung der Braunkehlchen.

direkt in der Streuwiese angelegt. Bruten kommen in geringer Dichte auch in Zwischenmooren vor.

Zeitraum (Phänologie): Beobachtungen vom 23.3.-13.10. Das Ankunftsdatum der Braunkehlchen hat sich in den vergangenen 50 Jahren kaum geändert. Es scheint jedoch eine Tendenz zu geben, dass Braunkehlchen länger im Gebiet bleiben beziehungsweise später im Herbst noch durchziehen als früher.

Entwicklung des Brutbestands des Braunkehlchens im Murnauer Moos (bei von/bis-Angaben wurde der kleinere Wert verwendet; 2016 war das Untersuchungsgebiet größer als bei den Rasterkartierungen 1977-2005).

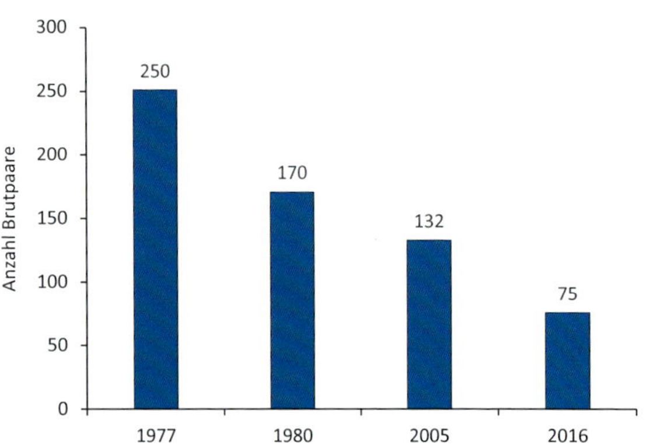

Bestandsentwicklung: Bei der letzten Gesamterfassung der Wiesenbrüter (WEISS 2016) konnten 75 bis 95 Brutpaare gezählt werden. Die Anzahl hat sich somit seit 1977 um ca. zwei Drittel verringert. Bei der Untersuchung des Bruterfolgs in einem Teilgebiet mit Brachestreifen (Niedermoos) konnte 2017 ein hoher Bruterfolg von 4,2 flüggen Jungvögeln pro Brutpaar beobachtet werden (Anzahl untersuchter Nester: 17; LIEBEL & GOYMANN 2017). Diese Studie gibt neue Hoffnung für eine mögliche Bestandserholung im Murnauer Moos.

Gefährdung und Schutz: Gründe für den Rückgang im Murnauer Moos dürften, neben überregionalen Einflüssen wie Jagd in Südeuropa und Nordafrika, Klimawandel, Intensivierung der Landwirtschaft und Reduktion der Gesamtpopulation, der Rückgang der Streuwiesennutzung im Vergleich zu den 1970er Jahren sein. Gleichzeitig sind weite Bereiche zwischenzeitlich nicht mehr in Nutzung. Auch die Struktur der Streuwiesen hat sich gewandelt. Früher wurden die kleinflächigen Streuwiesenparzellen regelmäßig neu verlost, sodass Parzellen zu unterschiedlichen Zeiten gemäht wurden. Im darauffolgenden Frühjahr waren sie unterschiedlich stark aufgewachsen. Daraus resultierte ein günstiger Reichtum an Kleinstrukturen. Heutzutage werden Flächen von mehreren Hektar mit dem Traktor innerhalb kurzer Zeit sauber abgemäht. BEZZEL *et al.* prophezeiten bereits 1983 den starken Rückgang des Braunkehlchens: »Der Schwerpunkt der Verbreitung des Braunkehlchens liegt (...) außerhalb des Naturschutzgebietes (Murnauer Moos). Dies ist bedenklich, da es in ganz Bayern vor allem als Folge der Intensivierung der Grünlandnutzung zurückgeht (...). Zu befürchten ist, dass eine weitere Intensivierung der Nutzung außerhalb des Naturschutzgebietes für den Bestand einschneidende Folgen hat.« Heute kommt das Braunkehlchen tatsächlich nur noch in extensiven, ungedüngten Wiesen und in geringer Dichte in Zwischenmooren vor. Eine Extensivierung der Wiesenbewirtschaftung außerhalb des Naturschutzgebietes würde das Braunkehlchen fördern. Aus fast allen Ländern Europas wird von starken Bestandseinbrüchen berichtet (BASTIAN & FEULNER 2015). Auch in Deutschland und Bayern sind die Bestände rückläufig (RÖDL *et al.* 2012; GEDEON *et al.* 2014).

Bedeutung: Groß. Der Braunkehlchenbestand im Murnauer Moos ist gemeinsam mit den Vorkommen in den angrenzenden Loisach-Kochelseemooren mit Abstand der größte in Bayern. Aus den Ergebnissen der landesweiten Wiesenbrüterkartierung 2014/15 (Liebel 2015) lässt sich errechnen, dass 14-17 % des bayerischen Brutbestands im Murnauer Moos vorkommen.

Gesang eines Braunkehlchens im Weidmoos (Aufnahme: 16.5.2017, H. Liebel).

Familienverband bei Weghaus

Schwarzkehlchen *(Saxicola torquatus)*

En: European stonechat

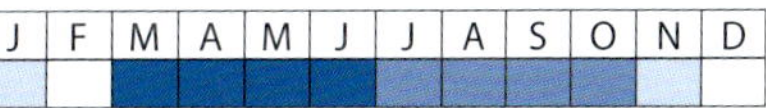

Lebensraum: Schwarzkehlchen bewohnen offene und halboffene Bereiche mit einer großen Anzahl von Sing- und Ansitzwarten, die auch in Form von Büschen und Einzelbäumen angenommen werden. Der Unterwuchs spielt dagegen eine untergeordnete Rolle. Im Bereich der Hoch- und Zwischenmoore des nördlichen und zentralen Murnauer Mooses wird die größte Bestandsdichte erreicht.

Zeitraum (Phänologie): Schwarzkehlchen kommen deutlich früher im Gebiet an als die Schwesterart, das Braunkehlchen. Vergleicht man das Ankunftsdatum von 1990 bis 2016, zeigt sich, dass Schwarzkehlchen im Schnitt 30 Tage vor den Braunkehlchen im Gebiet ankommen und Reviere besetzen. Regelmäßige Beobachtungen des Schwarzkehlchens vom 2.3.-1.11.

Bestandsentwicklung: Bezzel (1989) fasst die Besiedlung des Mooses zusammen. Die erste Brut wurde 1967 festgestellt. In den 1980er Jahren konnte man dann von einem regelmäßigen Brutvogel »in ein bis wenigen Paaren« sprechen. In den letzten Jahrzehnten ist der Bestand dann stark angestiegen und wurde 2016 mit 212 bis 236 Brutpaaren angegeben (Weiss 2016). Schwarzkehlchen profitieren derzeit von den frühen Sukzessionsstadien, die im Moos auf großer Fläche vorhanden sind

Jahreszeitliche Verteilung der Beobachtungen im Murnauer Moos und Individuenmaxima.

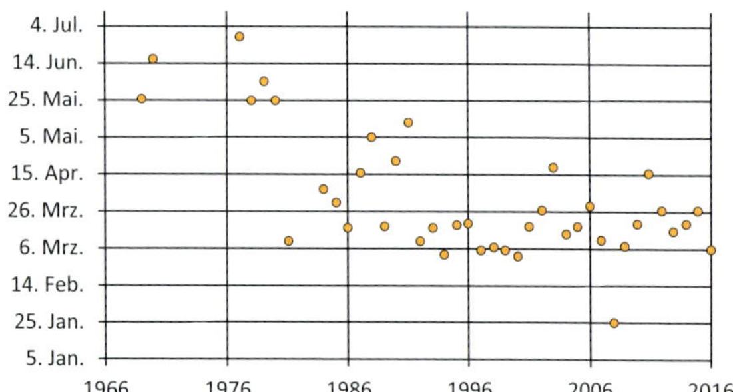

Erstbeobachtungsdatum von Schwarzkehlchen im Bearbeitungsgebiet.

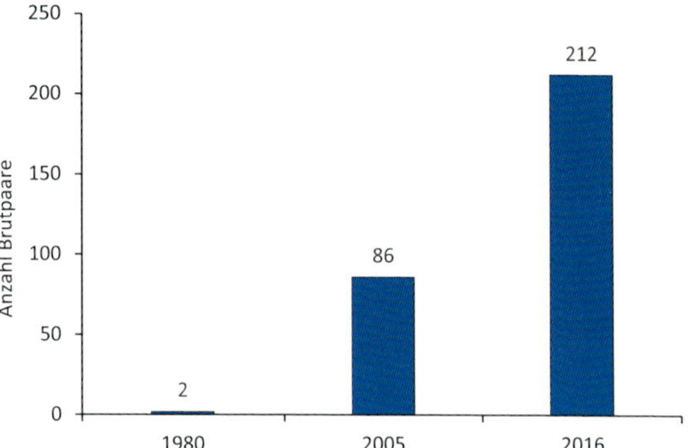

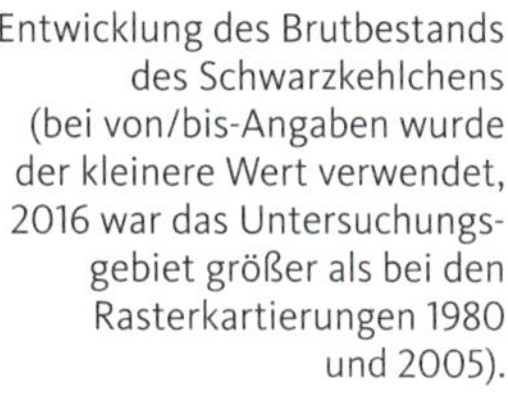

Entwicklung des Brutbestands des Schwarzkehlchens (bei von/bis-Angaben wurde der kleinere Wert verwendet, 2016 war das Untersuchungsgebiet größer als bei den Rasterkartierungen 1980 und 2005).

(offenes Buschland). Im Vergleich zum Braunkehlchen, das stark abnimmt, hat das Schwarzkehlchen den Vorteil, dass es früher aus dem nahen Überwinterungsort zurückkehrt, mehrere Bruten in einer Saison durchführt (drei Jahresbruten wurden mehrfach im Murnauer Moos nachgewiesen, Schöpf & Geiersberger 1997) und mehr Gehölze und Büsche im Lebensraum akzeptiert.

Gefährdung und Schutz: Es sind im Moment keine Maßnahmen für das Schwarz-

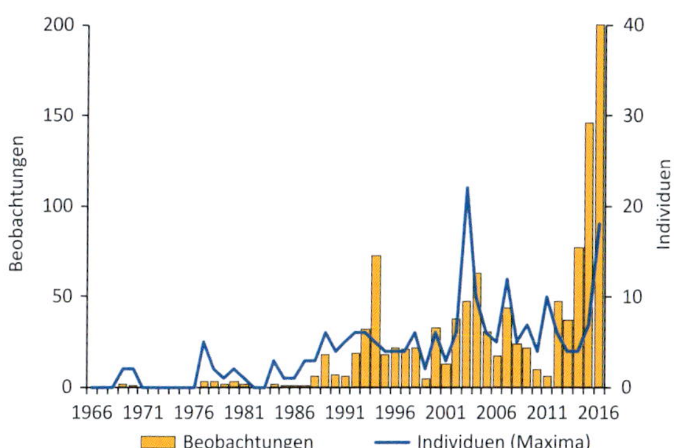

Beobachtungen im Murnauer Moos von 1966 bis 2016.

kehlchen erforderlich. Auf lange Sicht werden halboffene Bereiche jedoch zurückgehen, da sich verbuschte Bereiche zunehmend bewalden und in offenen Streuwiesen keine Einzelgehölze aufkommen können. Durch Rotationsbrachen sollte langfristig versucht werden, halboffene Lebensräume immer wieder neu entstehen zu lassen.

Bedeutung: Groß. Der bayerische Brutbestand liegt laut Rödl *et al.* (2012) bei 400 bis 600 Paaren. Es ist anzunehmen, dass diese Anzahl den tatsächlichen Brutbestand in Bayern unterschätzt. Legt man sie dennoch der Einschätzung des Bestands im Moos zugrunde, würden 37 bis 59 % aller bayerischen Schwarzkehlchen im Murnauer Moos brüten. Das Brutvorkommen im Murnauer Moos ist mit Abstand das größte Bayerns, gefolgt von den östlich an das Bearbeitungsgebiet angrenzenden Loisach-Kochelseemooren, in denen 112 bis 130 Brutpaare festgestellt wurden (Weiss 2015b).

Rotkehlchen *(Erithacus rubecula)*

En: European robin

J	F	M	A	M	J	J	A	S	O	N	D

Lebensraum: Rotkehlchen brüten regelmäßig in Wäldern, Gebüschen und Hecken.

Zeitraum (Phänologie): Beobachtungen ganzjährig. Größte gleichzeitig festgestellte Anzahl mit 26 Individuen am 5.4.1996 im nördlichen Murnauer Moos.

Bestandsentwicklung: Bezzel (1989) geht in den 1980er Jahren von etwa 100 Brutpaaren im Naturschutzgebiet und

Jahreszeitliche Verteilung der Beobachtungen im Murnauer Moos und Individuenmaxima.

direkten Umland aus und vermutet eine deutliche Abnahme. Die Rasterkartierung 2005 führte nur in 13 von 56 Planquadraten zu Nachweisen. 1980 gab es noch Nachweise in 29 Planquadraten. Der Bestand dürfte wohl tatsächlich deutlich abgenommen haben.

Gefährdung und Schutz: Es sind keine Gefährdungen zu erkennen. Die Art leidet vor allem unter Kältewintern und dem Vogelmord in Südeuropa. Wie sich das allgemeine Insektensterben auf den Bestand des Rotkehlchens und anderer Insektenfresser auswirkt, bedarf eingehender Untersuchungen.

Bedeutung: Gering. Der bayerische Brutbestand liegt bei 330.000 bis 880.000 Paaren (RÖDL *et al.* 2012).

Nachtigall *(Luscinia megarhynchos)*

En: Common nightingale

J	F	M	A	M	J	J	A	S	O	N	D

Lebensraum: Nachtigallen wurden bisher nur siebenmal rastend beobachtet. Vor allem auf dem Frühjahrszug fallen Nachtigallen durch ihren Gesang auf. Das könnte die Häufung der Beobachtungen zu dieser Jahreszeit im Vergleich zum Herbstzug erklären. Einzelvögel wurden am 18.4.1977, 3.5.1980, 27.4.1997, 15.5.2008, 29.4.2012, 20.5.2012 und 10.8.2015 (2 Individuen) beobachtet.

Bedeutung: Gering. In Bayern brüten 3.400 bis 5.500 Paare (RÖDL *et al.* 2012).

Sprosser *(Luscinia luscinia)*

En: Thrush nightingale

 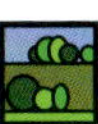 

J	F	M	A	M	J	J	A	S	O	N	D

Lebensraum: Während der Auswertungsarbeit für dieses Buch wurde erstmalig am 21.5.2017 ein Sprosser im nördlichen Murnauer Moos von CHRISTIAN HAASS singend per Tonaufnahme nachgewiesen. Dabei handelt es sich um den zweiten Nachweis der Art im Landkreis Garmisch-Partenkirchen und sicher um einen Durchzügler.

Tonaufnahme des Sprossers Aufnahme: 21.5.2018, C. HAASS).

Bedeutung: Gering. Sprosser brüten in Nordwestdeutschland und zeigen in den letzten Jahren die Tendenz, ihr Areal nach Westen auszubreiten (GEDEON *et al.* 2014).

Blaukehlchen *(Luscinia svecica)*

En: Bluethroat

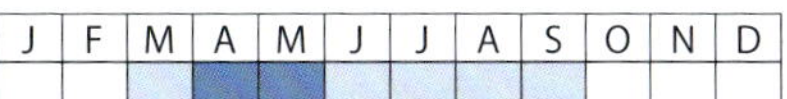

J	F	M	A	M	J	J	A	S	O	N	D

Lebensraum: Blaukehlchen haben sich vermutlich erst in den 1980er Jahren im Murnauer Moos angesiedelt und sind jetzt regelmäßige Brutvögel. Sie kommen vor allem in Altschilfbeständen mit Einzelbüschen und selten auch in verschilften Schlenkenkomplexen vor.

Zeitraum (Phänologie): Beobachtungen vom 22.3. bis 15.9.

Bestandsentwicklung: BEZZEL (1989) geht von einer ersten Brut des Blaukehlchens 1980 aus. Von da an gab es fast

Jahreszeitliche Verteilung der Beobachtungen im Murnauer Moos und Individuenmaxima.

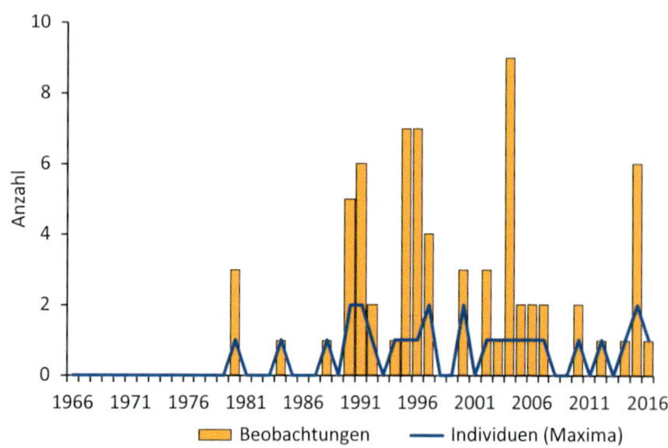

Beobachtungen im Murnauer Moos von 1966 bis 2016.

jährlich Nachweise, doch war wenig über die Anzahl der Brutpaare bekannt, bis Ingo Weiss das Gebiet 2016 intensiv unter die Lupe nahm. Er konnte 14 bis 21 Reviere feststellen. Neben seinen Beobachtungen wurde 2016 nur eine Zufallsbeobachtung des Blaukehlchens bekannt. Das verdeutlicht, dass der Bestand des Blaukehlchens durch Zufallsbeobachtungen massiv unterschätzt wird. Dennoch kann man davon ausgehen, dass der Bestand seit 1980 im Gebiet zugenommen hat.

Gefährdung und Schutz: Strukturreiche Altschilfbereiche sollten in den von Blaukehlchen am dichtesten besiedelten Bereichen im Moos erhalten werden.

Bedeutung: Gering. Der bayerische Brutbestand liegt bei 2.000 bis 3.200 Paaren (Rödl *et al.* 2012).

Hausrotschwanz *(Phoenicurus ochruros)*

En: Black redstart

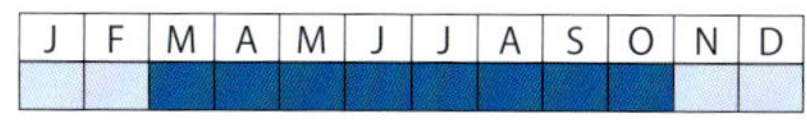

Lebensraum: Hausrotschwänze brüten regelmäßig und häufig im Gebiet. Sie nutzen vor allem Städel und sonstige Gebäude als Nistplatz. Zur Nahrungssuche benötigen sie offene Flächen mit einem reichen Angebot an Spinnentieren und Insekten. In der Felswand des Langen Köchels brüten ebenfalls Hausrotschwänze.

Zeitraum (Phänologie): Kernzeitraum von März bis Oktober. Beobachtungen in allen Monaten des Jahres. Hausrotschwänze kommen etwa einen Monat früher aus dem Winterquartier zurück als vor 50 Jahren. Inzwischen gibt es auch immer wieder einzelne Überwinterer.

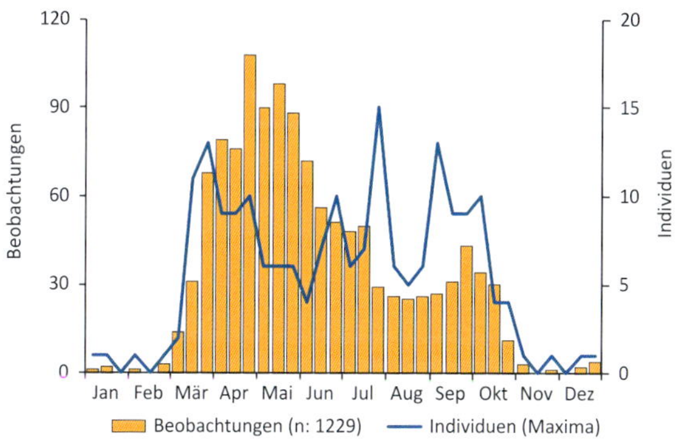

Jahreszeitliche Verteilung der Beobachtungen im Murnauer Moos und Individuenmaxima.

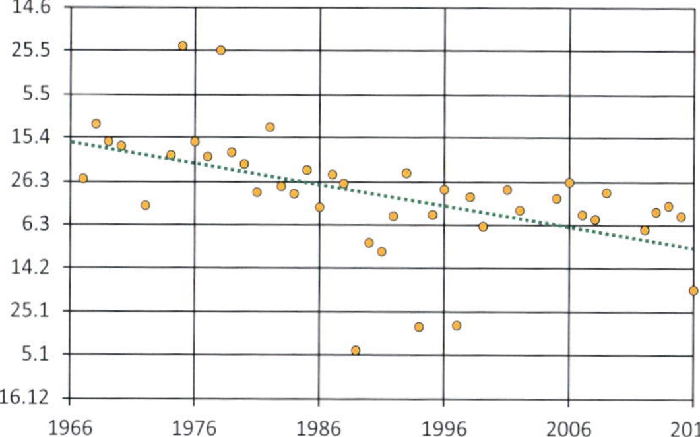

Erstbeobachtungsdatum von Hausrotschwänzen im Bearbeitungsgebiet.

Bestandsentwicklung: Bezzel (1989) schätzt den Brutbestand 1980 im Naturschutzgebiet und direkten Umland auf 20 bis 25 Paare. Bei der Rasterkartierung 2005 wurden ca. 35 Reviere festgestellt. Der Brutbestand hat zumindest bis 2005 zugenommen.

Gefährdung und Schutz: Es sind keine Bedrohungen zu erkennen. Besonders in den Ortschaften haben wildernde Katzen einen gewissen Einfluss auf den Bruterfolg der Rotschwänze und anderer Vogelarten.

Bedeutung: Gering. Der bayerische Brutbestand liegt bei 70.000 bis 190.000 Paaren (Rödl *et al.* 2012).

Gesang eines Hausrotschwanzes. Die Entfernung des Aufnahmegerätes betrug nur ca. 20 cm vom singenden Vogel. Deshalb ist auch ein sonst kaum vernehmbarer Strophenteil zu hören (Aufnahme: 15.4.2016, H. Liebel).

Gartenrotschwanz *(Phoenicurus phoenicurus)*

En: Common redstart

J	F	M	A	M	J	J	A	S	O	N	D

Lebensraum: Gartenrotschwänze brüteten früher wohl regelmäßig in strukturreichen Bereichen mit Hecken, Büschen und Offenland. Heutzutage brüten sie im Moos wohl nur noch unregelmäßig in Einzelpaaren.

Zeitraum (Phänologie): Beobachtungen vom 15.3. bis 24.10. Dreißig teils erschöpfte Individuen wurden am 14.4.1997 südlich Murnau als Maximalzahl für das Murnauer Moos festgestellt. Die Daten legen nahe, dass Gartenrotschwänze ca. zwei Wochen früher im Gebiet ankommen als vor 50 Jahren.

Bestandsentwicklung: Bezzel (1989) berichtet von einer starken Bestandsabnahme seit den 1960er Jahren, die sich wohl unvermindert fortgesetzt hat. Weiss (2016) fand nur noch ein besetztes Revier bei Mühlhagen. Auch seit der Einführung von ornitho.de gab es keinen konkreten Brutverdacht mehr.

Gefährdung und Schutz: Es ist erwiesen, dass Gartenrotschwänze unter dem Rückgang der Insekten und dem Einsatz von Pestiziden leiden (Bauer *et al.* 2005). Dürren in der Sahelzone und auf der iberischen Halbinsel führen zudem vermutlich zu großen Verlusten auf dem Zug von und zu den Überwinterungsgebieten.

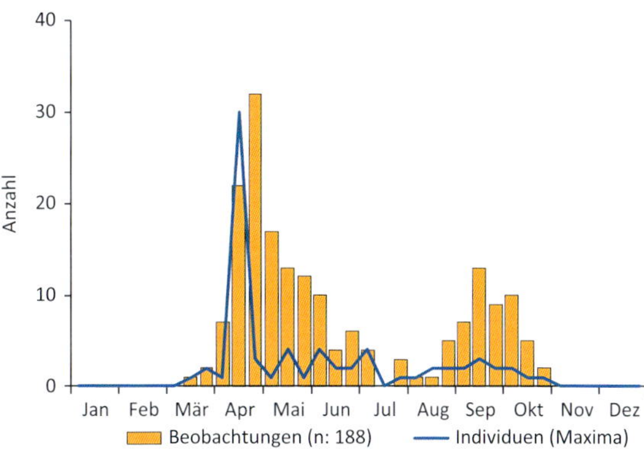

Jahreszeitliche Verteilung der Beobachtungen im Murnauer Moos und Individuenmaxima.

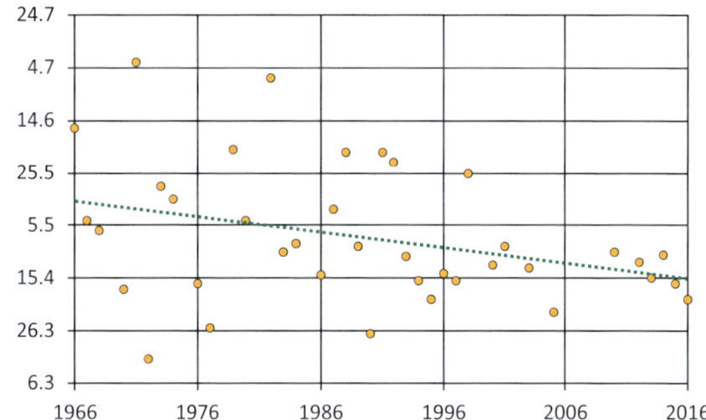

Erstbeobachtungsdatum von Gartenrotschwänzen im Bearbeitungsgebiet.

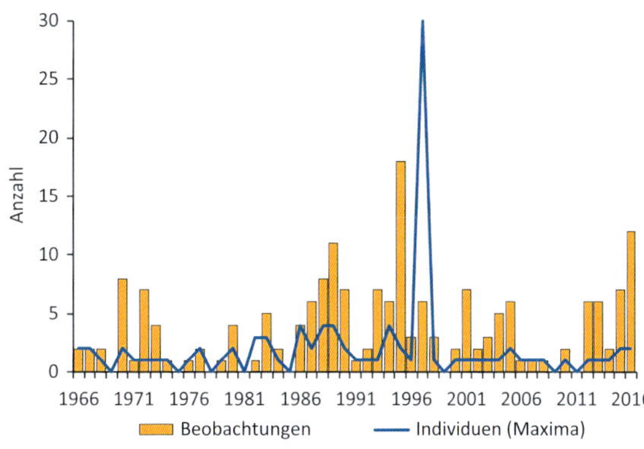

Beobachtungen im Murnauer Moos von 1966 bis 2016.

Bedeutung: Gering. Der bayerische Brutbestand liegt bei 4.200 bis 7.000 Paaren. Während sich die Bestände in anderen Teilen Deutschlands nach großen Einbrüchen im vergangenen Jahrhundert wieder stabilisieren konnten, ist der Trend in Bayern weiterhin negativ (Rödl *et al.* 2012).

Steinschmätzer *(Oenanthe oenanthe)*

En: Northern wheatear

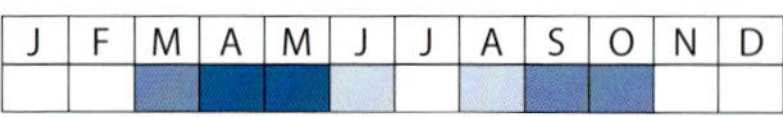

Lebensraum: Steinschmätzer sind regelmäßige Gäste auf dem Durchzug. Sie nutzen vor allem Streuwiesenbereiche mit Rohbodenanteilen zur Insektenjagd. Ruhend werden sie häufig auf Einzelbüschen im Offenland beobachtet.

Zeitraum (Phänologie): Beobachtungen während des Frühjahrszugs vom 20.3. bis 18.6. und des Herbstzugs vom 14.8. bis 15.10. Mit 30 Individuen am 6.5.1979 im zentralen Murnauer Moos wurde die höchste Anzahl beobachtet.

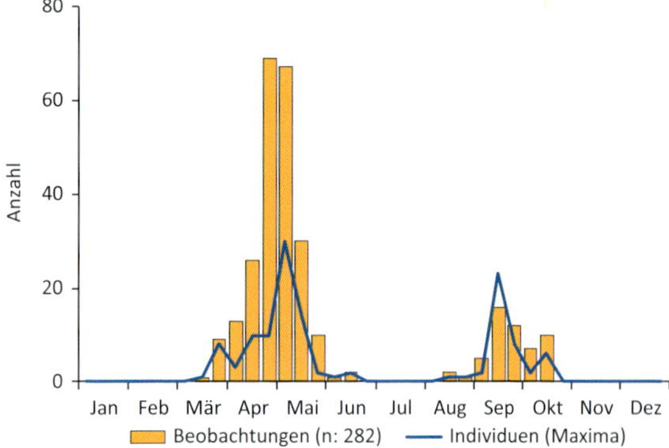

Jahreszeitliche Verteilung der Beobachtungen im Murnauer Moos und Individuenmaxima.

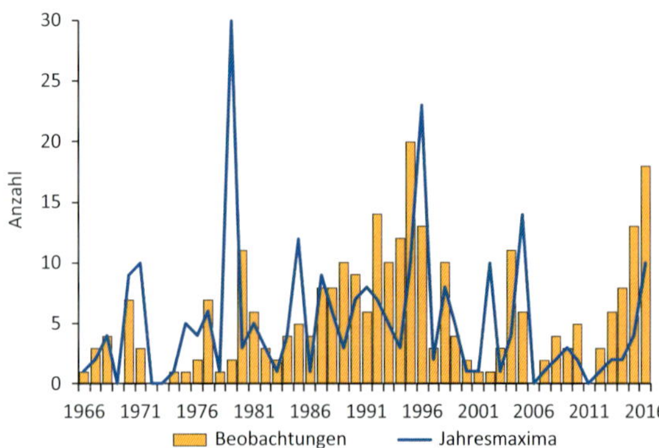

Beobachtungen im Murnauer Moos von 1966 bis 2016.

Bestandsentwicklung: Aus den Daten der Avifauna Werdenfels und ornitho.de lässt sich keine Veränderung der Rastbestände feststellen. Die Steinschmätzerpopulation ist europaweit im Rückgang begriffen. Dieser umfasst auch die europäischen Kernvorkommen in Skandinavien, wo der Bestand allein von 2002 bis 2012 jährlich um etwa 2 % schrumpfte (Lehikoinen 2013). Es ist zu erwarten, dass sich der negative Trend auch auf die Rastbestände im Moos niederschlägt.

Gefährdung und Schutz: Vor allem in den südlichen Teilen des Mooses wirkt sich die Intensivierung der Wiesennutzung negativ auf das Nahrungsangebot aus.

Bedeutung: Als Rastgebiet und Trittstein auf dem Vogelzug hat das Moos eine gewisse Bedeutung für den Steinschmätzer. Der bayerische Brutbestand liegt bei 50 bis 60 Paaren, die sich inzwischen fast ausschließlich auf alpine Vorkommen im Allgäu beschränken (Rödl *et al.* 2012).

Alpenbraunelle *(Prunella collaris)*

En: Alpine accentor

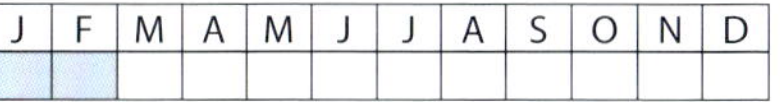

Lebensraum: Alpenbraunellen wurden im Talraum bislang nur viermal nachgewiesen: 16.1.1986 von Sperber erbeutetes Individuum am Bahndamm zwischen Eschenlohe und Ohlstadt, ein Individuum am 25.2.1993 an der Wetzsteinlaine nördlich von Ohlstadt rastend, fünf Individuen am 25.1.2002 und ein Individuum am 30.1.2003 am Langen Köchel.

Bedeutung: Gering. Im bayerischen Alpenraum brüten 430 bis 800 Paare (Rödl *et al.* 2012).

Heckenbraunelle *(Prunella modularis)*

En: Dunnock

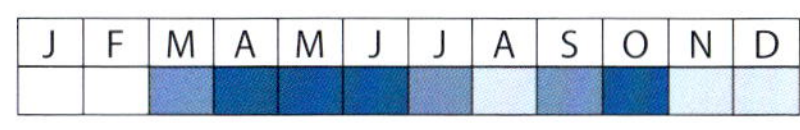

Lebensraum: Heckenbraunellen sind regelmäßige Brutvögel. Sie brüten vor allem in Büschen, Hecken und Fichtenwäldern.

Zeitraum (Phänologie): Beobachtungen vom 8.3. bis 9.12. Am 15.10.2000 wurde, mit 17 Individuen innerhalb eines Tages, die bisherige Höchstzahl im Weidmoos festgestellt (Zugplanbeobachtung).

Bestandsentwicklung: Die unauffälligen Heckenbraunellen werden außerhalb systematischer Erhebungen leicht übersehen. Vergleicht man die Rasterkartierung von 1980 mit der von 2005 im Naturschutzgebiet und direkten Umland, zeigt sich ein deutlicher Rückgang von etwa 50 auf 30 besetzte Reviere. Ein deutlicher Rückgang im Flachland wurde auch an anderen Stellen Bayerns bereits dokumentiert (RUDOLPH & NITSCHE 2008).

Gefährdung und Schutz: Es sind keine Gefährdungen zu erkennen, die für den

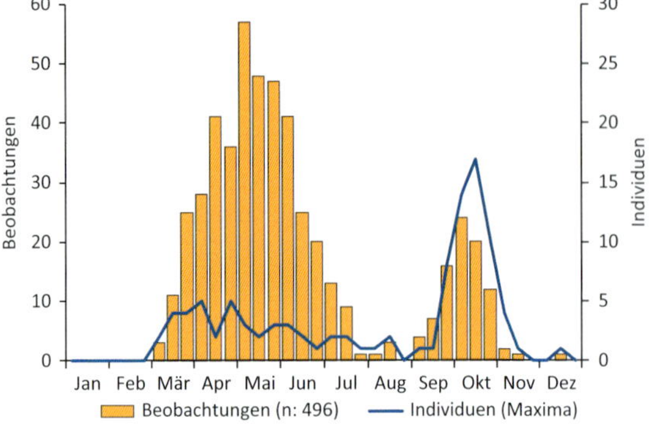

Jahreszeitliche Verteilung der Beobachtungen im Murnauer Moos und Individuenmaxima.

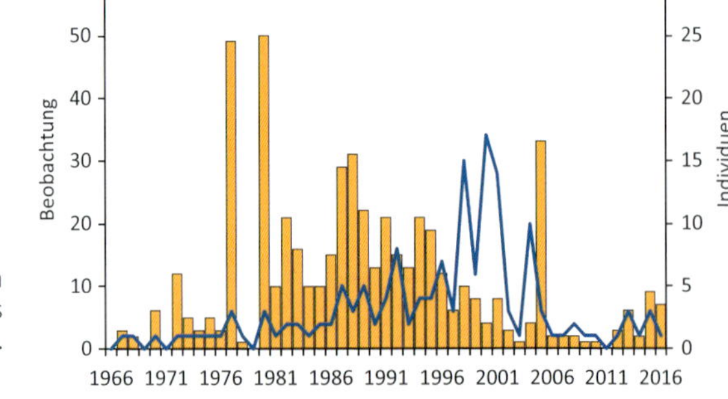

Beobachtungen im Murnauer Moos von 1966 bis 2016.

Rückgang der Heckenbraunelle verantwortlich gemacht werden können. Im Sommer ist ein ausreichendes Insektenangebot wichtig, sonst ernährt sie sich von Samen verschiedenster Wildkräuter. Der Rückgang der Wildkräuter in der Kulturlandschaft und das Insektensterben (KRUMENACKER 2017, HALLMANN *et al.* 2017) dürften sich negativ auf die Art auswirken.

Bedeutung: Gering. Der bayerische Brutbestand liegt bei 140.000 bis 390.000 Paaren (RÖDL *et al.* 2012).

Haussperling *(Passer domesticus)*

En: House sparrow

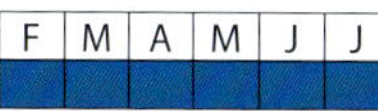

Lebensraum: Haussperlinge brüten in Ortschaften und an Aussiedlerhöfen. Sie benötigen ein ausreichendes Angebot an Samen, Wildkräutern und Zugang zu Insekten während der Aufzucht der Jungen.

Zeitraum (Phänologie): Ganzjährig. Größter Trupp mit ca. 80 Individuen am 21.9. 1982 in Ohlstadt.

Bestandsentwicklung: Der Brutbestand und die Bestandsentwicklung in den Ortschaften und im Kulturland des Talraums ist unbekannt.

Gefährdung und Schutz: Haussperlinge leiden unter der Intensivierung und Perfektionierung der Landwirtschaft bei der immer weniger Futter für Haussperlinge abfällt. Auch die Aufgabe kleiner landwirtschaftlicher Betriebe führt zum Wegfall geeigneten Lebensraums. An modernen Gebäuden finden sie zudem kaum Nischen, die für die Anlage des Nests geeignet sind. In sterilen Gärten ist kaum Nahrung vorhanden.

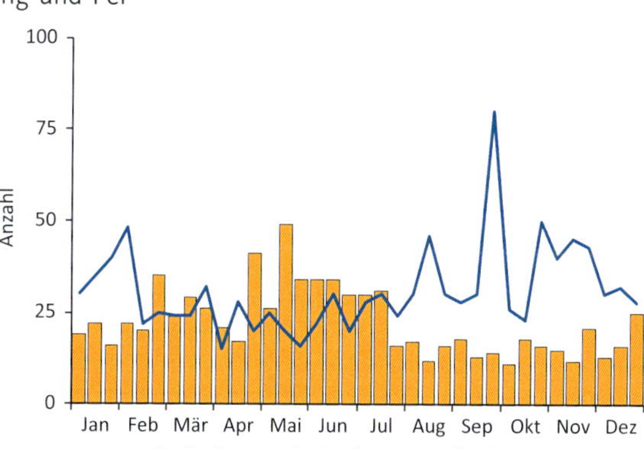

Jahreszeitliche Verteilung der Beobachtungen im Murnauer Moos und Individuenmaxima.

Bedeutung: Gering. Der bayerische Brutbestand liegt bei 200.000 bis 530.000 Paaren (RÖDL *et al.* 2012).

Feldsperling *(Passer montanus)*

En: Eurasian tree sparrow

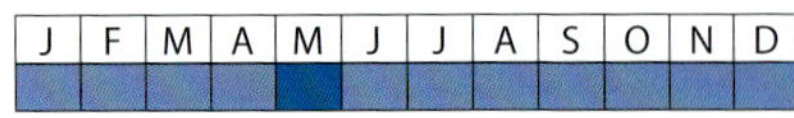

Lebensraum: Feldsperlinge brüten regelmäßig in geringer Zahl im Murnauer Moos in Bereichen mit Hecken und Gebüschen mit ausreichendem Angebot an natürlichen Nisthöhlen und in Randbereichen vor allem in Nistkästen.

Zeitraum (Phänologie): Ganzjährig. Größter Trupp mit 180 Individuen am 17.10. 1994 an der Mülldeponie Schwaiganger.

Bestandsentwicklung: Nachdem 1977 und 1980 jeweils noch um 10 Paare bei Rasterkartierungen im Moos erfasst wurden, gab es 2005 nur einen einzigen Nachweis. In den letzten Jahren gab es immer wieder Einzelnachweise zur Brutzeit und einzelne Brutnachweise im nördlichen Murnauer Moos. Weiss (2016) konnte drei bis vier Reviere zwischen Eschenlohe und Murnau finden.

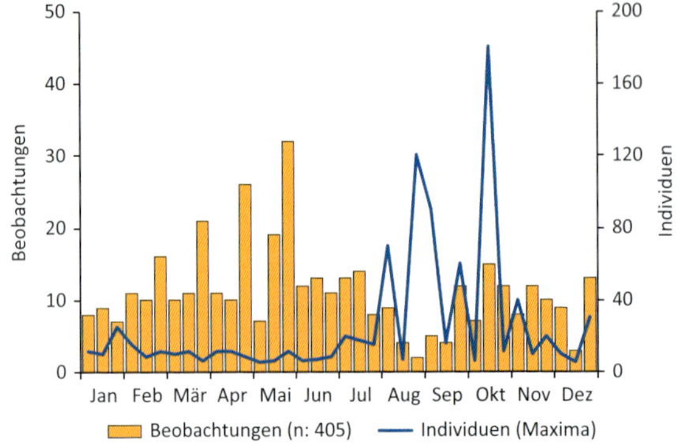

Jahreszeitliche Verteilung der Beobachtungen im Murnauer Moos und Individuenmaxima.

Gefährdung und Schutz: Feldsperlinge profitieren von strukturreicher, wildkräuterreicher Kulturlandschaft, die im Talraum zumindest in den feuchteren Bereichen erhalten ist. Zweimähdige Extensivwiesen sind aber auch hier selten geworden. Feldsperlinge lassen sich durch Nistkästen fördern.

Bedeutung: Gering. Der bayerische Brutbestand liegt bei 285.000 bis 750.000 Paaren (Rödl *et al.* 2012).

Brachpieper *(Anthus campestris)*

En: Tawny pipit

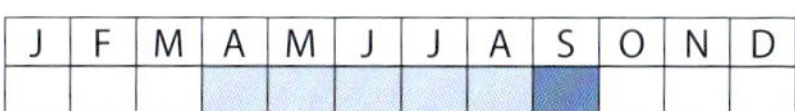

Lebensraum: Im Murnauer Moos rasten Brachpieper selten auf lückig bewachsenen Offenflächen auf dem Durchzug. Am 7.4.1981 gab es Balzflüge bei Kleinaschau. Sonstige Beobachtungen liegen vor allem im Bereich Weid- und Niedermoos vor.

Zeitraum (Phänologie): Beobachtungen vom 7.4. bis 23.9.

Bedeutung: Gering. In Bayern gilt der Brachpieper seit kurzer Zeit als Brutvogel ausgestorben (RUDOLPH *et al.* 2016).

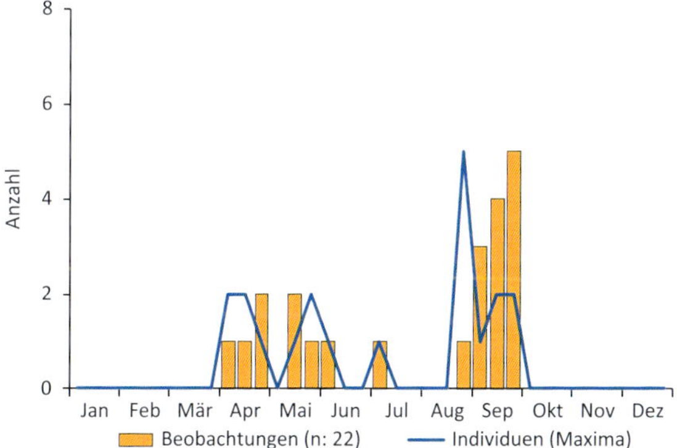

Jahreszeitliche Verteilung der Beobachtungen im Murnauer Moos und Individuenmaxima.

Bergpieper *(Anthus spinoletta)*

En: Water pipit

J	F	M	A	M	J	J	A	S	O	N	D

Lebensraum: Bergpieper sind regelmäßige Gäste im Moos, die vermutlich in milden Wintern im Gebiet überwintern. Sie sind vor allem in Wiesen und an Flussufern anzutreffen.

Zeitraum (Phänologie): Beobachtungen vor allem vom 16.9. bis 28.4. Größter Trupp: 100 Individuen am 18.4.2016 in der Nähe des Fügsees.

Bestandsentwicklung: Die Bestandsentwicklung der Art ist unbekannt. Es existieren keine systematischen Erhebungen.

Gefährdung und Schutz: Die Wiesenintensivierung wirkt sich in Teilgebieten negativ aus, da sich das Angebot attraktiver Nahrungsflächen dadurch reduziert.

Bedeutung: Gering. Der bayerische Brutbestand liegt bei 900 bis 1.800 Paaren (RÖDL *et al.* 2012).

Bergpieper im Weidmoos

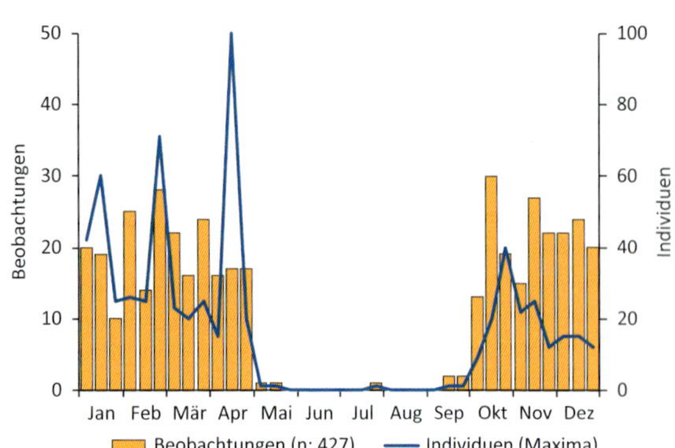

Jahreszeitliche Verteilung der Beobachtungen im Murnauer Moos und Individuenmaxima.

Wiesenpieper *(Anthus pratensis)*

En: Meadow pipit

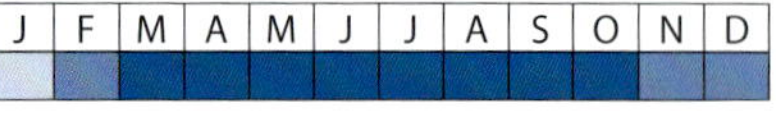

Lebensraum: Wiesenpieper sind optisch unscheinbare Bewohner der Streuwiesen und niedrigwüchsigen Zwischenmoore (vor allem Hohenboigenmoos). Dennoch gehören sie und vor allem ihr Gesang und ihre charakteristischen Rufe traditionell zum Moos. Als Wiesenbrüter legen sie ihre Nester ähnlich den Braunkehlchen direkt in den Wiesen oder im Übergangsbereich zu Brachflächen und in Brachstreifen an.

Zeitraum (Phänologie): Beobachtungen sind ganzjährig möglich, konzentrieren

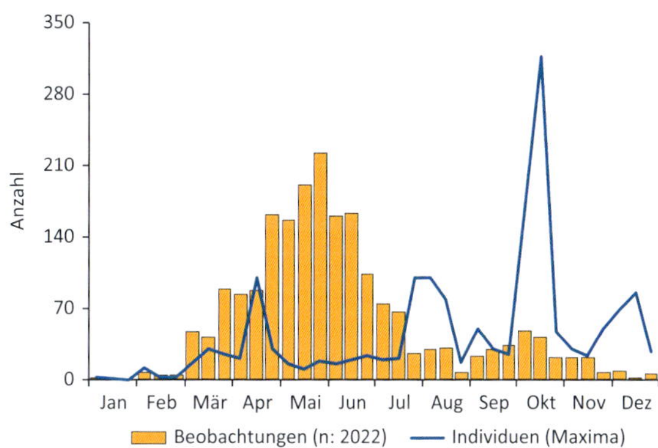

Jahreszeitliche Verteilung der Beobachtungen im Murnauer Moos und Individuenmaxima.

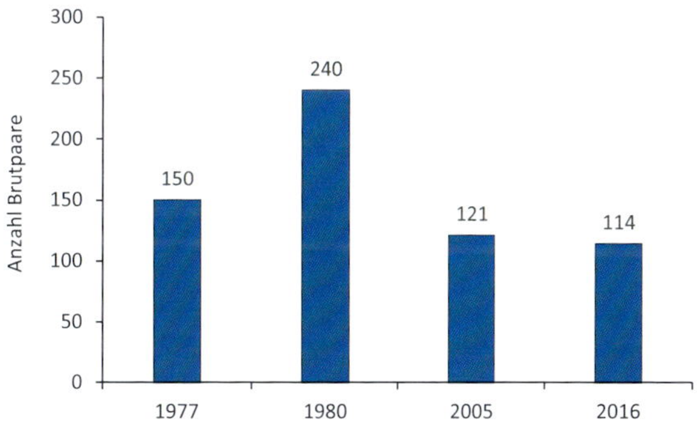

Entwicklung des Brutbestands des Wiesenpiepers im Murnauer Moos (bei von/bis-Angaben wurde der kleinere Wert verwendet, 2016 war das Kartierungsgebiet größer als bei früheren Erhebungen).

sich aber vor allem auf die Brutzeit. Die größte Tagessumme mit 317 Individuen wurde am 17.10.1997 im Weidmoos beobachtet (Zugplanbeobachtung).

Bestandsentwicklung: Der Bestand des Wiesenpiepers hat sich im Vergleich zu den Erfassungen 1977/1980 deutlich reduziert. Der Rückgang fällt jedoch nicht so drastisch aus wie beim Braunkehlchen, das ähnliche Lebensraumansprüche hat. Es ist denkbar, dass Wiesenpieper als Kurzstreckenzieher geringere Verluste auf dem Zug erleiden, als der Langstreckenzieher Braunkehlchen.

Gefährdung und Schutz: Wiesenpieper wurden in der letzten Fassung der Roten Liste bedrohter Vogelarten in Bayern (Rudolph *et al.* 2016) aufgrund des landesweiten, drastischen Rückgangs erstmals in die höchste Gefährdungskategorie »vom Aussterben bedroht« eingestuft. Auch wenn der Rückgang im Moos gedämpfter verläuft, sollte die Art besonders gefördert werden. Brachstreifen in schlecht wüchsigen Wiesen bieten geschützte Brutplätze und schaffen wichtige Strukturen in großflächigen Streuwiesenbereichen. In einigen Bereichen haben Baumpieper ehemalige Wiesenpieperreviere übernehmen können, wo Bäume und Büsche aufgewachsen sind. In schwachwüchsigen Dauerbrachen lässt sich der Wiesenpieper durch Entbuschung fördern. Im zweimahdigen Grünland darf der erste Schnitt erst ab Mitte Juni erfolgen, um zu vermeiden, dass Jungvögel oder Gelege zerstört werden (Geiersberger 2012). Zudem sollten intensiv genutzte Wiesen ausgehagert und extensiviert werden.

Bedeutung: Groß. Aus den Ergebnissen der landesweiten Wiesenbrüterkartierung 2014/15 (Liebel 2015) lässt sich errechnen, dass 20 bis 24 % des bayerischen Brutbestands im Murnauer Moos vorkommen. Das Murnauer Moos ist nach dem Naturschutzgebiet Lange Rhön in Unterfranken das zweitwichtigste Brutgebiet Bayerns.

Baumpieper *(Anthus trivialis)*

En: Tree pipit

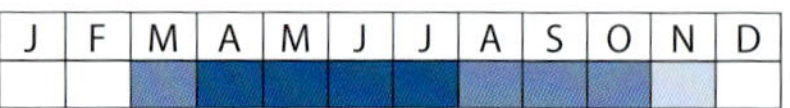

Lebensraum: Baumpieper besiedeln die meisten Offenlandbereiche. Grundvoraussetzung dafür ist jedoch, dass auch einzelne Gehölze, Büsche oder ein lichter Baumbewuchs vorhanden sind. Besonders in den Dauerbrachen und großen Hochmoorbereichen (z. B. Ohlstädter Filz) sind hohe Dichten festgestellt worden, die zu den größten in Bayern gehören (Weiss 2016).

Zeitraum (Phänologie): Beobachtungen vom 15.3. bis 2.11. Größte Anzahl mit 20 Individuen am 5.8.1981 in einem gemischten Trupp mit Wiesenpiepern bei Weghaus.

Bestandsentwicklung: Im Jahr 2016 wurden 317 bis 348 Reviere des Baumpiepers festgestellt (Weiss 2016). Der Vergleich der aktuellen Verbreitung mit den Ergebnissen der Rasterkartierung 2005 (Geiersberger 2012) lässt auf einen stabilen Bestand schließen. Dadurch hebt sich das Moos vom sonst negativen Bestandstrend in Bayern deutlich ab.

Gefährdung und Schutz: Baumpieper profitieren von der zunehmenden Verbuschung und Ausbreitung lichter Wälder in den Hochmooren und Dauerbrachen. Langfristig kann der Baumpieper von Rotationspflege profitieren, bei der zu dichte Bereiche zum Beispiel alle zehn bis zwanzig Jahre erneut aufgelichtet werden.

Baumpieper im Singflug.

Bedeutung: Groß, da die bayernweit größte Baumpieperdichte im Moos festgestellt wurde und die Art gleichzeitig außerhalb des Mooses rückläufig ist. Der bayerische Brutbestand liegt bei 11.500 bis 26.000 Paaren (Rödl *et al.* 2012).

Jahreszeitliche Verteilung der Beobachtungen im Murnauer Moos und Individuenmaxima.

Rotkehlpieper *(Anthus cervinus)*

En: Red-throated pipit

J	F	M	A	M	J	J	A	S	O	N	D

Lebensraum: Rotkehlpieper sind seltene Durchzügler im Murnauer Moos, die aber vermutlich immer wieder unbemerkt bleiben, da sie optisch unauffällig sind und die Zugrufe nur von Experten beherrscht werden. Möglicherweise ziehen Rotkehlpieper jährlich durch das Gebiet. Beobachtungen häufen sich vor allem im niedrigwüchsigen Streuwiesenareal des Weidmooses.

Zeitraum (Phänologie): Beobachtungen im Frühjahr, 18.4. bis 16.5., und Herbst, 15.9. bis 21.11., mit dem größten Tagesmaximum bestehend aus fünf Individuen am 15.9.1996 im Weidmoos.

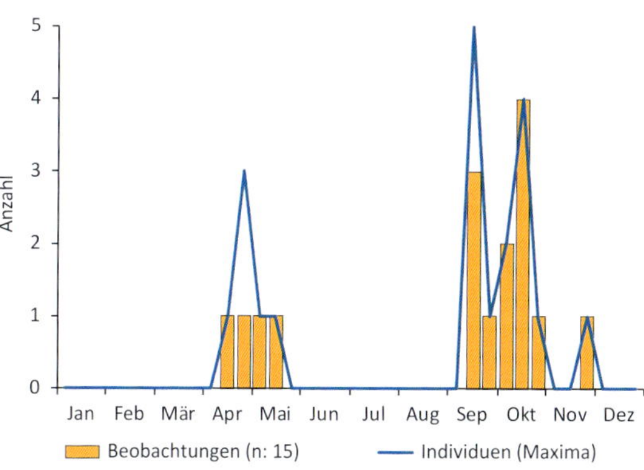

Jahreszeitliche Verteilung der Beobachtungen im Murnauer Moos und Individuenmaxima.

Spornpieper *(Anthus richardi)*

En: Richard's pipit

J	F	M	A	M	J	J	A	S	O	N	D

Lebensraum: Bisher wurde erst einmal am 15.10.2000 ein Spornpieper im Weidmoos nachgewiesen. Im Rahmen systematischer Zugplanbeobachtungen von MARKUS GERUM bei Bad Bayersoien wurden seit 2013 dort jährlich Spornpieper festgestellt. Es ist wahrscheinlich, dass Spornpieper auch im Murnauer Moos ab und zu rasten. Spornpieper leben in asiatischen Steppengebieten und ziehen nur in sehr geringer Zahl zur Überwinterung nach Südwesteuropa und Nordwestafrika. Ob es sich dabei um einen regelmäßigen Zug einer Teilpopulation nach Europa handelt, ist nicht eindeutig nachgewiesen (BAUER *et al.* 2005). Die Indizien sprechen aber dafür.

Bachstelze *(Motacilla alba)*

En: White wagtail

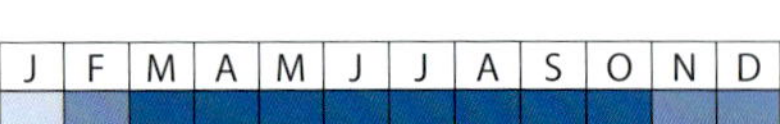

J	F	M	A	M	J	J	A	S	O	N	D

Lebensraum: Bachstelzen sind regelmäßige Brutvögel an Gewässern, aber auch fernab von ihnen. Wichtig sind halboffene oder offene Lebensräume. Nester werden in Halbhöhlen und Nischen meist in Bodennähe oder im Moos besonders auch an und in Städeln und dann in größerer Höhe angelegt.

Zeitraum (Phänologie): Beobachtungen sind ganzjährig möglich. Von November bis Mitte Februar liegen aber nur wenige Beobachtungen vor. Die größten Trupps wurden auf dem Frühjahrszug mit 100 In-

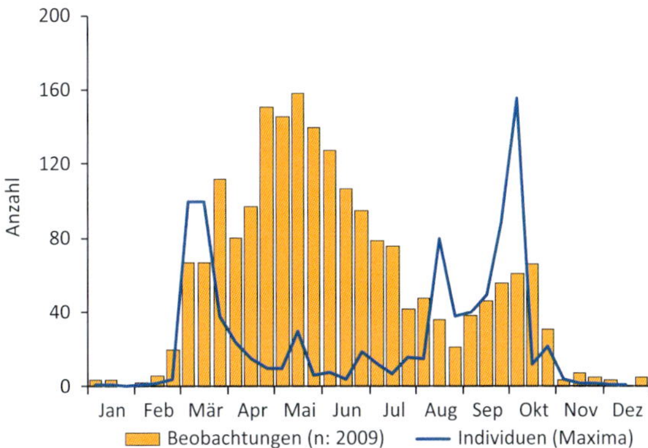

Jahreszeitliche Verteilung der Beobachtungen im Murnauer Moos und Individuenmaxima.

dividuen am Langen Köchel (5.3.1994) und in der Tagessumme während des Herbstzugs mit 159 Individuen im Weidmoos (15.10.2000) festgestellt.

Bestandsentwicklung: Während bei der Rasterkartierung 1980 noch mindestens 40 Brutpaare im Moos festgestellt wurden (Bezzel 1989), lassen die Ergebnisse der letzten Rasterkartierung 2005 nur auf ca. 20 Reviere schließen (Geiersberger 2005). Der Trend ist negativ. Auch deutschlandweit ist der Brutbestand rückläufig (Gedeon *et al.* 2014).

Gefährdung und Schutz: Rückgangsursachen sind nicht offensichtlich. In Frage kommen unter anderem der Insektenrückgang und Verluste auf dem Vogelzug.

Bedeutung: Gering. Der bayerische Brutbestand liegt bei 105.000 bis 300.000 Paaren (Rödl *et al.* 2012).

Schafstelze *(Motacilla flava agg.)*

En: Western yellow wagtail

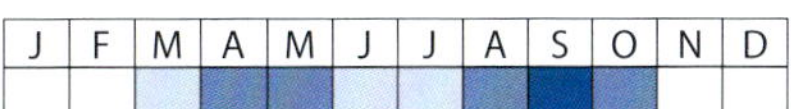

Lebensraum: Schafstelzen brüten nur in Einzeljahren (1977, 1985, 1986, 1987) und dann entweder in Streuwiesen oder in loisachnahen Flächen. 1986 kam es zu einer Hybridbrut zwischen der heimischen Unterart Wiesenschafstelze *(M. flava s. str.)* und der südlich verbreiteten Aschkopfschafstelze *(M. flava* ssp. *cinereocapilla)* am ehemaligen Hochwasserrückhaltebecken an der Loisach bei Hechendorf (Bezzel & Fünfstück 1987). Durchzügler rasten besonders gerne auf Viehweiden. Auch die nordische Unterart Thunbergschafstelze *(M. flava* ssp. *thunbergi)* wird hin und wieder auf dem Durchzug festgestellt.

Zeitraum (Phänologie): Beobachtungen vom 24.3. bis 28.10. mit deutlicher Häufung der Beobachtungen von Durchzüglern im Monatswechsel April/Mai und im September. Größter Trupp am 16.9.1996 mit 110 Individuen.

Wiesenschafstelze.

^ Thunbergschafstelze. ˅ Aschkopfschafstelze.

Bestandsentwicklung: Zuletzt wurde am 15.5.2016 ein Pärchen der Aschkopfschafstelze zur Brutzeit beobachtet, ohne dass es zur Brut kam. Es ist derzeit keine Zunahme der Beobachtungen zu bemerken.

Gefährdung und Schutz: Das Voralpenland wird von Schafstelzen traditionell kaum besiedelt. Die klimatischen Bedingungen sind dort nicht ideal für die Art. Gebietsbezogene Gefährdungsursachen bestehen nicht.

Bedeutung: Gering. Der bayerische Brutbestand liegt bei 9.000 bis 15.500 Paaren (RÖDL *et al.* 2012).

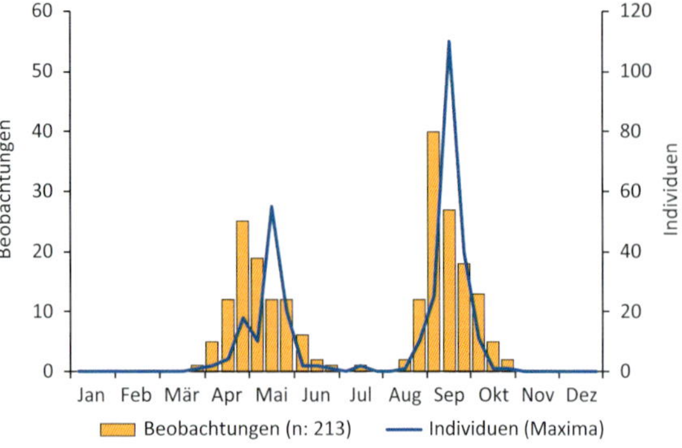

Jahreszeitliche Verteilung der Beobachtungen im Murnauer Moos und Individuenmaxima.

Gebirgsstelze *(Motacilla cinerea)*

En: Grey wagtail

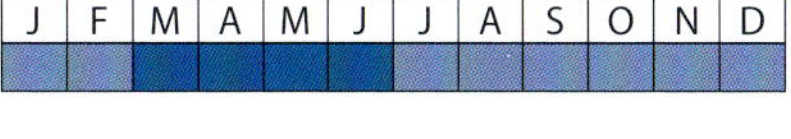

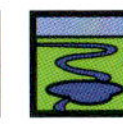

Lebensraum: Gebirgsstelzen sind eng an Gewässer gebunden und brüten regelmäßig an der Loisach und wohl nicht alljährlich auch im Moos an verschiedenen Stellen an Bächen und Seen (z. B. am Langen Köchelsee).

Zeitraum (Phänologie): Ganzjährig, jedoch nur einzelne Überwinterer.

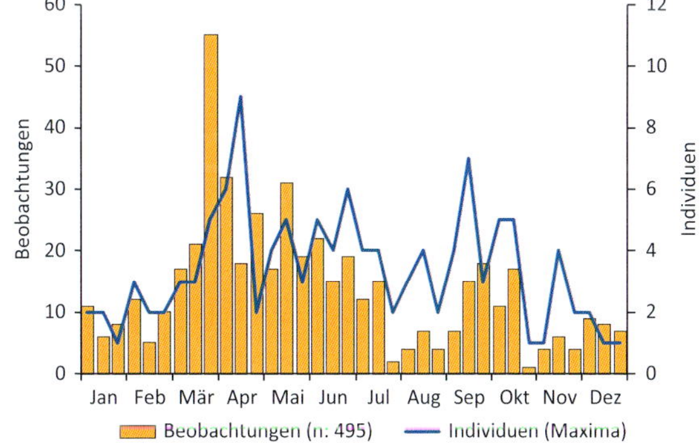

Jahreszeitliche Verteilung der Beobachtungen im Murnauer Moos und Individuenmaxima.

Bestandsentwicklung: Der Bestand ist stabil. Bei KLAMMET (1932-1938) wird die Gebirgsstelze als »einzeln« auftretend beschrieben. BEZZEL (1989) geht von einem regelmäßigen Brutvogel aus. Neuere Daten bestätigen das.

Gefährdung und Schutz: Besonders an der Loisach kann die intensive Freizeitnutzung zur Aufgabe von Gelegen führen.

Bedeutung: Gering. Der bayerische Brutbestand liegt bei 6.500 bis 11.500 Paaren (RÖDL *et al.* 2012).

Buchfink *(Fringilla coelebs)*

En: Common chaffinch

Lebensraum: Buchfinken brüten im gesamten Talraum häufig in Wäldern aller Art sowie in Gärten, Feldgehölzen und hohen Hecken.

Zeitraum (Phänologie): Ganzjährig. Größte Trupps auf dem Frühjahrszug: 317 Individuen am 24.2.1993, Mülldeponie Schwaiganger und Herbstzug: 498 Individuen am 7.10.2001, im Weidmoos.

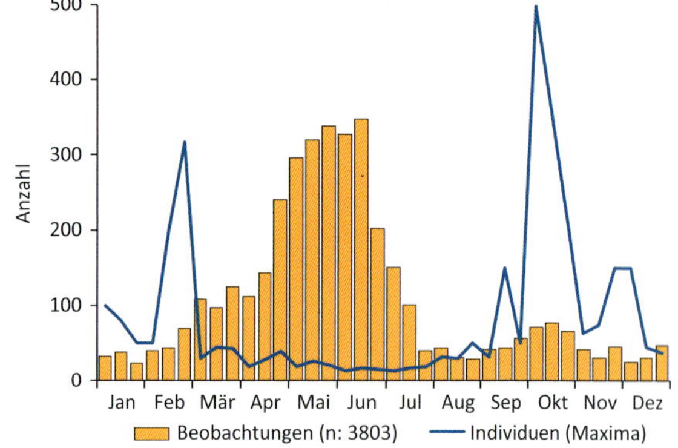

Jahreszeitliche Verteilung der Beobachtungen im Murnauer Moos und Individuenmaxima.

Bestandsentwicklung: Bei den Rasterkartierungen im Naturschutzgebiet und direkten Umland wurde der Brutbestand 1977 und 1980 jeweils auf ca. 300 und 2005 sogar über 400 Paare geschätzt. Der Bestand des Buchfinks hat zumindest bis 2005 zugenommen.

Gefährdung und Schutz: Im Bearbeitungsgebiet sind keine Gefährdungen erkennbar.

Bedeutung: Gering. Der bayerische Brutbestand liegt bei 760.000 bis 2.050.000 Paaren (Rödl *et al.* 2012).

Bergfink *(Fringilla montifringilla)*

En: Brambling

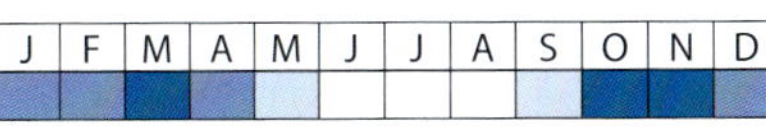

Lebensraum: Bergfinken sind regelmäßige Gäste im Winterhalbjahr, wo sie zum Teil gemischt mit Buchfinken auf Nahrungssuche in Wäldern und Gärten beobachtet werden können. Bergfinken werden besonders in Mastjahren der Buche zahlreich gesichtet.

Zeitraum (Phänologie): Schwerpunkt der Beobachtungen von Oktober bis Ende April. Eine Beobachtung vom 19.5.1992 bei Ohlstadt ist durch die Beschreibung des Vogels durch den Beobachter glaubwürdig. Die größte Tagessumme mit über 8.000 Individuen wurde am 21.1. 1992 zwischen Eschenlohe und Ohlstadt ziehend beobachtet.

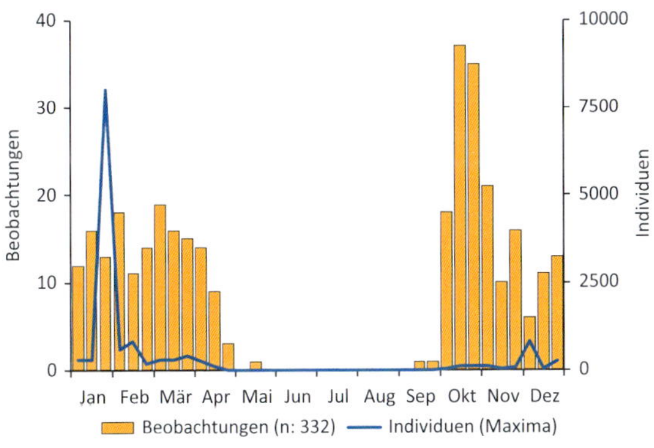

Jahreszeitliche Verteilung der Beobachtungen im Murnauer Moos und Individuenmaxima.

Kernbeißer *(Coccothraustes coccothraustes)*

En: Hawfinch

J F M A M J J A S O N D

Lebensraum: Kernbeißer brüten möglicherweise regelmäßig im Bearbeitungsgebiet. Brutnachweise und sogar Brutverdacht bestehen aber nicht alljährlich. Kernbeißer sind während der Brutzeit sehr unauffällig und schwer zu kartieren. Es werden Auwaldbereiche mit alten Weiden (z. B. am Lindenbach), aber auch Mischwälder im Bereich der Köchel und der Seidlpark (Murnau) besiedelt. Es ist

nicht bekannt, ob Kernbeißer auch Moorwälder wie im Chiemgau besiedeln (NITSCHE & RUDOLPH 2002).

Zeitraum (Phänologie): Ganzjährig. Größte Tagessumme mit 61 Individuen am 24.9.2014 im nördlichen Murnauer Moos auf zwei westziehende Einzeltrupps verteilt.

Bestandsentwicklung: Brutnachweise liegen aus den Jahren 1980, 1985, 1986, 1989, 1990, 1999 und 2013 vor. Brutzeitbeobachtungen gab es seit der Etablierung von www.ornitho.de (2012-2016) jährlich. Die Bestandsentwicklung, basierend auf den vorliegenden Daten, ist sehr schwer. Die Art müsste gezielt erfasst werden, um fundierte Aussagen treffen zu können.

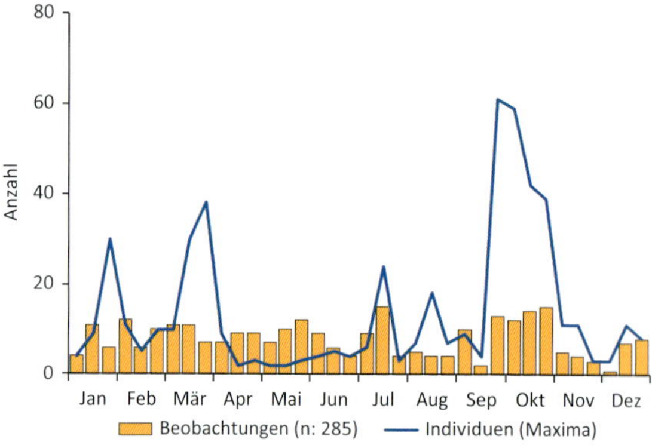

Jahreszeitliche Verteilung der Beobachtungen im Murnauer Moos und Individuenmaxima.

Gefährdung und Schutz: Kernbeißer profitieren von alten Baumbeständen, die sich derzeit auf den Köcheln im Moos entwickeln. Auch in den Randbereichen des Talraums wäre eine natürliche Waldentwicklung auf größeren Teilbereichen für die Art förderlich.

Bedeutung: Gering. Der bayerische Brutbestand liegt bei 15.000 bis 38.000 Paaren (RÖDL *et al.* 2012).

Frühjahrsaspekt im Auwald der Ramsach zur Zeit der Märzenbecherblüte.

Gimpel *(Pyrrhula pyrrhula)*

En: Eurasian bullfinch

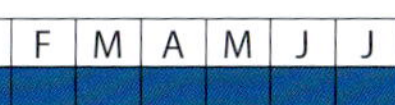

Lebensraum: Gimpel brüten in Nadel- und Mischwäldern mit deckungsreicher Strauchschicht und Zugang zu insekten- und samenreichen Bereichen im Wald und Offenland, zum Teil auch in Siedlungsnähe. Im Winter sind samenreiche Brachflächen wichtige Nahrungsgründe. Auch Vogelfütterungen der Vorgärten werden gerne aufgesucht.

Zeitraum (Phänologie): Ganzjährig. Größte Trupps mit 20 Individuen am 14.1.1991, 12.3.1991 und 24.2.1993 an der Mülldeponie Schwaiganger sowie in Weichs und Ohlstadt. Die nordöstliche Unterart *(ssp. pyrrhula)*, der Trompetergimpel, lässt sich durch einen charakteristischen, kindertrötenartigen Ruf von der mitteleuropäischen Unterart *(ssp. europoea)* unterscheiden. Nachweise des Trompetergimpels im Bearbeitungsgebiet gibt es in Einflugjahren von November bis Januar, vermutlich wenn das Angebot an Ebereschenbeeren und anderen Winterfrüchten im Herkunftsgebiet abgeerntet ist (vgl. FOX *et al.* 2009, DIERSCHKE *et al.* 2010).

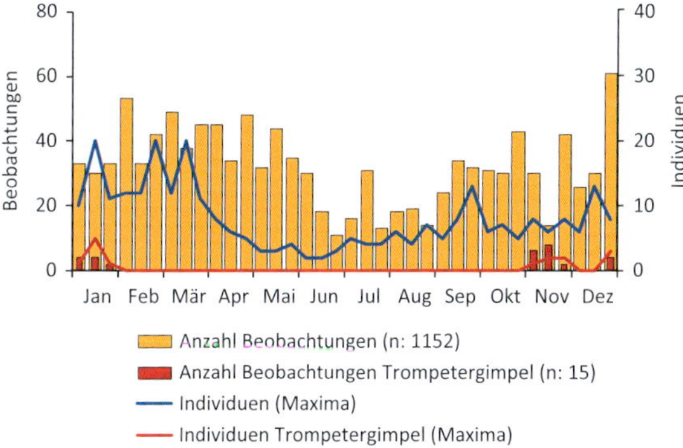

Jahreszeitliche Verteilung der Beobachtungen des Gimpels und der nordöstlichen Unterart, Trompetergimpel, im Murnauer Moos und Individuenmaxima.

Bestandsentwicklung: Bei den Rasterkartierungen im Kerngebiet Murnauer Moos wurde der Brutbestand 1977 und 1980 jeweils auf 10-20 Paare geschätzt. Bei der Kartierung 2005 wurden Gimpel in 33 Rastern nachgewiesen, wobei die Anzahl der Brutpaare deutlich niedriger liegen dürfte. Der Bestand war bis mindestens 2005 stabil. Die Art ist durch ihre heimliche Lebensweise zur Brutzeit schwer zu erfassen.

Gefährdung und Schutz: Gimpel sind auf samenreiche Wiesen und Säume angewiesen. Extensivierung von Teilen der Wirtschaftswiesen und Förderung einer »Unkrautflora« an Weg-, Bach- und Waldrändern würden den Gimpel fördern.

Bedeutung: Gering. Der bayerische Brutbestand liegt bei 17.000 bis 32.000 Paaren (RÖDL *et al.* 2012).

Karmingimpel *(Carpodacus erythrinus)*

En: Common rosefinch

J	F	M	A	M	J	J	A	S	O	N	D

Lebensraum: Karmingimpel bewohnen lichte, strukturierte Auenbereiche von Lindenbach, Ramsach und Loisach mit einzelnen Vorkommen an der Rechtach und im Niedermoos sowie Dauerbrachen mit Einzelbüschen und bergkiefernreiche Zwischenmoore mit Zugang zu offenen Dauerbrachen (z. B. Schlechtenfilz).

Zeitraum (Phänologie): Sommervogel (6.5.-11.8., Ausnahme: 21.9.2002). Karmingimpel halten sich nur sehr kurz im Moos auf (etwa 100 Tage) und verlassen das Gebiet nach der Jungenaufzucht rasch wieder. Die Ankunft des Karmingimpels im Moos hat sich seit 1976 tendenziell um wenige Tage verfrüht.

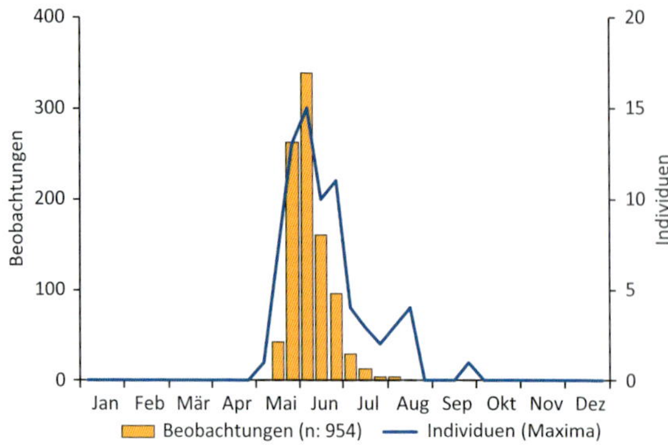

Jahreszeitliche Verteilung der Beobachtungen im Murnauer Moos und Individuenmaxima.

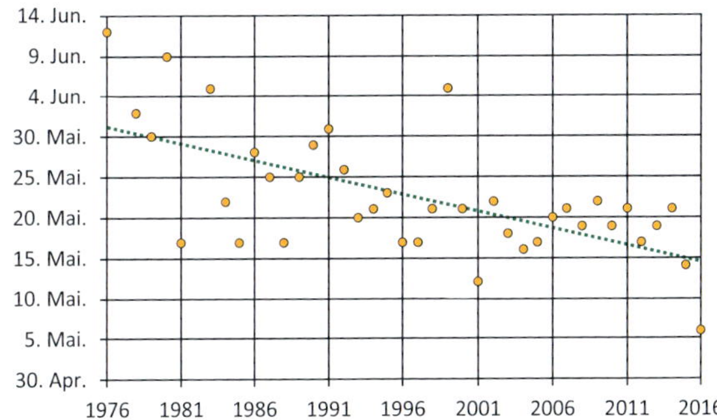

Erstbeobachtungsdatum des Karmingimpels im Bearbeitungsgebiet (1976-2016).

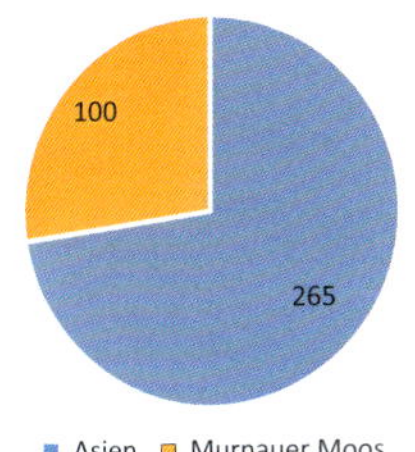

Aufentshaltsdauer in Tagen pro Jahr.

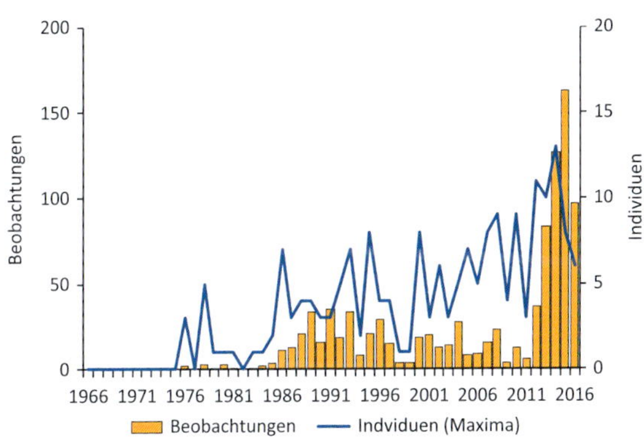

Beobachtungen im Bearbeitungsgebiet von 1966 bis 2016.

Bestandsentwicklung: Seit 1978 werden jährlich singende Männchen im Moos beobachtet (Ausnahme 1982). Seit 1983 gilt der Karmingimpel als regelmäßiger Brutvogel. Der Bestand hat sich beständig bis 2015 aufgebaut. Erstmals gab es 2016 wieder etwas weniger Beobachtungen als in den Vorjahren. Weiss konnte 2016 22-25 Reviere zählen.

Gefährdung und Schutz: Entlang der Hauptfließgewässer im Moos sollten Entbuschungen im Kernlebensraum des Karmingimpels, wenn überhaupt, nur abschnittsweise vorgenommen werden. Karmingimpel profitieren scheinbar von der Nähe zu offenen Dauerbrachen. Auch diese sollten neben Streuwiesen in Teilbereichen erhalten oder wiederhergestellt werden (Rotationspflege).

Bedeutung: Groß. Der bayerische Brutbestand liegt bei 60 bis 90 Paaren (Rödl *et al.* 2012). Somit brüten ca. 25 bis 40 % der bayerischen Karmingimpel im Talraum des Murnauer Mooses. Der Brutbestand übertrifft alle anderen wichtigen, bayerischen Brutvorkommen in den Loisach-Kochelseemooren, den Chiemseemooren und der Langen Rhön (Weixler 2006, Rödl *et al.* 2012). Der Karmingimpel wird auf der bayerischen Roten Liste der Brutvögel in der Kategorie 1 – vom Aussterben bedroht – geführt.

Tonaufnahme eines singenden Karmingimpels am viel genutzten Moosrundweg am Ähndl. Im Hintergrund sind Jogger und Gassigeher zu hören (Aufnahme: 9.6.2014, B. Saadi-Varchmin).

Girlitz *(Serinus serinus)*

En: European serin

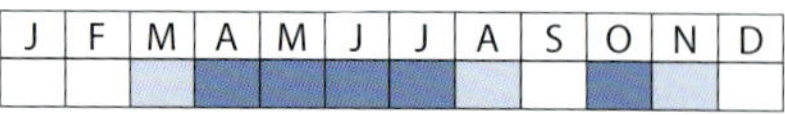

J	F	M	A	M	J	J	A	S	O	N	D

Lebensraum: Girlitze eroberten in den 1970er Jahren große Teile Mitteleuropas, als sie begannen vor allem Ortschaften flächendeckend zu besiedeln. Im Bearbeitungsgebiet brüten Girlitze weiterhin in den meisten Ortschaften. Wichtig ist der Zugang zu samenreichen Kräutern (sowohl niedrigwüchsige Arten wie Löwenzahn, Knöterich, Wegerich als auch höhere Stauden wie Brennessel, Goldrute, usw.).

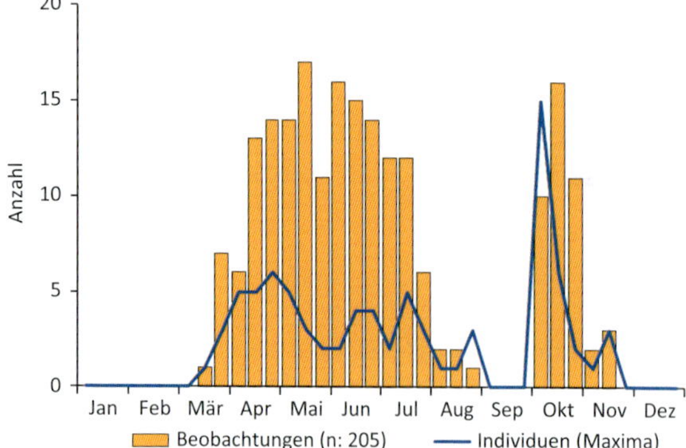

Jahreszeitliche Verteilung der Beobachtungen im Murnauer Moos und Individuenmaxima.

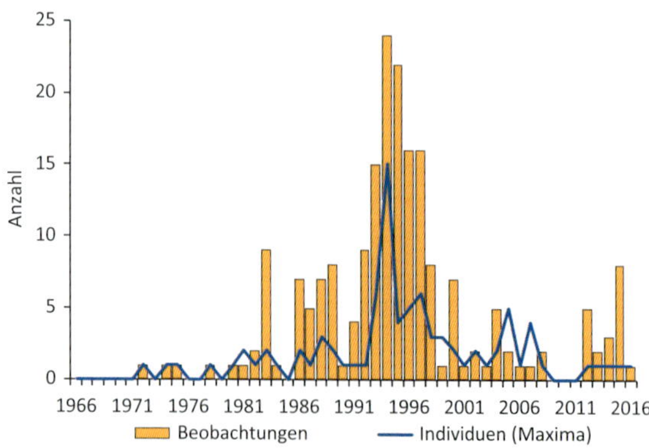

Beobachtungen im Bearbeitungsgebiet von 1966 bis 2016.

Zeitraum (Phänologie): Sommervogel (18.3.-16.11.). Größter Trupp mit 15 Individuen das Ostermoos am 1.10.1994 überfliegend.

Bestandsentwicklung: Die erste Beobachtung eines Girlitzes im Bearbeitungsgebiet geht auf das Jahr 1973 zurück. Von da an häuften sich die Nachweise bis die Art in den 1980er Jahren zum regelmäßigen Brutvogel wurde. Der Brutbestand ist vermutlich rückläufig.

Gefährdung und Schutz: Deutschlandweit hat der Girlitzbestand von 1990 bis 2009 stark abgenommen (GEDEON *et al.* 2014). Gefährdungsursachen sind die floristische und strukturelle Verarmung der Kulturlandschaft, Sterilität samenarmer Gärten und die Bodenversiegelung. Eine Extensivierung von Teilen des Wirtschaftsgrünlandes mit Brachstreifen oder späten Mahdzeitpunkten würden die Art fördern.

Bedeutung: Gering. Der bayerische Brutbestand liegt bei 16.500 bis 30.000 Paaren (RÖDL *et al.* 2012).

Fichtenkreuzschnabel *(Loxia curvirostra)*

En: Red crossbill

J	F	M	A	M	J	J	A	S	O	N	D

Lebensraum: Fichtenkreuzschnäbel brüten regelmäßig in Nadelwäldern (z.B. in Randgebieten des Mooses oder am Langen Filz) und Mischwäldern (z.B. der Köchel) mit einem hohen Fichtenanteil. Da sie als Nahrungsspezialisten auf reife Fichtenzapfen angewiesen sind, schreiten sie nur dann zur Brut, wenn das Nahrungsangebot ausreichend ist. Bruten gibt es ganzjährig mit einem Schwerpunkt im Spätwinter und Frühjahr. Fichtenkreuzschnäbel leben nomadisch und wandern häufig in Gebiete mit einem großen Angebot an Fichtenzapfen ab.

Zeitraum (Phänologie): Ganzjährig. Größter Trupp mit 50 Individuen am 17.11.1993 im Ohlstädter Filz.

Bestandsentwicklung: Bei den Rasterkartierungen im Kerngebiet Murnauer Moos wurde der Brutbestand 1977 und 1980 jeweils auf mindestens 10 Paare geschätzt. Bei der Kartierung 2005 wurden zwar an sechs Stellen Fichtenkreuzschnäbel festgestellt, die aber nicht unbedingt Brutvögel sein müssen. Die Bestandsentwicklung kann nur mit systematischen Erhebungen eingeschätzt werden, scheint aber, wie im gesamten Werdenfelser Land, rückläufig zu sein.

Gefährdung und Schutz: Keine Gefährdungen.

Bedeutung: Gering. Der bayerische Brutbestand liegt bei 10.000 bis 18.500 Paaren (Rödl *et al.* 2012).

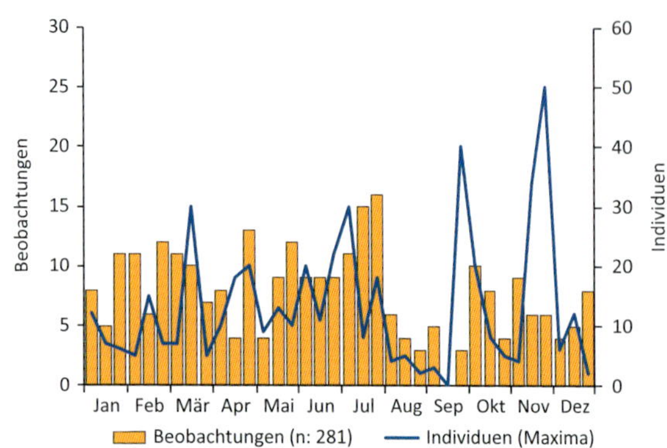

Jahreszeitliche Verteilung der Beobachtungen im Murnauer Moos und Individuenmaxima.

Stieglitz *(Carduelis carduelis)*

En: European goldfinch

Lebensraum: Stieglitze brüten in geringer Zahl im Naturschutzgebiet Murnauer Moos. Die meisten Bruten erfolgen aber in den trockeneren Randbereichen (z. B. zwischen Eschenlohe und Schwaigen oder bei Weghaus). Dort ist auch das Angebot an samentragenden Stauden und Disteln größer. Dichte Büsche und Laubbäume sind wichtige Neststandorte.

Zeitraum (Phänologie): Sommervogel (Ende März bis Oktober) mit wenigen Beobachtungen von November bis Mitte März. Der größte Trupp am 16.8.1982 im Ostermoos umfasste ca. 200 Individuen.

Bestandsentwicklung: Bei den Rasterkartierungen im Naturschutzgebiet und direkten Umland wurde der Brutbestand 1977 und 1980 jeweils auf 30-50 und 2005 auf 15-20 Paare geschätzt. Der Bestand hat von 1980 bis 2005 wohl abgenommen, auch wenn der Bestand bereits früher im Gebiet von Bezzel (1986) als fluktuierend angegeben wurde.

Gefährdung und Schutz: Stieglitze leiden unter der Grünlandintensivierung vor allem im Südwesten des Bearbeitungsgebietes, das traditionell den wichtigsten Lebensraum im gesamten Talraum umfasst. Eine Wiesenextensivierung mit späteren Mahdzeitpunkten würde Wildkräutern eine Samenreife ermöglichen, die Nahrungsgrundlage für den Stieglitz ist. Vorübergehende Wiesenbrachen würden sich dort ebenfalls positiv auswirken.

Bedeutung: Gering. Der bayerische Brutbestand liegt bei 50.000 bis 135.000 Paaren (RÖDL *et al.* 2012).

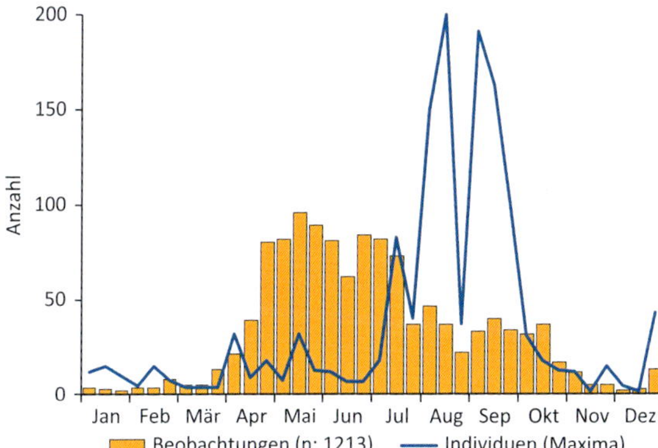

Jahreszeitliche Verteilung der Beobachtungen im Murnauer Moos und Individuenmaxima.

Beobachtungen im Bearbeitungsgebiet von 1966 bis 2016.

Grünfink *(Carduelis chloris)*

En: European greenfinch

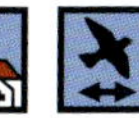

Lebensraum: Grünfinken bevorzugen strukturreiche, halboffene Landschaften mit Einzelbäumen, Gebüschen und Offenflächen im Wechsel. Deshalb sind sie häufige Brutvögel in Ortschaften (z. B. Ohlstadt, Eschenlohe, Murnau) und Parks. Aber auch an verschiedenen Stellen im Randbereich des Murnauer Mooses brüten Grünfinken dort, wo sie Zugang zu trockeneren Wiesen haben (z. B. zwischen Eschenlohe und Schwaigen).

Zeitraum (Phänologie): Ganzjährig. Größter Trupp mit ca. 100 Individuen am 2.8.1983 im Hagener Moos.

Bestandsentwicklung: Bei den Rasterkartierungen im Naturschutzgebiet und direkten Umland wurde der Brutbestand 1977 und 1980 jeweils auf 30 bzw. 45 und 2005 auf 5-10 Paare geschätzt. Von 1980 bis 2005 gab es einen markanten Rückgang des Grünfinks im Gebiet. Ab 2009 wurde dann eine Trichomoniasis-Epidemie unter Grünfinken bekannt, die mehrere Zehntausende Todesopfer in Deutschland allein 2009 forderte (NABU 2018). Zuletzt scheint die Art aber wieder etwas häufiger zu werden.

Gefährdung und Schutz: Grünfinken haben unter der Grünlandintensivierung und Verarmung der Flora in den betroffenen Gebieten gelitten. Eine Extensivierung der Nutzung mit späteren Mahdzeitpunkten und einem höheren Samenangebot sollte dort das Ziel sein. Vorübergehende Flächenstilllegung oder Brachestreifen auch im Intensivgrünland (nicht nur in Streuwiesen) wären förderlich. Der *Trichomonas*-Erreger verbreitet sich an unhygienischen Vogelfütterungen und

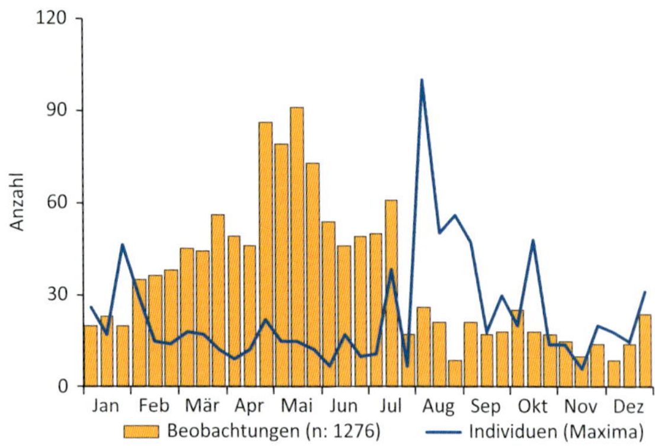

Jahreszeitliche Verteilung der Beobachtungen im Murnauer Moos und Individuenmaxima.

Eschenlohe: Ort mit vielen Bauernhöfen und vogelfreundlichen Strukturen.

dort ganz besonders bei Ganzjahresfütterung. Deshalb sind Futterautomaten klassischen Vogelhäusern vorzuziehen.

Bedeutung: Gering. Der bayerische Brutbestand liegt bei 280.000 bis 750.000 Paaren (RÖDL *et al.* 2012).

Zitronenzeisig *(Carduelis citrinella)*

En: Citril finch

J	F	M	A	M	J	J	A	S	O	N	D

Lebensraum: Zitronenzeisige wurden in verschiedenen Lebensräumen im Moos angetroffen, meist aber im Bereich von Ruderalflächen oder an Stellen mit reichlichem Angebot an Sämereien, zum Teil sogar in Gärten.

Zeitraum (Phänologie): Nur acht Beobachtungen im Murnauer Moos mit einem Schwerpunkt im Spätwinter und Frühjahr, wenn die Bergvögel wieder aus dem Winterrevier zurückkommen und durch Schneeflucht kurzfristig in den Talraum ausweichen. Maximal wurden drei Vögel gleichzeitig am 15.4.1990 und am 6.3.2004 beobachtet.

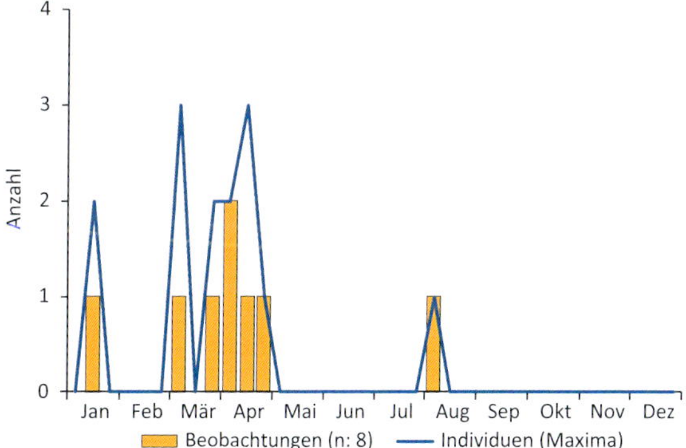

Jahreszeitliche Verteilung der Beobachtungen im Murnauer Moos und Individuenmaxima.

Bestandsentwicklung: Zitronenzeisigbeobachtungen waren immer selten. Der letzte Nachweis gelang im Spätwinter 2004.

Gefährdung und Schutz: Immer wieder neu entstehende Ruderalfluren und Brachstreifen bieten dieser und anderen samenfressenden Arten eine wichtige Nahrungsgrundlage und sollten daher gefördert werden.

Bedeutung: Gering. Der bayerische Brutbestand liegt bei 370 bis 650 Paaren (RÖDL *et al.* 2012).

Erlenzeisig *(Spinus spinus)*

En: Eurasian siskin

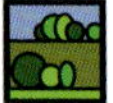

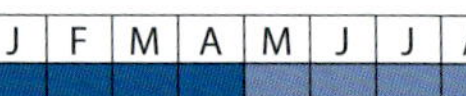
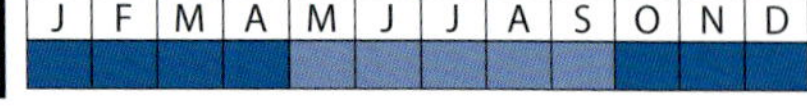

Lebensraum: Erlenzeisige brüten vermutlich regelmäßig im Bearbeitungsgebiet und nutzen vor allem Fichten, Tannen und Lärchen zur Anlage des Nests. Wichtig ist ein lichter Fichtenbestand im Umfeld. Außerhalb der Brutzeit nutzen Erlenzeisige Erlen, Birken und Weiden zur Nahrungssuche.

Zeitraum (Phänologie): Ganzjährig. Größter Trupp mit ca. 550 Individuen im zentralen Murnauer Moos am 4.1.1995 Erlensamen fressend.

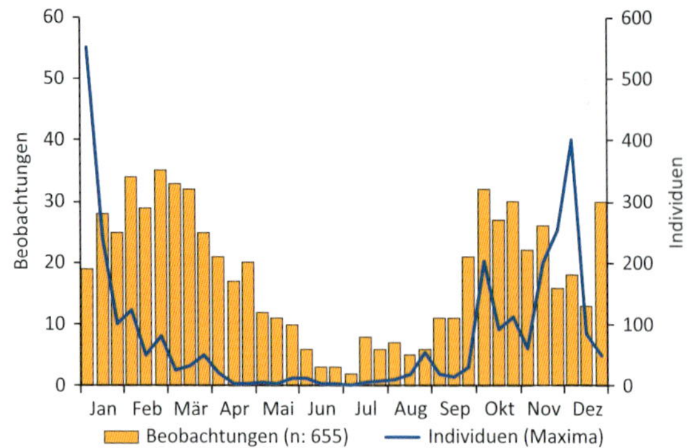

Jahreszeitliche Verteilung der Beobachtungen im Murnauer Moos und Individuenmaxima.

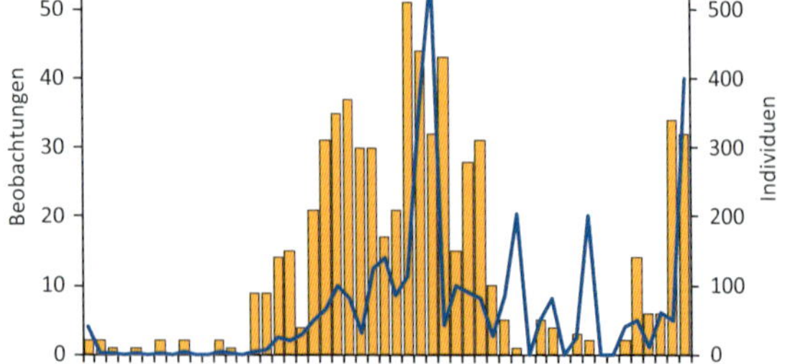

Beobachtungen im Bearbeitungsgebiet von 1966 bis 2016.

Bestandsentwicklung: Bei den Rasterkartierungen im Naturschutzgebiet und direkten Umland wurde der Brutbestand 1977 und 1980 jeweils auf weniger als 10 Paare geschätzt. 2005 wurden bei der Rasterkartierung nur im März ein Einzelvogel und ein Trupp beobachtet. Bereits Bezzel (1989) bezeichnete den Erlenzeisig nur als »wahrscheinlich regelmäßigen Brutvogel« mit variierender Dichte. Auch die Daten aus ornitho.de von 2012 bis 2016 geben nur Hinweise auf Einzelbruten im zentralen Murnauer Moos und in Ohlstadt.

Gefährdung und Schutz: Keine Gefährdungen erkennbar.

Bedeutung: Gering. Der bayerische Brutbestand liegt bei 5.500 bis 10.500 Paaren (Rödl *et al.* 2012).

Bluthänfling *(Carduelis cannabina)*

En: Common linnet

J	F	M	A	M	J	J	A	S	O	N	D

Lebensraum: Bluthänflinge brüten regelmäßig im Murnauer Moos, derzeit entweder an strukturreichen Übergängen zwischen Streuwiesen und offenen Dauerbrachen oder in Hochmooren (z.B. Schwarzsee- und Kleinaschauer Filz). Bezzel (1989) berichtet dagegen in den 1970er und 1980er Jahren ausschließlich von Bruten im Kulturland. Auf dem Durchzug ziehen Trupps regelmaßig durch das Gebiet. Sie rasten gerne auf Flächen mit einem reichen Angebot an Samen (z.B. auch ruderale Brachflächen mit Goldrute, Brennnessel oder Melden).

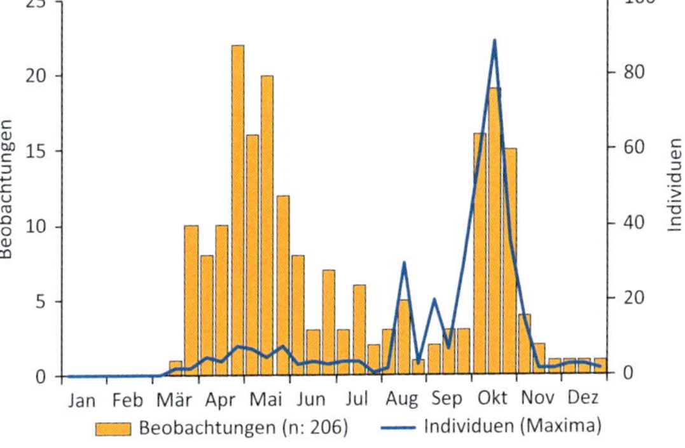

Jahreszeitliche Verteilung der Beobachtungen im Murnauer Moos und Individuenmaxima.

Beobachtungen im Bearbeitungsgebiet von 1966 bis 2016.

Zeitraum (Phänologie): Sommervogel (Mitte März bis Ende November) mit einzelnen Beobachtungen bis in den Dezember hinein. Größte Tagessumme mit 89 ziehenden Individuen am 11.10.1998 im Weidmoos. Das Moos wird von ziehenden Trupps häufiger im Herbst besucht als im Frühjahr.

Bestandsentwicklung: Erste dokumentierte Sommerbeobachtung 1958 (BEZZEL 1989). Bei den Rasterkartierungen im Naturschutzgebiet und direkten Umland wurde der Brutbestand 1977 und 1980 jeweils auf ca. 10 und 2005 auf nur zwei Paare geschätzt. Auch WEISS (2016) konnte im Naturschutzgebiet Murnauer Moos nur zwei bis fünf Reviere finden. Die Art hat im Vergleich zu den 1980er Jahren abgenommen.

Gefährdung und Schutz: Bluthänflinge haben sich aus den trockeneren Wiesengebieten im Talraum vermutlich aus Mangel an Nahrung zurückgezogen und weichen jetzt in geringer Zahl auf Hochmoore und Feuchtwiesen aus, da dort das Samenangebot offensichtlich ausreichend ist. Samenreiche Ruderalflächen sollten unbedingt erhalten werden oder immer wieder neu entstehen.

Bedeutung: Gering. Der bayerische Brutbestand liegt bei 8.500 bis 15.000 Paaren (RÖDL *et al.* 2012).

Alpenbirkenzeisig *(Acanthis cabaret)*

En: Common or lesser redpoll

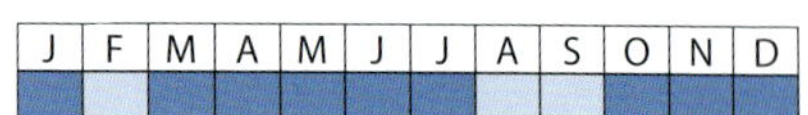

Lebensraum: Birkenzeisige der heimischen Unterart ssp. *cabaret* (»Alpenbirkenzeisig«) brüten regelmäßig in von Spirken und Bergkiefern bestandenen Teilbereichen der Hochmoore wie dem Schwarzseefilz, Ohlstädter Filz und dem Galthüttenfilz. Im Winter werden Birkenzeisige (ssp. *cabaret* und die nordische Unterart ssp. *flammea*, »Taigabirkenzeisig«) meist bei der Nahrungssuche an Erlen und Birken beobachtet.

Zeitraum (Phänologie): Ganzjährige Beobachtungen. Der größte Trupp mit etwa 200 Individuen wurde an einer Vogelfütterung in Murnau am 10.2.1986 beobachtet.

Bestandsentwicklung: Bis 1973 galten Birkenzeisige nur als unregelmäßige Wintergäste bevor es zur Ansiedlung von einzelnen Brutpaaren kam (BEZZEL 1989). Bei den Rasterkartierungen im Naturschutzgebiet und direkten Umland wurde dann der Brutbestand 1977 und 1980 jeweils auf 8 und 12 und 2005 auf 5 Paare geschätzt. WEISS wies 2016 8-11 Reviere im Naturschutzgebiet Murnauer Moos nach (und keine weiteren außerhalb). Der lokale Bestand ist stabil.

Gefährdung und Schutz: Hochmoore gelten als Primärhabitate des Birkenzeisigs (BEZZEL *et al.* 2005) und sollten dauerhaft vor Eingriffen geschützt bleiben oder, wenn beeinträchtigt, renaturiert werden. Auch im Murnauer Moos sind die Hochmoore stellenweise noch immer von Entwässerungsgräben durchzogen und von Bewaldung bedroht. Weitere Grabenanstaue sind nötig, um den offenen Charakter einiger Hochmoore zu erhalten oder wiederherzustellen (z.B. Ohlstädter Filz).

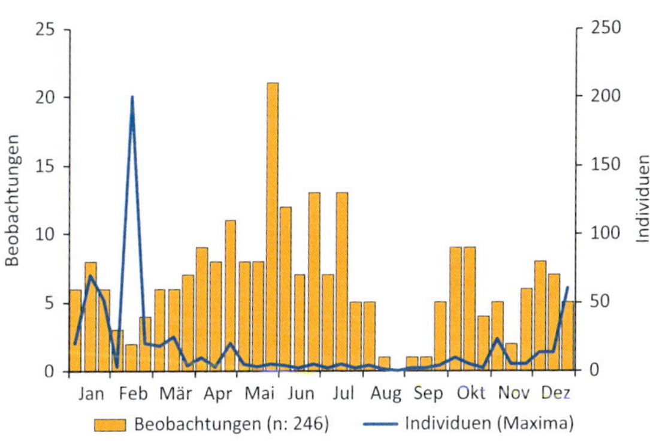

Jahreszeitliche Verteilung der Beobachtungen im Murnauer Moos und Individuenmaxima.

Bedeutung: Gering. Der bayerische Brutbestand liegt bei 1.100 bis 1.900 Paaren (RÖDL *et al.* 2012).

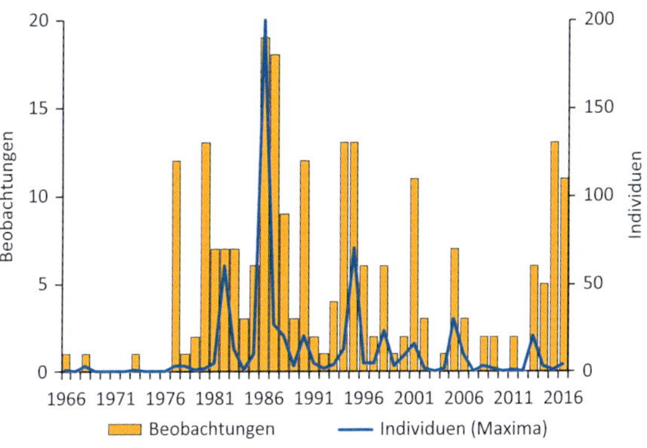

Beobachtungen im Bearbeitungsgebiet von 1966 bis 2016.

Rohrammer *(Emberiza schoeniclus)*

En: Common reed bunting

J	F	M	A	M	J	J	A	S	O	N	D

Lebensraum: Rohrammern sind vor allem im nördlichen Murnauer Moos sehr häufige Brutvögel, die von den großen schilfdominierten Dauerbrachen profitieren (Hohenboigen, Lange Lüsse, Schilfseen). In den loisachbegleitenden Mooren östlich der B2 ist die Rohrammer besonders im Wöhrbachgebiet häufig anzutreffen.

Zeitraum (Phänologie): Sommervogel mit Einzelbeobachtungen im Winter. Die größte Tagessumme wurde am 13.10.2000 mit 82 durchziehenden Individuen im Weidmoos beobachtet.

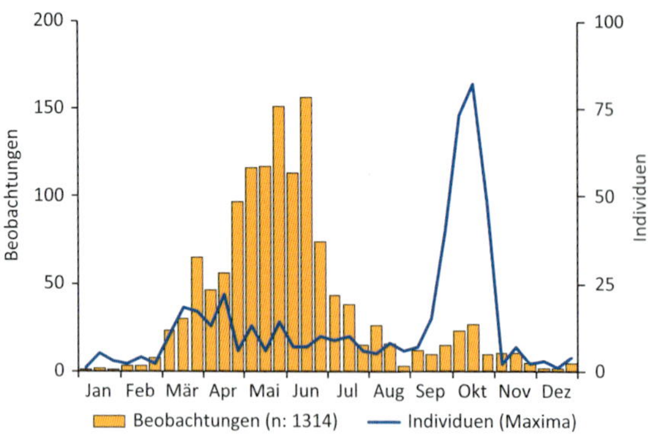

Jahreszeitliche Verteilung der Beobachtungen im Murnauer Moos und Individuenmaxima.

Bestandsentwicklung: Bereits KLAMMET gibt die Rohrammer 1932-38 als »in geeignetem Gelände überall häufig« an. Die Ergebnisse der Rasterkartierungen im Naturschutzgebiet und direkten Umland 1977 ca. 165 Reviere, 1980 und 2005 jeweils ca. 140 Reviere zeigen, dass die Art relativ stabil vorkommt. WEISS schätzt den Brutbestand im gesamten Talraum (einschließlich loisachbegleitender Moore) 2016 auf 310-361 Paare.

Gefährdung und Schutz: Die Dichte der Rohrammerreviere ist sehr hoch. Eine populationsbeeinträchtigende Gefährdung ist nur dann denkbar, wenn die Streuwiesennutzung massiv ausgeweitet werden würde, oder Dauerbrachen sich langfristig wieder bewalden. In einer langen Zeitperspektive ist es wichtig, offene Dauerbrachen für Schilfbrüter in einem guten Zustand zu erhalten (geringe Verbuschung, strukturreiches Schilf).

Bedeutung: Groß. Der bayerische Brutbestand liegt bei 5.500 bis 13.000 Paaren (RÖDL *et al.* 2012). Somit brüten zwischen 2 und 7 % des bayerischen Bestands im Murnauer Moos.

Ortolan *(Emberiza hortulana)*

En: Ortolan bunting

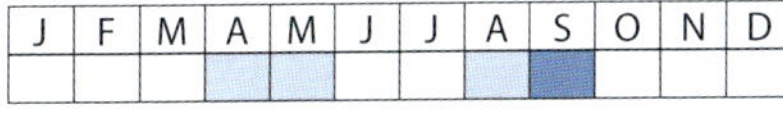

Lebensraum: Ortolane sind seltene Durchzügler (20 Nachweise zwischen 1966-2016), die entweder überfliegend oder in Büschen oder Wiesen rastend beobachtet wurden. Die meisten Beobachtungen liegen aus dem Bereich Weidmoos/ Moosbergsee vor. Die Beobachtungen beschränken sich auf den Durchzug im Frühjahr (29.4.-13.5.) und Herbst (21.8.-15.9.). Die Maximalzahl lag bei drei gleichzeitig anwesenden Individuen.

Bedeutung: Gering. 2015 wurde der Ortolanbestand in Bayern auf 241 Brutpaare kartiert (LBV 2018).

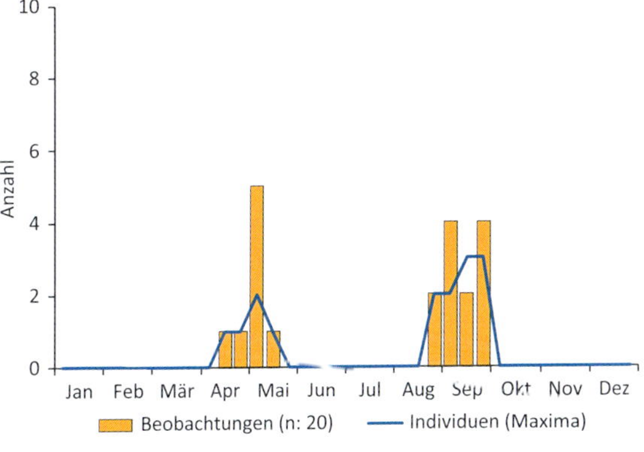

Jahreszeitliche Verteilung der Beobachtungen im Murnauer Moos und Individuenmaxima.

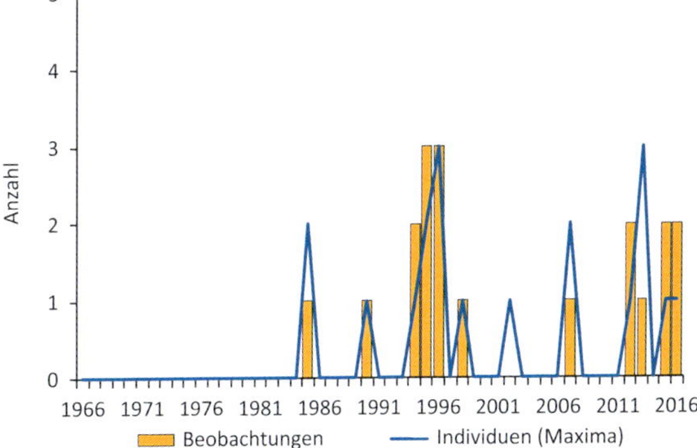

Beobachtungen im Bearbeitungsgebiet von 1966 bis 2016.

Goldammer *(Emberiza citrinella)*

En: Yellowhammer

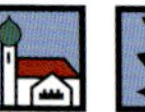

Lebensraum: Im Gegensatz zur Rohrammer mit einem Vorkommensschwerpunkt nördlich der Köchel, liegt der Großteil der Goldammerreviere südlich und östlich der Köchel im Bereich extensiv genutzter Wiesen in Kombination mit Feldgehölzen. Eine vielfältige Kulturlandschaft mit vielen Wildkräutern (Samen) und Insekten (Grundlage für die Jungenaufzucht) ist für die Goldammer essenziell. Wichtige Vorkommen liegen im Bereich Fügsee/Weghaus und zwischen B2 und Moosbergsee/Kleinaschauer Filz. Nasse Streuwiesenbereiche werden gemieden.

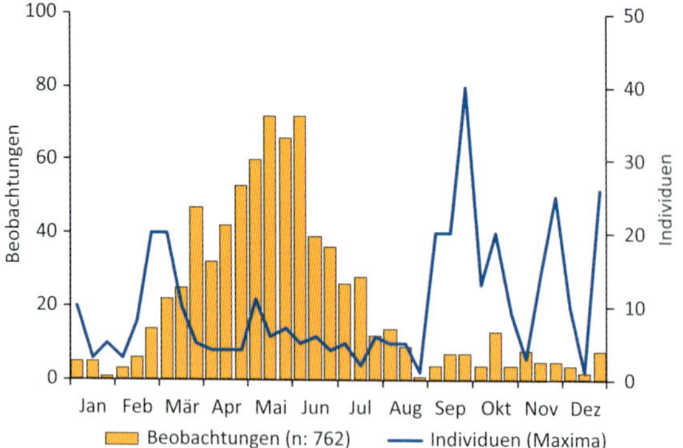

Jahreszeitliche Verteilung der Beobachtungen im Murnauer Moos und Individuenmaxima.

Zeitraum (Phänologie): Ganzjährig. Größter Trupp mit 40 Individuen am 21.9.2002 im Bereich Fügsee.

Bestandsentwicklung: Die Ergebnisse der Rasterkartierungen im Naturschutzgebiet und direkten Umland, 1977 ca. 20 Reviere, 1980 15-20 Reviere und 2005 ca. 60 Reviere zeigen, dass die Art sogar zugenommen hat. Der große Brutbestand wurde von Weiss 2016 für das Murnauer Moos und loisachbegleitende Moore bestätigt (51-79 Reviere).

Gefährdung und Schutz: Goldammern leiden unter der Entfernung von Gebüschen und der Intensivierung der Wiesennutzung. Da Goldammern auch verbuschtes Wiesenbrüterland besiedeln, kommt es häufig zu Zielartenkonflikten im Naturschutz, wenn der Lebensraum für Wiesenbrüter verbessert und entbuscht wird.

Bedeutung: Gering. Der bayerische Brutbestand liegt bei 495.000 bis 1.250.000 Paaren (Rödl *et al.* 2012).

Grauammer *(Miliaria calandra)*

En: Corn bunting

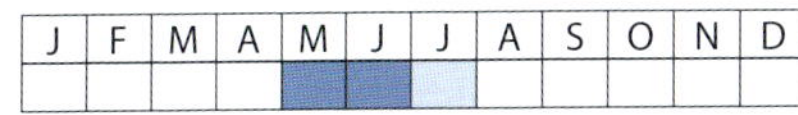

Lebensraum: Grauammern gelten im Murnauer Moos als ausgestorben. Einzelvögel werden aber immer wieder auch über längere Zeiträume zur Brutzeit singend beobachtet, ohne dass es dann zur Brut kommt. Als Wiesenbrüter bevorzugt die Grauammer weite, möglichst offene Landschaften mit Einzelbäumen oder Einzelbüschen. Die ehemaligen Brutgebiete lagen im Murnauer Moos im Bereich der heutigen Autobahn (Schöpf & Geiersberger 1997).

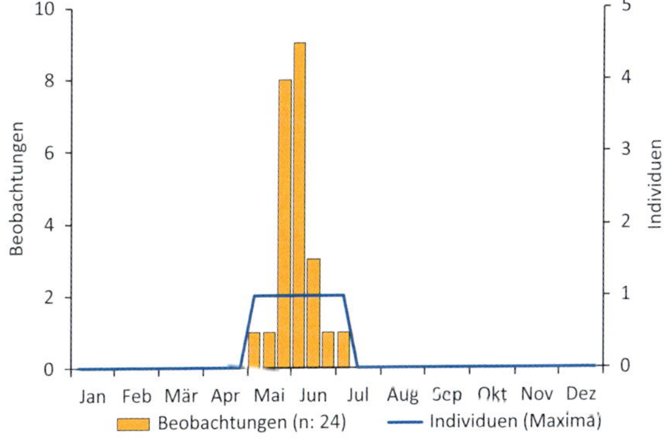

Jahreszeitliche Verteilung der Beobachtungen im Murnauer Moos und Individuenmaxima.

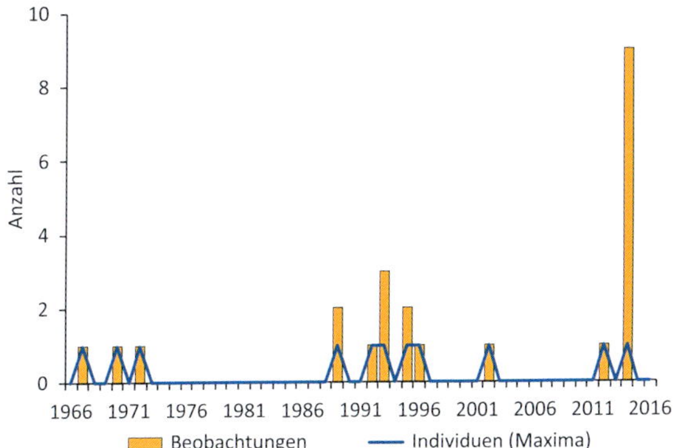

Beobachtungen im Bearbeitungsgebiet von 1966 bis 2016.

Zeitraum (Phänologie): Sommervogel (10.5.-7.7.).

Bestandsentwicklung: Bezzel (1989) berichtet von 1959 bis 1970 von brütenden Grauammern. Danach gab es keinen Brutverdacht mehr. Einzelvögel wurden aber 2012, 2014 und 2016 zur Brutzeit beobachtet. Eine Wiederansiedlung als Brutvogel im Zuge der Klimaerwärmung ist nicht ausgeschlossen.

Gefährdung und Schutz: Grauammern profitieren von extensiv genutzten Wiesen mit frühesten Schnittzeitpunkten ab dem 15. Juli. Da Grauammern auch nasse Streuwiesenbereiche annehmen und dort im Murnauer Moos scheinbar ideale Lebensraumbedingungen vorfinden, kommt der überregionale Rückgang der Art auch als Grund für das Verschwinden im Moos in Frage. Außerdem ist die atlantische Klimaprägung des Voralpenlandes mit niederschlagsreichen Sommern für die Grauammer derzeit nicht ideal.

Bedeutung: Gering. Der bayerische Brutbestand wird auf 600 bis 950 Paare geschätzt (Rödl *et al.* 2012). In Bayern hat sich der Bestand im Vergleich zu 1980 etwa halbiert (Liebel 2015).

Zippammer *(Emberiza cia)*

En: Rock bunting

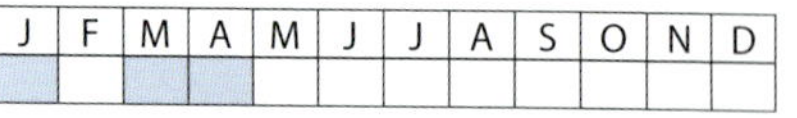

J	F	M	A	M	J	J	A	S	O	N	D

Lebensraum: Die vier Einzelnachweise der Zippammer (30.3.1995, 13.3.1999, 4.1.2004, 18.4.2008) beschränken sich auf den Langen Köchel, Weichs und Ohlstadt, wo Vögel im Winter in Büschen und Bäumen rasteten. Die Häufung der Zippammernbeobachtungen seit 1995 stehen höchstwahrscheinlich im Zusammenhang mit der Ansiedlung der Zippammer in den bayerischen Alpen als Brutvogel (siehe auch Weiss *et al.* 2011).

Bedeutung: Gering. Der bayerische Brutbestand wird auf 20 bis 30 Paare geschätzt (Rödl *et al.* 2012). Die nächstgelegenen Brutvorkommen liegen im Ammergebirge.

Spornammer *(Calcarius lapponicus)*

En: Lapland longspur

J	F	M	A	M	J	J	A	S	O	N	D

Lebensraum: Bisher gab es nur eine Beobachtung einer überfliegenden Spornammer am 23.11.2002 im nördlichen Murnauer Moos. Diese Beobachtung ist von der Deutschen Seltenheitenkommission zwar abgelehnt, aber bei Zugplanbeobachtungen im Gebiet des Ammersees wird diese nordische Art nahezu jährlich in einzelnen Exemplaren festgestellt (FAAS, persönliche Mitteilung).

Bedeutung: Gering. Die nächstgelegenen regelmäßigen Brutvorkommen der Art liegen im skandinavischen Bergland.

Ausblick über das Murnauer Moos vom Heimgarten aus (Ohlstadt im Vordergrund).

Weißrückenspechte am Lindenbach.

Beobachtungstipps

Durch seine Weitläufigkeit und das Fehlen größerer Anziehungspunkte für Vögel in Form nährstoffreicher Gewässer, braucht das Vogelbeobachten im Moos viel Geduld. Nur im Frühjahr machen die Vögel lautstark auf sich aufmerksam und sind dadurch leichter zu finden. Sechs Routenvorschläge mit Beobachtungstipps sollen es erleichtern, vogelreiche Lebensräume und ausgewählte Arten mit hoher Antreffwahrscheinlichkeit zu finden.

Durch das Herz des Murnauer Mooses vom Ähndl zum Bahnhof Westried

Weglänge: ca. 7,5 km.

Start/Ziel: Wanderparkplatz „Am Ödenanger“ (47,66579 °N, 11,190709°O); Bahnhof Grafenaschau (Westried; 47,667035 °N, 11,137266 °O).

Anforderungen: Mittellange, meist flache Wanderung auf Feld- und Forstwegen. Durch das Hochmoor Langer Filz führt ein Bohlenweg. Mit Kinderwagen oder Fahrrad kann er örtlich umfahren werden.

Vogelbeobachter am Moosrundweg.

Weite Streuwiesenbereiche nahe des Ramsachkircherls.

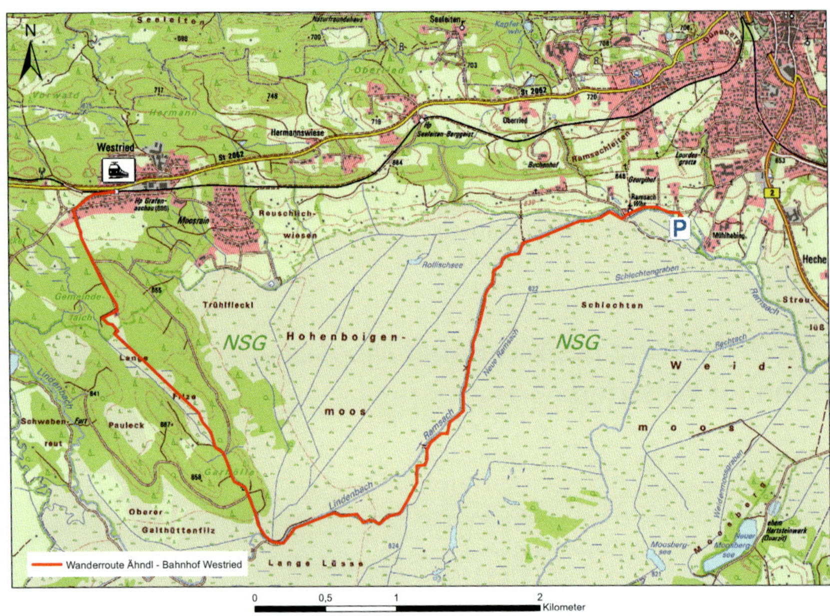

Wanderroute durch das Herz des Murnauer Mooses vom Ramsachkircherl/Ähndl zum Bahnhof Westried.

Einkehrmöglichkeiten: Gasthaus mit Biergarten wenige Meter vom Wanderparkplatz entfernt, diverse in Murnau.

Wegverlauf: Am besten startet man früh morgens am Wanderparkplatz Ödenanger und folgt von dort den Schildern „Moosrundweg". Gleich zu Beginn lässt man das historische Ramsachkircherl (neben der Weichser Kirche, eines der ältesten Gotteshäuser der Region und Dohlenbrutplatz) rechts liegen, bevor man auf den geschotterten Flurweg durch das nördliche Murnauer Moos abbiegt, dem man mehrere Kilometer folgt. Er führt uns vorbei an nassen, großflächigen Streuwiesengebieten, die Hauptbrutgebiete von Wachtelkönig, Bekassine und Tüpfelsumpfhuhn sind.

Wachtelkönig auf dem Moosrundweg 2018. Für eine solche Beobachtung braucht man großes Glück.

In Streuwiesen mit Brachestreifen und entlang der Dauerbrachen kann man nahe am Weg Braun- und Schwarzkehlchen beobachten. Über den Streuwiesen jagen im Juni/Juli häufig Baumfalken in rasantem Tempo nach Libellen. Zur Zugzeit im Frühjahr kann es sich auch lohnen, Ausschau nach Rotfußfalken zu halten, die dort gerne in Einzelfichten und Gebüschen rasten. Im Winter halten sich in diesem Bereich regelmäßig Raubwürger auf. Kornweihen suchen dann über den Offenflächen nach Nahrung.

Der Weg folgt weiterhin dem Lindenbach, der im nördlichen Bereich auch Ramsach genannt wird. Entlang des Bachs dominieren Weidengebüsche und Grauerlen. Hier fühlen sich Gartengrasmücken, Wendehals, Klein- und Weißrückenspechte wohl. Auch Karmingimpel fallen hier immer wieder durch ihr willkommenheißendes „Pleased to meet you" auf. Bevor man an der Lindenbachbrücke den Weg nach Norden nimmt, lohnt es sich besonders Anfang Juni die Ohren nach dem melodisch flötenden Pirol aufzumachen. Anschließend führt der Weg ein Stück durch einen relativ eintönigen Fichtenwald, bevor man auf den Bohlenweg durch den Langen Filz einbiegt. Im wiedervernässten Hochmoor sind Fitis und Baumpieper häufig zu hören. Ein Blick auf die Vegetation bietet Abwechslung zur Vogelwelt. Hier können spannende Arten wie der fleischfressende Sonnentau und andere Hochmoorspezialisten (z. B. Blasenbinse, Moosbeere) aus nächster Nähe bewundert werden. Am Bohlenweg informieren Tafeln über das Wiedervernässungsprojekt. Nachdem ein weiteres Stück Fichtenforst durchquert ist, führen die letzten Hundert Meter entlang von bunten Blumenwiesen hinauf nach Westried.

Von dort aus kann man mit dem Zug zurück nach Murnau fahren. Alternativ kann man auch den Schildern „Moosrundweg" folgen und über Moosrain und entlang der Bahnlinie mit Panoramablick zum „Berggeist" und weiter zum Ähndl/Ramsachkircherl wandern (Gesamtlänge dann: 12 km).

Auwälder, Weidengebüsche und weite Streuwiesen können vom Moosrundweg gut eingesehen werden. Blick über die „Hohenboigen" Richtung Murnau.

Beste Jahreszeit: Februar (Raubwürger, Kornweihe, Balz der Spechte an milden Tagen) und Mai/Juni (Brutvögel).

Blick vom Lindenbach nach Norden über den Wald des Langen Filzes.

Murnauer Moos – Kurz und knapp

Weglänge: ca. 2,3 km; mit Abstecher zum Berggeist-Stadl 4,9 km.

Start/Ziel: Wanderparkplatz „Am Ödenanger" (47,66579°N, 11,190709°O), Alternative Berggeist-Stadl (47,668528°N, 11,162988°O).

Anforderungen: Leichte, kurze Wanderung auf gut ausgebauten Feldwegen und wenig befahrenen Straßen. Ein kurzer Wegabschnitt führt über einen Pfad, der in feuchten Phasen matschig sein kann.

Einkehrmöglichkeiten: Gasthaus mit Biergarten wenige Meter vom Wanderparkplatz entfernt, diverse in Murnau.

Wegverlauf: Die kurze Runde beginnt am Ödenanger Parkplatz und führt am Ramsachkircherl vorbei über den Moosrundweg in weitläufige Streuwiesenbereiche mit parkartig stehenden Einzelbäumen.

Bereits auf den ersten Metern des Weges lassen sich im Mai und Juni Wachtelkönige und Karmingimpel hören. Nach wenigen Hundert Metern biegt man an der kleinen Fußgängerbrücke über den Lindenbach nach Norden ab und durchquert eine Dauerbrache aus der Schwarzkehlchen, Rohrammern und Feldschwirle vernommen werden können, bevor der Weg ca. 20 Höhenmeter hinaufsteigt. Von dort an genießt man den herrlichen Blick über das Moos, bevor man wieder am Ähndl und dem Ramsachkircherl ankommt.

Der malerische Ausblick über das vor einem liegende Murnauer Moos und die

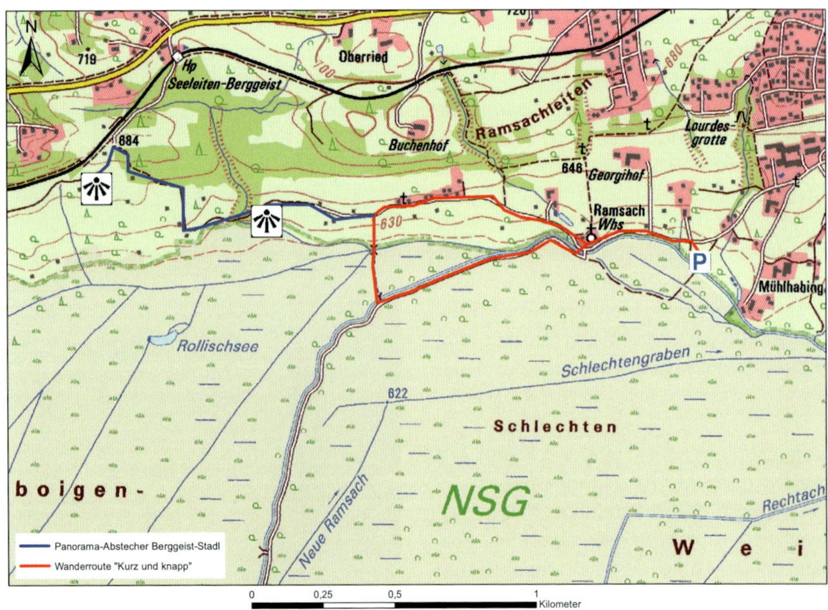

Wanderroute „Kurz und knapp".

Panoramablick am Berggeist

majestätischen Berge ist noch eindrucksvoller wenn man den Abstecher hinüber zum Berggeiststadl macht (Abschnitt nicht kinderwagentauglich).

In erhöhter Aussichtslage erläutert eine Infotafel das Panorama, das sich vor einem ausbreitet und informiert über das Moos. Von dort aus lassen sich Rothirsche besonders zur Brunftzeit in der herbstlichen Abenddämmerung gut beobachten und hören.

Beste Jahreszeit: Ganzjährige Panoramarunde.

Blick vom Rollischsee (Mitte) über das Hohenboigenmoos in Richtung Murnau. Man beachte auch die zahlreichen Hirschpfade durch das Schilf.

Extensivwiesen, Moore und Köchelwälder

Weglänge: ca. 5 km einfach (10 km hin und zurück), auch als Radrunde über Schwaigen und Eschenlohe möglich.

Start/Ziel: Wanderparkplatz Weghaus (47,622712°N, 11,191668°O).

Anforderungen: Familienfreundliche, längere Wanderung auf asphaltierten oder geschotterten Feldwegen.

Einkehrmöglichkeiten: Keine.

Wegverlauf: Los geht die Wanderung am Parkplatz bei Weghaus und führt zuerst in die ausgedehnten Wiesen, die vom Landesgestüt Schwaiganger extensiv bewirtschaftet werden. Dort trillern im Frühjahr noch die Feldlerchen und Goldammern singen ihr: „Ich hab Dich doch so liiiiieb“. Braun- und Schwarzkehlchen gehören hier zu den regelmäßigen Brutvögeln, genauso wie Wachtelkönig und Karmingimpel. Bis vor Kurzem herrschte hier am ehemaligen Segelflugplatz an Schönwettertagen noch Hochbetrieb. Die Start- und Landebahn wurde dort 2017 zurückgebaut und begrünt sich jetzt wieder. In ein paar Jahren wird sie im Gelände nicht mehr erkennbar sein. Nach etwa einem Kilometer kommt man zur Naturschutzgebietsgrenze. Hier zeigen sich im Mai rechts und links des Weges viele Orchideen in den Streuwiesen. Streuwiesen sollten generell nicht betreten werden, um seltene Pflanzen nicht zu zerstören und sensible Vogelarten zu stören. Ab der Brücke über die Rechtach wird dann der Weg für ein kleines Stück etwas holprig und nass, bevor er wieder asphal-

Wanderroute von Weghaus zum Langen Köchelsee.

Extensivgrünland bei Weghaus (Fügsee im Vordergrund).

tiert ist. Von der nächsten Brücke (Fußgängerbrücke) über den Krebsbach hat man einen schönen Blick auf den Steinköchel, eines der wertvollsten Quellgebiete des Moores und den Bach mit seinen zahlreichen Libellen (vor allem Prachtlibellen). In diesem Bereich kann man mit Glück Wendehälse und auch Wachtelkönige hören. Im weiteren Wegverlauf passiert man die Brücke über die Ramsach. Von nun an durchquert man einen edellaubholz reichen Mischwald des Langen Köchels und den schwarzerlenreichen Auwald der Ramsach. In diesem Bereich lassen sich verschiedene Spechte (auch Kleinspechte) beobachten. Vom Köchelwald her ist der Gesang von Waldlaubsänger, Drosseln, Kleiber & Co. zu hören. Man folgt dem Hauptweg durch wilde Wälder, die kaum noch erahnen lassen, dass man sich auf dem ehemaligen Betriebsgelände des Hartsteinwerks Werdenfels befindet, das bis zum Jahr 2000 in Betrieb war. Nach dem Infoschild zum Gesteinsabbau folgt man dem asphaltierten Weg weitere 250 m (vorbei am Trafohäuschen, man beachte die Fledermausbretter) und biegt dann nach rechts auf einen Schotterweg ein. Dann hält man sich gleich wieder links. Der Weg steht oft teilweise unter Wasser. Dort leben sonst selten gewordene Gelbbauchunken und Bergmolche. Ringelnattern lassen sich dort hin und wieder bei der Jagd auf Amphibien beobachten. Schließlich kommt man zum Westende des Langen Köchelsees. Vom Ufer (Achtung: ungesichertes Steilufer) hat man einen schönen Blick über den See und die Felswand. Der See ist meist arm an Vögeln. Stockenten sind aber doch häufig anwesend, hin und wieder gehen auch Kormorane und Gänsesäger im Gewässer auf Jagd. Um Felsbrüter nicht unnötig zu stören, sollte man sich am See ruhig verhalten und sich nur kurz aufhalten. Da an dieser Stelle kein Rundweg möglich ist, geht man auf dem gleichen Weg wieder zurück zum Wanderparkplatz in Weghaus.

Beste Jahreszeit: (April)/Mai/Juni.

Rund um den Heumoosberg

Weglänge: ca. 7 km.

Start/Ziel: Wanderparkplatz am Weidmoos (47,652457 °N, 11,208229 °O) direkt an der B2 zwischen Ohlstadt und Murnau oder alternativ vor der Ortseinfahrt nach Ohlstadt an der Autobahnbrücke (47,628608 °N, 11,206386 °O).

Anforderungen: Mittellange Runde großteils auf trockenen Schotterwegen, ein kleines Stück ist oft matschig.

Einkehrmöglichkeiten: Keine.

Wegverlauf: Man parkt am Wanderparkplatz „Weidmoos" direkt an der B2. Schon vom Parkplatz aus kann man im Mai und Juni Wachtelkönige rufen hören. Auf dem Weg Richtung Moosbergsee breiten sich weitläufige Streuwiesen rechts und links des Feldwegs aus. Dort zeigen sich oft Wiesenpieper, Braunkehlchen und Bekassinen. Auch der Brachvogel, der zumindest bis 2019 in diesem Gebiet eines seiner letzten bekannten Reviere gehalten hat, kann dort mit Glück beobachtet werden. Zur Brutzeit ist der Zutritt ins Weidmoos nicht gestattet, um Störungen der seltenen Wiesenbrüter in ihrem Kerngebiet zu vermeiden. Alle Arten lassen sich jedoch bereits vom Hauptweg aus beobachten. Ein Spektiv ist hier von Vorteil.

Im weiteren Wegverlauf erreicht man ein künstlich angelegtes Feuchtbiotop an Stelle früherer Gesteinshalden links des Weges. Teichrohrsänger, Blässhühner und Wasserrallen brüten dort regelmäßig. Baumfalken jagen hier im Früh- und Hoch-

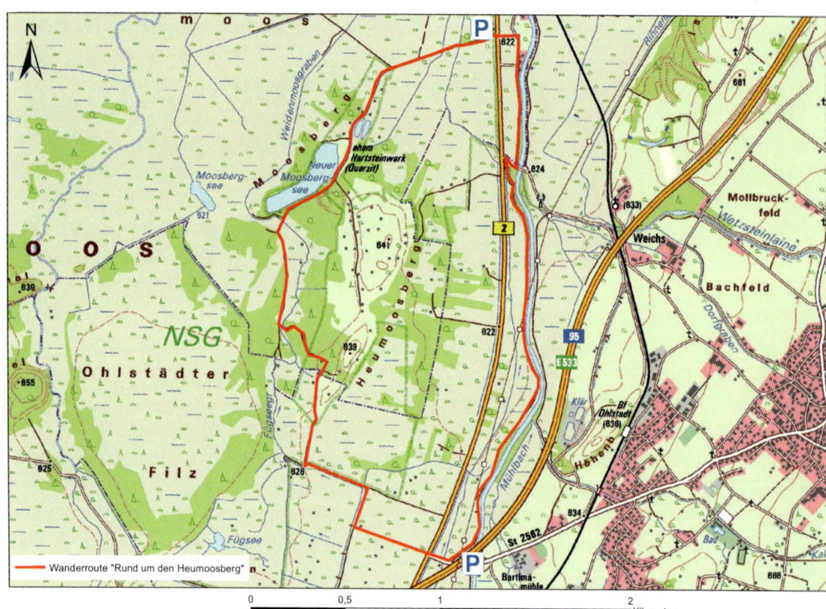

Wanderroute rund um den Heumoosberg.

sommer nach Libellen. Wenige Hundert Meter weiter kommt man am neuen Moosbergsee vorbei. Hier hat der Gesteinsabbau einen kompletten Berg beseitigt und einen Abbaurestsee geschaffen. Er wird vom Biber genutzt und ist vor allem im Winter ein interessantes Rastgewässer für Entenvögel (z. B. Spießente). Im Sommer kam es hier bereits zu Bruten von Haubentauchern und sogar ein Eisvogelpärchen hat hier schon gebrütet. Weiterhin führt der Weg durch jungen Wald, der nach dem Ende des Gesteinsabbaus entstanden ist, bevor man auf einer Lichtung den Bachwiesen entlang geht. Dort suchen verschiedene Drosselarten gerne nach Nahrung. Sobald man in den Wald kommt, biegt man nach links ab, überquert eine kleine Brücke und folgt einer zeitweise matschigen Wegstrecke durch einen monotonen Fichtenwald. Nach dieser ornithologischen Durststrecke führt der Weg an einem langgezogenen eiszeitlichen Schotterhügel entlang (Ausläufer des Heumoosbergs), auf dem es im Juni einen blütenreichen Trockenrasen zu bestaunen gibt. Es ist nicht verwunderlich,

Wiesenbrüterkerngebiet Weidmoos, Brachvogelgelege im Vordergrund rechts.

Für Vögel und sonstige Feuchtgebietsbewohner angelegter Biotop auf dem Gelände ehemaliger Gesteinshalden zwischen dem Wanderparkplatz am Weidmoos und neuem Moosbergsee.

dass ausgerechnet hier schon Wiedehopfe auf dem Durchzug rastend beobachtet worden sind. Am Ende des Hügels knickt der Weg nach Südwesten ab. Dort hat man einen guten Überblick über die sehr nassen Streu- und Fettwiesen des Fügseegebiets. Hier brüten diverse Wiesenbrüter wie Wiesenpieper, Feldlerche und Braunkehlchen. Große Brachvögel nutzen die Flächen hin und wieder zur Nahrungssuche. Der Weg führt jetzt durch Streu- und Heuwiesen zur B2, die man vorsichtig überquert (Achtung: Gefährliche Kreuzung!) bevor man wieder auf ruhigen Wegen an der Loisach entlanggehen kann. Auf dem Weg zum Startpunkt der Wanderung durchquert man einige Karmingimpelreviere. Sumpfrohrsänger sind in diesem Bereich häufig aus den niedrigen Ufergebüschen zu hören. Im Winter lassen sich im Weidmoos und im Bereich des Fügsees (Aussichtspunkt auf dem Heumoosberg) immer wieder Raubwürger und Kornweihen beobachten.

Beste Jahreszeit: Mai/Juni (Brutvögel), für Raubwürger: November bis Februar.

Weichs – Haarsee – Isenberg

Weglänge: ca. 4,5 km.

Start/Ziel: Parken an der Autobahnbrücke bei Weichs (47,643101 °N, 11,217965 °O) oder alternativ an der Weichser Brücke über die Loisach an der B2 zwischen Ohlstadt und Murnau (47,646567 °N, 11,209936 °O).

Anforderungen: Mittellange Runde großteils auf trockenen Schotterwegen.

Einkehrmöglichkeiten: Keine.

Wegverlauf: Vom Parkplatz an der Autobahnbrücke folgt man der Straße nach Norden die bald in einen Schotterweg übergeht. Die Weichser Kirche lässt man rechts liegen, bevor man in die Streuwiesenbereiche des Niedermooses gelangt. Die Streuwiesen linkerhand gehören zu den besten Gebieten um Braun- und Schwarzkehlchen zu beobachten, aber auch Große Brachvögel suchen hier immer wieder nach Nahrung. Entlang der Bahntrasse zeigen sich Neuntöter, Sumpfrohrsänger und Karmingimpel auf den Einzelbüschen. Im Winter liegt ein regelmäßig besetztes Revier des Raubwürgers zwischen Haarsee und der Bahnlinie. Am Haarsee selbst finden sich vor allem zur Zugzeit und im Winter immer wieder interessante Wasservögel ein (Nachweise z. B. von Eider-, Berg-, Pfeifente). Zwergtaucher, Höckerschwäne und Teichrohrsänger brüten dort im Frühjahr. Am Haarsee sollte man sich ruhig verhalten und nur kurze Zeit

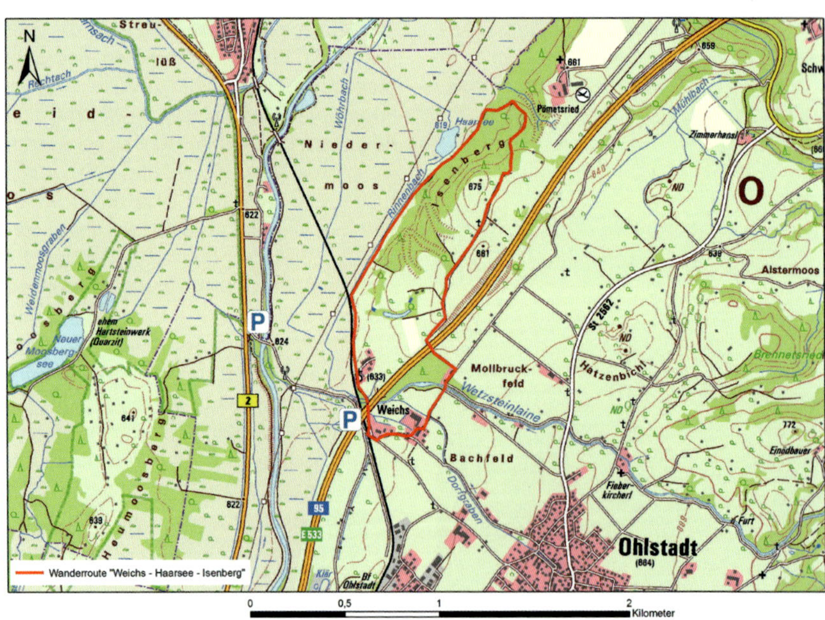

Wanderroute Weichs – Haarsee – Isenberg.

beobachten, um die Vögel an diesem kleinen Gewässer nicht unnötig zu stören.

Weibliche Plattbauchlibelle am Haarsee.

Wenige Meter nach dem Haarsee besteigt man den bewaldeten Isenberg, der uns vom Lärm der Autobahn abgeschirmt hat. Am Isenberg brüten Kolkraben in Baumhorsten. Schwarz- und Rotmilane segeln häufig über dem langgezogenen Hügel. Nun führt der Weg durch meist intensiv genutzte Wiesen und Weiden. Kurz vor Weichs durchquert man dann den interessanten Auwald der Wetzsteinlaine. Dort sollte man besonders auf Spechte achten. Im Ortsbereich von Weichs brüten häufig Stare und andere Kulturfolger (Feldsperling, Stieglitz & Co.). Die Runde endet wieder am Startpunkt der Wanderung.

Beste Jahreszeit: April bis Juni (Brutvögel), für Raubwürger: November bis Februar.

Höckerschwan-Nachwuchs am Haarsee 2018.

Lindenbach und Bohlenweg Langer Filz

Weglänge: ca. 8 km.

Start/Ziel: Wanderparkplatz an der Lindenbachbrücke zwischen Grafenaschau und Westried (47,657619 °N, 11,122852 °O), alternativ Bahnhof „Grafenaschau“ in Westried (47,666892 °N, 11,137794 °O).

Anforderungen: Mittellange, meist flache Wanderung auf Feld- und Forstwegen. Der Abschnitt am Langen Filz führt über einen Bohlenweg. Mit Kinderwagen oder Fahrrad sollte er über einen östlich liegenden Forstweg umgangen werden.

Einkehrmöglichkeiten: Café in Grafenaschau.

Wegverlauf: Vom Parkplatz an der Lindenbachbrücke folgt man dem Schotterweg in Richtung Naturschutzgebiet nach Südosten. Schon nach kurzer Zeit erreicht man einen Weiher linkerhand. Von einem kleinen Aussichtshügel am Nordrand hat man einen guten Überblick über das Gewässer und die künstlich angelegten Inseln, auf denen Stockenten, Kanadagänse und Blässhühner brüten. Der Weiher liegt an Stelle einer ehemaligen Mülldeponie, die in einer aufwändigen Sanierung abtransportiert wurde. Am Südufer gibt es eine große Biberburg. Im weiteren Verlauf folgt man dem Weg durch die Auwälder des Lindenbachs, der hier relativ frei seinen Lauf ändern darf. An den Altwässern suchen Grau- und Silberreiher immer wieder nach Nahrung. Im Auwald lassen sich mit Glück Klein- und Weißrückenspecht beobachten. In manchen Jahren zeigt sich dort auch der

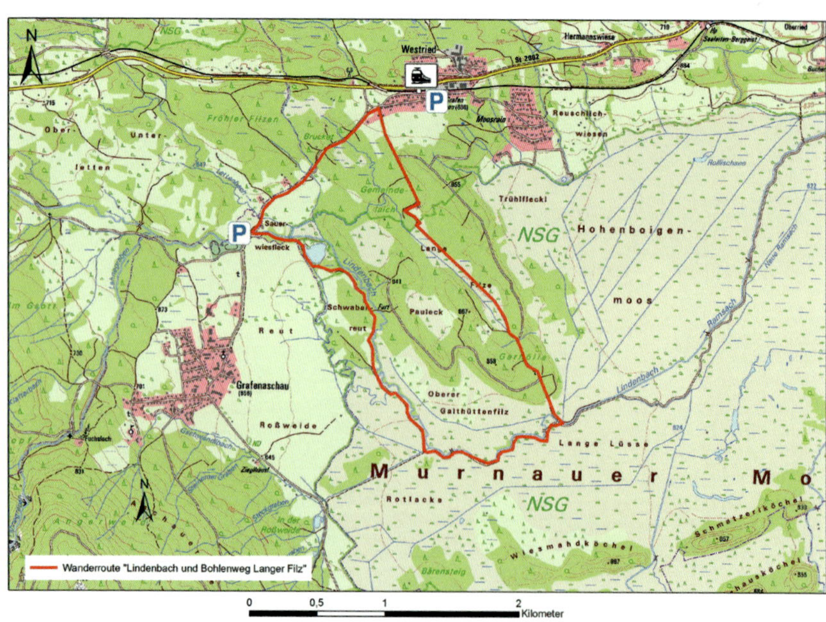

Wanderroute zum Lindenbach und über den Bohlenweg am Langen Filz.

Schlangenadler. Pirolbeobachtungen häufen sich in diesem Bereich. Auf Höhe des Oberen Galthüttenfilzes bieten sich weite Blicke über ausgedehnte Streuwiesen und bis hin zu den Köcheln im Süden. Hier stehen die Chancen gut, zur Brutzeit Braun- und Schwarzkehlchen, Bekassine und Wachtelkönig zu beobachten. In den gebüschreicheren Bereichen halten sich im Winter gerne Raubwürger auf. An der ersten größeren Brücke über den Lindenbach knickt der Weg dann nach Norden ab und führt uns zunächst durch relativ monotone Fichtenwirtschaftswälder bevor sich der Weg gabelt und der linke Weg direkt zum Bohlenweg durch das Hochmoor am Langen Filz führt.

Moosbeeren am Bohlenweg. Sie gelten als Leibspeise der Kraniche, daher der englische Name „Cranberry".

Trotz Wiedervernässungsmaßnahmen verbuscht der Lange Filz immer wieder stark, sodass hier am ehesten Baumpieper, Weidenmeise und Fitis angetroffen werden, neben den sonst heimischen Waldarten. Im Bereich des Langen Filzes kam es schon zu Bruten des Tannenhähers. Nun folgt man erneut dem Forstweg hinauf nach Westried und dann der Nebenstraße Richtung Grafenaschau und zurück zum Ausgangspunkt der Wanderung an der Lindenbachbrücke.

Beste Jahreszeit: Mai/Juni (Brutvögel), für Raubwürger: November bis Februar, für Spechte: Februar bis April.

Bohlenweg durch den Langen Filz.

Ausblick

Das Murnauer Moos liegt uns als Prachtstück der heimischen Natur, als Perle am Alpenrand, am Herzen. Wir hoffen, dass sich weiterhin viele Menschen für den Schutz des Gebietes mit seiner herausragenden Artenvielfalt im Moos einsetzen.

Einen kleinen Beitrag können Sie leisten, indem Sie Ihre Vogelbeobachtungen aus dem Moos in www.ornitho.de eintragen oder an die Biologische Station Murnauer Moos melden (www.murnauermoos.de). Dadurch verbessert sich das Wissen über die Vogelbestände und ihre Entwicklung. Alle Daten tragen dazu bei, die Wichtigkeit des Gebietes für die Vogelwelt und ihre Lebensräume zu unterstreichen. Auch in der Zukunft wird es neue Ein- und Angriffe auf das Murnauer Moos geben. Eine gute Datenlage unterstützt die Argumente für die Erhaltung und die Förderung der Lebensräume. Wer weiß, vielleicht ist in der Zukunft eine Neuauflage dieses Buchs möglich, in der wir viele neue, hoffentlich positive Entwicklungen der Vogelbestände in unserem Murnauer Moos vorstellen können.

Quelltopf bei Eschenlohe.

Vogelarten im Murnauer Moos

Status: B – regelmäßiger Brutvogel, b – unregelmäßiger Brutvogel, B + – als Brutvogel ausgestorben, G – regelmäßiger Gast, g – unregelmäßiger Gast (Stand: 31.12.2018).

Deutscher Name	Wissenschaftlicher Name	Status	Brutpaare	Letzte Beobachtung
Höckerschwan	*Cygnus olor*	B/G	2-3	jährlich
Singschwan	*Cygnus cygnus*	g	-	2002
Saatgans	*Anser fabalis*	g	-	1987
Graugans	*Anser anser*	g	-	2018
Blässgans	*Anser albifrons*	g	-	1996
Kanadagans	*Branta canadensis*	b/g	1	jährlich
Rostgans	*Tadorna ferruginea*	g	-	2018
Mandarinente	*Aix galericulata*	g	-	1999
Stockente	*Anas platyrhynchos*	B/G	unbekannt	jährlich
Schnatterente	*Mareca strepera*	G	-	2018
Spießente	*Anas acuta*	g	-	2018
Pfeifente	*Mareca penelope*	g	-	2018
Krickente	*Anas crecca*	B/G	4	jährlich
Knäkente	*Spatula querquedula*	b/g	0(-1)	2018
Löffelente	*Spatula clypeata*	g	-	2018
Tafelente	*Aythya ferina*	G	-	jährlich
Kolbenente	*Netta rufina*	g	-	2000
Reiherente	*Aythya fuligula*	B/G	5-10	jährlich
Bergente	*Aythya marila*	g	-	1995
Eiderente	*Somateria mollissima*	g	-	1989
Schellente	*Bucephala clangula*	g	-	2005
Zwergsäger	*Mergellus albellus*	g	-	1983
Gänsesäger	*Mergus merganser*	b/G	0(-1)	jährlich
Auerhuhn	*Tetrao urogallus*	g	-	2016
Birkhuhn	*Lyrurus tetrix*	B +	-	2005
Wachtel	*Coturnix coturnix*	B/G	2-10	jährlich
Jagdfasan	*Phasianus colchicus*	g	-	2002
Zwergtaucher	*Tachybaptus ruficollis*	B/G	unbekannt	jährlich
Haubentaucher	*Podiceps cristatus*	b/g	0-1	zuletzt jährlich
Rothalstaucher	*Podiceps grisegena*	g	-	1994
Sterntaucher	*Gavia stellata*	g	-	1993
Prachttaucher	*Gavia arctica*	g	-	1985
Kormoran	*Phalacrocorax carbo*	G	-	jährlich
Rohrdommel	*Botaurus stellaris*	b/g	0-1	zuletzt jährlich
Zwergdommel	*Ixobrychus minutus*	b/g	0-1	2016
Nachtreiher	*Nycticorax nycticorax*	g	-	2010
Seidenreiher	*Egretta garzetta*	g	-	2008
Silberreiher	*Ardea alba*	G	-	jährlich

Deutscher Name	Wissenschaftlicher Name	Status	Brutpaare	Letzte Beobachtung
Graureiher	*Ardea cinerea*	B/G	10-20	jährlich
Purpurreiher	*Ardea purpurea*	g	-	2015
Weißstorch	*Ciconia ciconia*	b/G	-	zuletzt jährlich
Schwarzstorch	*Ciconia nigra*	G	-	jährlich
Fischadler	*Pandion haliaetus*	G	-	fast jährlich
Wespenbussard	*Pernis apivorus*	B/G	1-2	jährlich
Schlangenadler	*Circaetus gallicus*	g	-	fast jährlich
Gänsegeier	*Gyps fulvus*	g	-	2008
Schreiadler	*Clanga pomarina*	g	-	1987
Zwergadler	*Hieraaetus pennatus*	g	-	2013
Steinadler	*Aquila chrysaetos*	g	-	fast jährlich
Habichtsadler	*Aquila fasciata*	g	-	1976
Rohrweihe	*Circus aeruginosus*	b/G	1-2	jährlich
Kornweihe	*Circus cyaneus*	G	-	jährlich
Wiesenweihe	*Circus pygargus*	G	-	zuletzt jährlich
Steppenweihe	*Circus macrourus*	g	-	2016
Sperber	*Accipiter nisus*	B/G	unbekannt	jährlich
Habicht	*Accipiter gentilis*	B/G	unbekannt	jährlich
Rotmilan	*Milvus milvus*	B/G	3-5	jährlich
Schwarzmilan	*Milvus migrans*	B/G	3-5	jährlich
Adlerbussard	*Buteo rufinus*	g	-	2011
Mäusebussard	*Buteo buteo*	B/G	unbekannt	jährlich
Raufußbussard	*Buteo lagopus*	g	-	1996
Turmfalke	*Falco tinnunculus*	B/G	unbekannt	jährlich
Rotfußfalke	*Falco vespertinus*	G	-	fast jährlich
Baumfalke	*Falco subbuteo*	B/G	unbekannt	jährlich
Wanderfalke	*Falco peregrinus*	G	-	jährlich
Merlin	*Falco columbarius*	g	-	2018
Würgfalke	*Falco cherrug*	g	-	1992
Kranich	*Grus grus*	b+/g	0-1	zuletzt jährlich
Wasserralle	*Rallus aquaticus*	B/G	71-105	jährlich
Wachtelkönig	*Crex crex*	B/G	10-50	jährlich
Tüpfelsumpfhuhn	*Porzana porzana*	B/G	2-60	fast jährlich
Zwergsumpfhuhn	*Porzana pusilla*	b?	0-1	2016
Kleines Sumpfhuhn	*Porzana parva*	g	-	2004
Teichhuhn	*Gallinula chloropus*	B/G	1-5	jährlich
Blässhuhn	*Fulica atra*	B/G	5-10	jährlich
Stelzenläufer	*Himantopus himantopus*	g	-	1985
Goldregenpfeifer	*Pluvialis apricaria*	g	-	2008
Kiebitzregenpfeifer	*Pluvialis squatarola*	g	-	1999
Kiebitz	*Vanellus vanellus*	B +/G	-	2018
Sandregenpfeifer	*Charadrius hiaticula*	g	-	1999
Flussregenpfeifer	*Charadrius dubius*	b/g	0-1	2015

Deutscher Name	Wissenschaftlicher Name	Status	Brutpaare	Letzte Beobachtung
Großer Brachvogel	*Numenius arquata*	B/G	1-2	jährlich
Regenbrachvogel	*Numenius phaeopus*	g	-	2014
Uferschnepfe	*Limosa limosa*	g	-	2006
Waldschnepfe	*Scolopax rusticola*	B/G	unbekannt	jährlich
Bekassine	*Gallinago gallinago*	B/G	46-49	jährlich
Zwergschnepfe	*Lymnocryptes minimus*	g	-	2018
Flussuferläufer	*Acitis hypoleucos*	b/G	0-1	fast jährlich
Rotschenkel	*Tringa totanus*	B +/G	-	1999
Dunkler Wasserläufer	*Tringa erythropus*	g	-	2016
Grünschenkel	*Tringa nebularia*	G	-	2015
Waldwasserläufer	*Tringa ochropus*	G	-	jährlich
Bruchwasserläufer	*Tringa glareola*	G	-	2016
Kampfläufer	*Calidris pugnax*	g	-	2010
Zwergstrandläufer	*Calidris minuta*	g	-	1998
Temminckstrand-läufer	*Calidris temminckii*	g	-	1999
Alpenstrandläufer	*Calidris alpina*	g	-	2013
Zwergmöwe	*Hydrocoloeus minutus*	g	-	2012
Lachmöwe	*Chroicocephalus ridibundus*	b+/G	-	fast jährlich
Sturmmöwe	*Larus canus*	g	-	2012
Silbermöwe	*Larus argentatus*	g	-	2007
Mittelmeermöwe	*Larus michahellis*	g	-	2017
Steppenmöwe	*Larus cachinnans*	g	-	2006
Heringsmöwe	*Larus fuscus*	g	-	2006
Raubseeschwalbe	*Hydroprogne caspia*	g	-	1993
Trauerseeschwalbe	*Chlidonias niger*	g	-	2013
Straßentaube	*Columba livia-domestica*	b/g	unbekannt	jährlich
Hohltaube	*Columba oenas*	B/G	2-5	jährlich
Ringeltaube	*Columba palumbus*	B/G	unbekannt	jährlich
Türkentaube	*Streptopelia decaocto*	B/G	unbekannt	jährlich
Turteltaube	*Streptopelia turtur*	g	-	fast jährlich
Kuckuck	*Cuculus canorus*	B/G	< 50	jährlich
Schleiereule	*Tyto alba*	g	-	2016
Raufußkauz	*Aegolius funereus*	b/g	0-1	2017
Sperlingskauz	*Glaucidium passerinum*	b/g	0-1	2014
Zwergohreule	*Otus scops*	g	-	2013
Sumpfohreule	*Asio flammeus*	g	-	1980
Waldohreule	*Asio otus*	B/G	2-8	jährlich
Uhu	*Bubo bubo*	B/G	3	jährlich
Waldkauz	*Strix aluco*	B/G	unbekannt	jährlich
Ziegenmelker	*Caprimulgus europaeus*	g	-	1994
Mauersegler	*Apus apus*	B/G	unbekannt	jährlich
Alpensegler	*Apus melba*	g	-	2007

Deutscher Name	Wissenschaftlicher Name	Status	Brutpaare	Letzte Beobachtung
Blauracke	*Coracias garrulus*	g	-	2015
Eisvogel	*Alcedo atthis*	b/G	0-1	jährlich
Bienenfresser	*Merops apiaster*	g	-	zuletzt jährlich
Wiedehopf	*Upupa epops*	g	-	fast jährlich
Wendehals	*Jynx torquilla*	B/G	5-10	jährlich
Grauspecht	*Picus canus*	B/G	unbekannt	jährlich
Grünspecht	*Picus viridis*	B/G	unbekannt	jährlich
Schwarzspecht	*Dryocopus martius*	B/G	unbekannt	jährlich
Buntspecht	*Dendrocopos major*	B/G	unbekannt	jährlich
Mittelspecht	*Dendrocoptes medius*	g	-	2017
Weißrückenspecht	*Dendrocopos leucotos*	B/G	unbekannt	jährlich
Kleinspecht	*Dryobates minor*	B/G	unbekannt	jährlich
Dreizehenspecht	*Picoides tridactylus*	g	-	2008
Pirol	*Oriolus oriolus*	b/g	0-1	zuletzt jährlich
Rotkopfwürger	*Lanius senator*	g	-	2016
Raubwürger	*Lanius excubitor*	B +/G	-	jährlich
Neuntöter	*Lanius collurio*	B/G	75-107	jährlich
Alpendohle	*Pyrrhocorax graculus*	g	-	1999
Elster	*Pica pica*	B/G	unbekannt	jährlich
Eichelhäher	*Garrulus glandarius*	B/G	unbekannt	jährlich
Tannenhäher	*Nucifraga caryocatactes*	b/G	0-1	jährlich
Dohle	*Corvus monedula*	b/G	unbekannt	jährlich
Saatkrähe	*Corvus frugilegus*	g	-	2017
Rabenkrähe	*Corvus corone* ssp. *corone*	B/G	unbekannt	jährlich
Nebelkrähe	*Corvus corone* ssp. *cornix*	g	-	2018
Kolkrabe	*Corvus corax*	B/G	unbekannt	jährlich
Beutelmeise	*Remiz pendulinus*	b/g	0-1	fast jährlich
Blaumeise	*Cyanistes caeruleus*	B/G	unbekannt	jährlich
Kohlmeise	*Parus major*	B/G	unbekannt	jährlich
Haubenmeise	*Lophophanes cristatus*	B/G	unbekannt	jährlich
Tannenmeise	*Periparus ater*	B/G	unbekannt	jährlich
Weidenmeise	*Poecile montanus*	B/G	unbekannt	jährlich
Sumpfmeise	*Poecile palustris*	B/G	unbekannt	jährlich
Kurzzehenlerche	*Calandrella brachydactyla*	g	-	2016
Heidelerche	*Lullula arborea*	g	-	2018
Feldlerche	*Alauda arvensis*	B/G	16	jährlich
Uferschwalbe	*Riparia riparia*	g	-	2010
Felsenschwalbe	*Hirundo rupestris*	g	-	2017
Rauchschwalbe	*Hirundo rustica*	B/G	unbekannt	jährlich
Mehlschwalbe	*Delichon urbicum*	B/G	unbekannt	jährlich
Bartmeise	*Panurus biarmicus*	g	-	2008
Schwanzmeise	*Aegithalos caudatus*	B/G	unbekannt	jährlich
Waldlaubsänger	*Phylloscopus sibilatrix*	B/G	unbekannt	jährlich

Deutscher Name	Wissenschaftlicher Name	Status	Brutpaare	Letzte Beobachtung
Berglaubsänger	*Phylloscopus bonelli*	B/G	unbekannt	jährlich
Zilpzalp	*Phylloscopus collybita*	B/G	unbekannt	jährlich
Fitis	*Phylloscopus trochilus*	B/G	unbekannt	jährlich
Gelbbrauen-Laubsänger	*Phylloscopus inornatus*	g	-	2016
Feldschwirl	*Locustella naevia*	B/G	98-146	jährlich
Schlagschwirl	*Locustella fluviatilis*	g	-	2018
Rohrschwirl	*Locustella luscinioides*	B/G	14-18	jährlich
Schilfrohrsänger	*Acrocephalus schoenobaenus*	B/G	29-34	jährlich
Seggenrohrsänger	*Acrocephalus paludicola*	g	-	2016
Sumpfrohrsänger	*Acrocephalus palustris*	B/G	170	jährlich
Teichrohrsänger	*Acrocephalus scirpaceus*	B/G	48-114	jährlich
Drosselrohrsänger	*Acrocephalus arundinaceus*	B +/g	-	fast jährlich
Gelbspötter	*Hippolais icterina*	B/G	5	jährlich
Mönchsgrasmücke	*Sylvia atricapilla*	B/G	>200	jährlich
Gartengrasmücke	*Sylvia borin*	B/G	70-100	jährlich
Klappergrasmücke	*Sylvia curruca*	B/G	2-14	jährlich
Dorngrasmücke	*Sylvia communis*	B/G	0-3	jährlich
Weißbart-Grasmücke	*Sylvia cantillans*	g	-	2010
Wintergold-hähnchen	*Regulus regulus*	B/G	unbekannt	jährlich
Sommergold-hähnchen	*Regulus ignicapilla*	B/G	unbekannt	jährlich
Seidenschwanz	*Bombycilla garrulus*	g	-	2017
Mauerläufer	*Tichodroma muraria*	g	-	2005
Kleiber	*Sitta europaea*	B/G	unbekannt	jährlich
Waldbaumläufer	*Certhia familiaris*	B/G	unbekannt	jährlich
Gartenbaumläufer	*Certhia brachydactyla*	B/G	unbekannt	jährlich
Zaunkönig	*Troglodytes troglodytes*	B/G	unbekannt	jährlich
Star	*Sturnus vulgaris*	B/G	unbekannt	jährlich
Wasseramsel	*Cinclus cinclus*	B/G	unbekannt	jährlich
Singdrossel	*Turdus philomelos*	B/G	unbekannt	jährlich
Misteldrossel	*Turdus viscivorus*	B/G	unbekannt	jährlich
Rotdrossel	*Turdus iliacus*	G	-	fast jährlich
Wacholderdrossel	*Turdus pilaris*	B/G	unbekannt	jährlich
Amsel	*Turdus merula*	B/G	unbekannt	jährlich
Ringdrossel	*Turdus torquatus*	G	-	fast jährlich
Grauschnäpper	*Muscicapa striata*	B/G	unbekannt	jährlich
Zwergschnäpper	*Ficedula parva*	b/g	0-1	2016
Trauerschnäpper	*Ficedula hypoleuca*	B/G	unbekannt	jährlich
Braunkehlchen	*Saxicola rubetra*	B/G	75-95	jährlich
Schwarzkehlchen	*Saxicola torquatus*	B/G	212-236	jährlich
Rotkehlchen	*Erithacus rubecula*	B/G	unbekannt	jährlich

Deutscher Name	Wissenschaftlicher Name	Status	Brutpaare	Letzte Beobachtung
Nachtigall	*Luscinia megarhynchos*	g	-	2017
Sprosser	*Luscinia luscinia*	g	-	2017
Blaukehlchen	*Luscinia svecica*	B/G	14-21	jährlich
Hausrotschwanz	*Phoenicurus ochruros*	B/G	unbekannt	jährlich
Gartenrotschwanz	*Phoenicurus phoenicurus*	B/G	1	jährlich
Steinschmätzer	*Oenanthe oenanthe*	G	-	jährlich
Alpenbraunelle	*Prunella collaris*	g	-	2003
Heckenbraunelle	*Prunella modularis*	B/G	unbekannt	jährlich
Haussperling	*Passer domesticus*	B/G	unbekannt	jährlich
Feldsperling	*Passer montanus*	B/G	5-10	jährlich
Brachpieper	*Anthus campestris*	g	-	2016
Bergpieper	*Anthus spinoletta*	G	-	jährlich
Wiesenpieper	*Anthus pratensis*	B/G	114-132	jährlich
Baumpieper	*Anthus trivialis*	B/G	>300	jährlich
Rotkehlpieper	*Anthus cervinus*	g	-	2018
Spornpieper	*Anthus richardi*	g	-	2000
Bachstelze	*Motacilla alba*	B/G	unbekannt	jährlich
Wiesenschafstelze	*Motacilla flava* ssp. *flava*	b/G	0-1	jährlich
Aschkopfschafstelze	*Motacilla flava* ssp. *cinereocapilla*	g	-	2016
Thunbergschafstelze	*Motacilla flava* ssp. *thunbergi*	g	-	2016
Gebirgsstelze	*Motacilla cinerea*	B/G	unbekannt	jährlich
Buchfink	*Fringilla coelebs*	B/G	unbekannt	jährlich
Bergfink	*Fringilla montifringilla*	G	-	jährlich
Kernbeißer	*Coccothraustes coccothraustes*	b/G	unbekannt	jährlich
Gimpel	*Pyrrhula pyrrhula*	B/G	unbekannt	jährlich
Karmingimpel	*Carpodacus erythrinus*	B/G	22-25	jährlich
Girlitz	*Serinus serinus*	B/G	unbekannt	jährlich
Fichtenkreuzschnabel	*Loxia curvirostra*	B/G	unbekannt	jährlich
Stieglitz	*Carduelis carduelis*	B/G	unbekannt	jährlich
Grünfink	*Carduelis chloris*	B/G	unbekannt	jährlich
Zitronenzeisig	*Carduelis citrinella*	g	-	2004
Erlenzeisig	*Spinus spinus*	B/G	unbekannt	jährlich
Bluthänfling	*Carduelis cannabina*	B/G	2-5	jährlich
Alpenbirkenzeisig	*Acanthis cabaret*	B/G	8-11	jährlich
Rohrammer	*Emberiza schoeniclus*	B/G	>300	jährlich
Ortolan	*Emberiza hortulana*	g	-	2018
Goldammer	*Emberiza citrinella*	B/G	51-79	jährlich
Grauammer	*Miliaria calandra*	b +/g	-	2016
Zippammer	*Emberiza cia*	g	-	2008
Spornammer	*Calcarius lapponicus*	g	-	2002

Literatur

BAUER H.-G., E. BEZZEL, W. FIEDLER (2005): Das Kompendium der Vögel Mitteleuropas. Drei Bände. Aula-Verlag, Wiebelsheim.

BAUER K. (2010): Persönliche Erinnerungen an Dr. Ingeborg Haeckel. Eigenverlag. 158 S.

BASTIAN H.-V., J. FEULNER (2015): Living on the edge of extinction in Europe. Proceedings of the 1st European Whinchat Symposium. Helmbrechts.

BASTIAN H.-V., A. BASTIAN (2016): Lichtblick in unserer bedrohten Vogelwelt – Bienenfresser nach wie vor im Aufwind. Der Falke 63 (6): 28-33.

BERTHOLD P. (1973): Über den starken Rückgang der Dorngrasmücke *Sylvia communis* und anderer Singvogelarten im westlichen Europa. Journal of Ornithology 114: 348-360.

BEZZEL E. (1989): Die Vogelwelt des Murnauer Mooses: Erfolgskontrolle der Ausweisung eines Naturschutzgebietes. Schriftenreihe des Bayerischen Landesamtes für Umweltschutz 95: 61-78.

BEZZEL E. (2015): Bilanz. Vögel in einer Urlaubs- und Gesundheitsregion am Nordrand der Alpen. Ornithologischer Anzeiger 53: 121-180.

BEZZEL E., F. LECHNER (1976): Vogelbiotope Bayerns. Dokumentation Nr. 7. Murnauer Moos (Kreis Garmisch-Partenkirchen). Landesbund für Vogelschutz e.V. 24 S.

BEZZEL E., F. LECHNER (1978): Die Vögel des Werdenfelser Landes. Kilda-Verlag, Greven. 243 S.

BEZZEL E., F. LECHNER, H. SCHÖPF (1983): Das Murnauer Moos und seine Vogelwelt. In: Verein zum Schutz der Bergwelt: Jahrbuch 1983. S. 71-113.

BEZZEL E., H.-J. FÜNFSTÜCK (1987): Verbreitung der Phänotypen der Schafstelze (*Motacilla flava*) am bayerischen Alpenrand. Garmischer Vogelkundliche Berichte 16: 22-28.

BEZZEL E., I. GEIERSBERGER, G. V. LOSSOW, R. PFEIFER (2005): Brutvögel in Bayern. Verbreitung 1996 bis 1999. Stuttgart: Verlag Eugen Ulmer. 555 S.

BERGMANN, H.-H. (2016): Neue Vogelart im Süden Europas: Ligurien-Bartgrasmücke. Der Falke 63 (6): 12-16.

BIRDLIFE INTERNATIONAL (2017): IUCN Red List for birds. Online: http://www.birdlife.org [7.8.2017].

DIERSCHKE V., S. KOBRO, J. DIERSCHKE, O. HÜPPOP (2010): Das Vorkommen des Gimpels *Pyrrhula pyrrhula* auf Helgoland in Abhängigkeit vom Beerenangebot der Eberesche *Sorbus aucuparia* in Skandinavien. Die Vogelwelt 131: 59-64.

DINGLER M. (1941): Das Murnauer Moos. Eine kurzgefasste Darstellung. Buchdruckerei und Verlagsanstalt Carl Gerber, München. 77 S.

DINGLER M. (1960): Das Murnauer Moos – gestern, heute, morgen. Ein Ruf an das öffentliche Gewissen. Jahrbuch des Vereins zum Schutz der Bergwelt 25: 28-37.

DWD – Deutscher Wetterdienst (2018): Climate Data Center (CDC). Online: www.dwd.de/cdc [28.2.2018].

EINSELE A. M. (1861-1869): Tagebuch meiner Exkursionen um Murnau. Handschriftliches Manuskript, 205 S. Kopie im LRA Garmisch-Partenkirchen.

FEIGE K. D., M. MÜLLER (2012): Erster Brutnachweis des Silberreihers *Casmerodius albus* in Deutschland. Ornithol. Rundbr. Mecklenburg-Vorpommern 47: 258–264.

FELDMANN L. (2002): Erd- und Landschaftsgeschichte. In: HRUSCHKA M. (Hrsg.): Markt Murnau am Staffelsee. Beiträge zur Geschichte. Band 1. Murnau. 528 S.

FLUGHAFEN MÜNCHEN GMBH (2016): Vogelwelt und Flugbetrieb. Online: https://www.munich-airport.de/_b/00000000000000000225354bb5816fdaf/vogelwelt.pdf [8.1.2018].

FLUHR-MEYER G. (2007): Dr. Ingeborg Haeckel (1903-1994). Kämpferin für das Murnauer Moos und Pionierin der Umweltbildung. Blätter zur bayerischen Naturschutzgeschichte. Bayerisches Staatsministerium für Umwelt und Gesundheit und Bayerische Akad. für Naturschutz und Landschaftspflege. 11 S.

FOX A. D., S. KOBRO, A. LEHIKOINEN, P. LYNGS, R. A. VÄISÄNEN (2009): Northern Bullfinch *Pyrrhula p. pyrrhula* irruptive behaviour linked to rowanberry *Sorbus aucuparia* abundance. Ornis Fennica 86: 51-60.

FRANZ D., G. GLÄTZER (2016): Erste Bruten des Purpurreihers *Ardea purpurea* in Oberfranken – mit einer Kurzbetrachtung des aktuellen Bestandes der Art in Bayern. Ornithologischer Anzeiger 55: 47-49.

GARBSCH J. (1984): Das Murnauer Moos in vor- und frühgeschichtlicher Zeit. Jahresbericht 1984. Historischer Verein Murnau am Staffelsee e.V. S.17-41.

GAUCKLER A., M. KRAUS, W. KRAUSS (1978): Die Schellente (*Bucephala clangula*) Brutvogel in Bayern. Anzeiger der Ornithologischen Gesellschaft in Bayern 17: 161-175.

GEDEON K., C. GRÜNEBERG, A. MITSCHKE, C. SUDFELDT, W. EIKHORST *et al.* (2014): Atlas Deutscher Brutvogelarten. Atlas of German Breeding Birds. Stiftung Vogelmonitoring Deutschland und Dachverband Deutscher Avifaunisten, Münster.

GEIERSBERGER I. (2002): Das Murnauer Moos. In: HRUSCHKA M. (Hrsg.): Markt Murnau am Staffelsee. Beiträge zur Geschichte. Band 1. Murnau. 528 S.

GEIERSBERGER I. (2005): Exceltabelle mit den Ergebnissen der Rasterkartierung der Brutvögel im Murnauer Moos 2005. Unveröff. Gutachten im Auftrag des Bayerischen Landesamts für Umwelt.

GEIERSBERGER I. (2012): Landschaftsveränderungen im Murnauer Moos und ihre Auswirkungen auf die Vogelwelt. Unveröff. Gutachten im Auftrag des bayerischen Landesamts für Umwelt. 74 S.

GRÜNEBERG C., H.-G. BAUER, H. HAUPT, O. HÜPPOP, T. RYSLAVY, P. SÜDBECK (2015): Rote Liste der Brutvögel Deutschlands, 5. Fassung. Berichte zum Vogelschutz 52.

GUGLER T. (2017): Entwicklung und Umsetzung eines Konzeptes für ein waldökologisches Monitoring in den Köchelwäldern im Murnauer Moos. Masterarbeit an der Technischen Universität München, Wissenschaftszentrum Weihenstephan für Ernährung, Landnutzung und Umwelt, Lehrstuhl für Wald- und Umweltpolitik.

GULLBERG A. (2017): Steppehauk – vår neste nye hekkeart? Vår fuglefauna 40: 121-127.

HAASS C., T. GUGGEMOOS, S. GREIF, M. RITSCHARD (2011): Eine Weißbart-Grasmücke *Sylvia cantillans* im Murnauer Moos. Otus 3: 14-21.

HALLMANN C. A., M. SORG, E. JONGEJANS, H. SIEPEL, N. HOFLAND, H. SCHWAN, W. STENMANS, A. MÜLLER, H. SUMSER, T. HÖRREN, D. GOULSON, H. DE KROON (2017): More than 75 percent decline over 27 years in total flying insect biomass in protected areas. PloS ONE 12 (10): e0185809.

HERRMANN P., M. STADLER (2013): Artenhilfsmaßnahmen für den Großen Brachvogel im Königsauer Moos 2012.

Unveröff. Gutachten im Auftrag des Landschaftspflegeverbands Dingolfing-Landau.

Hölzinger J. (2001): *Coracias garrulus* (Linnaeus, 1758) Blauracke. In: Hölzinger J., U. Mahler (Hrsg.): Die Vögel Baden-Württembergs. Band 2.3 Nicht-Singvögel 3. Verlag Eugen Ulmer, Stuttgart: 350-356.

Hruschka M. (2002): Murnau im Mittelalter und der frühen Neuzeit. In: Hruschka M. (Hrsg.): Markt Murnau am Staffelsee. Beiträge zur Geschichte. Band 1. Murnau. 528 S.

Huntley B., R.E. Green, Y.C. Collingham, S.G. Willis (2007): A climatic atlas of European breeding birds. Durham University, The RSPB and Lynx Edicions, Barcelona.

Klammet G. (1938): Die Vogelwelt des Eschenloher und Murnauer Mooses. Unveröff. Kurzbericht der Vogelschutzwarte Garmisch-Partenkirchen. 3 S.

Kleiner M. (2006): Digitale Darstellung der Nutzungsgeschichte des Murnauer Mooses im Rahmen des Monitorings zum Bundesförderprojekt Murnauer Moos/Staffelseemoore. Unveröff. Gutachten im Auftrag des Landkreises Garmisch-Partenkirchen.

König C., S. Stübing (2017): Bemerkenswerte Ereignisse in der Vogelwelt – Herbstzug 2014 bis Brutzeit 2015. In: Wahl J., R. Dröschmeister, C. König, T. Langgemach, C. Sudfeldt (2017): Vögel in Deutschland – Erfassung rastender Wasservögel. DDA, BfN, LAG VSW, Münster. S. 50-61.

Krätzel K., S. Tautz (2016): Erste Bruten von Steppenmöwen *Larus cachinnans* in Bayern. Otus 8: 38-43.

Krumenacker T. (2017): Insektensterben: Ausgesummt? – Studie beklagt dramatischen Insektenschwund in Deutschland. Der Falke 64 (12): 15-20.

Landesjagdverband Bayern (2018): Wildtiermonitoring Bayern, Band 4. S. 116-121.

LBV (2017): Aktuelles zur Wiesenweihe in Bayern. Online: https://www.lbv.de/naturschutz/artenschutz/voegel/wiesenweihe/aktuelles-zur-wiesenweihe-in-bayern/ [28.9.2017].

LBV (2018): Aktuelles aus dem Ortolanschutz in Bayern. Online: https://www.lbv.de/naturschutz/artenschutz/voegel/ortolan/aktuelles-zum-ortolan-in-bayern/ [24.1.2018].

LBV & LfU – Bayerisches Landesamt für Umwelt (2017): Weißstorch gerettet: 30 Jahre Schutz sichern den Bestand in Bayern. Erfolgreicher Abschluss des Artenhilfsprogramms. Gemeinsame Pressemitteilung 33/17.

Lehikoinen A., M. Green, M. Husby, J.A. Kålås, A. Lindström (2013): Common montane birds are declining in northern Europe. Journal of Avian Biology 44: 1-12.

LfU (2015): 35 Jahre Wiesenbrüterschutz in Bayern. Situation, Analyse, Bewertung, Perspektiven. LfU UmweltSpezial, Augsburg, 181 S.

LfU (2017a): Graureiher. Online: https://www.lfu.bayern.de/natur/vogelmonitoring/graureiher/index.htm [27.9.2017].

LfU (2017b): Illegale Verfolgung von Greifvögeln, Eulen und anderen Großvögeln. Online: https://www.lfu.bayern.de/natur/vogelschutzwarte/illegal/index.htm [28.9.2017].

LfU (2018a): UmweltAtlas Bayern - Geologie. Online: http://www.umweltatlas.bayern.de/mapapps/resources/apps/lfu_geologie_ftz/index.html?lang=de [13.2.2018].

LfU (2018b): Geotopkataster Bayern. Langer Köchel im Murnauer Moos. Geotop-Nummer: 180A004. Online: https://www.lfu.bayern.de/gdi/dokumente/geologie/geologieerleben/geotop_pdf/180a004.pdf [27.2.2018].

LfU (2018c): Monitoring von Vogelbeständen – Saatkrähe. Online: https://www.lfu.bayern.de/natur/monitoring_vogelbestand/saatkraehe/index.htm [29.3.2018].

Liebel H. T. (2015): 6. landesweite Wiesenbrüterkartierung in Bayern 2014/2015. Bestand, Trends und Ursachenanalyse. LfU UmweltSpezial. 126 S.

Liebel H. T., W. Goymann (2017): Improving Whinchat habitats in the Murnauer Moos, Germany. WhinCHAT 2: 49-55.

Lohmann M., B.-U. Rudolph (2016): Die Vögel des Chiemseegebietes. Ornithologische Gesellschaft in Bayern e.V., München. 536 S.

Luder R. (1986): Abnahme der durchschnittlichen Gelegegröße (1901-1977) beim Neuntöter in der Schweiz. Der Ornithologische Beobachter 83: 1-6.

NABU – Naturschutzbund Deutschland (2018): Tote Grünfinken durch Trichomonaden. Sommerhitze fördert Verbreitung des Erregers. Online: https://www.nabu.de/tiere-und-pflanzen/voegel/gefaehrdungen/krankheiten/11213.html [23.1.2018].

Nitsche G., B.-U. Rudolph (2002): Veränderungen der Brutvogelfauna in einem oberbayerischen Moorkomplex. Ornithologischer Anzeiger 41: 13-30.

Rödl T., B.-U. Rudolph, I. Geiersberger, K. Weixler, A. Görgen (2012): Atlas der Brutvögel in Bayern. Verbreitung 2005 bis 2009. Stuttgart: Verlag Eugen Ulmer. 256 S.

Rudolph B.-U., P. Nitsche (2008): Die Vogelwelt des Eggstätter Seengebietes – eine Bilanz nach 40 Jahren. Ornithologischer Anzeiger 47: 148-185.

Rudolph B.-U., J. Schwandner, H.-J. Fünfstück (2016): Rote Liste und Liste der Brutvögel Bayerns. Online: https://www.lfu.bayern.de/natur/rote_liste_tiere/2016/doc/voegel_infoblatt.pdf [07.08.2017].

Schäffer A. (2017): Systematisch jung und „vogelfrei?“: Mittelmeermöwe. Der Falke 64 (12): 28-31.

Schäffer N., S. Münch (1993): Untersuchungen zur Habitatwahl und Brutbiologie des Wachtelkönigs *Crex crex* im Murnauer Moos/Oberbayern. Die Vogelwelt 114 (2): 55-72.

Schöpf H., I. Geiersberger (1997): Pflege- und Entwicklungsplan Murnauer Moos, Moore westlich des Staffelsees und Umgebung. Fachbeitrag Avifauna – Schlussbericht. Unveröff. Gutachten im Auftrag des Landkreises Garmisch-Partenkirchen.

Stickroth H. (2018): Vogel des Jahres 2018: Der Star – Jahresvogel mit Attitüde. Der Falke 65 (1): 7-15.

Strohwasser P. (2018): Das Murnauer Moos. 2000 Jahre Nutzungsgeschichte und 100 Jahre Naturschutz im größten lebenden Moor des Alpenraumes. Allitera Verlag, München. 400 S.

Südbeck P., H. Andretzke, S. Fischer, K. Gedeon, T. Schikore, K. Schröder, C. Sudfeldt (Hrsg.) (2012): Methodenstandards zur Erfassung der Brutvögel Deutschlands. Radolfzell.

Sudfeldt C., Bairlein F., Dröschmeister R., König C., Langgemach T., Wahl J. (2013): Vögel in Deutschland. Hrsg. vom DDA, BfN und der LAG VSW, Münster.

Tryjanowski P., Kuzniak S., T. Sparks (2002): Earlier arrival of some farmland migrants in western Poland. Ibis 144: 62-68.

Wagner A., I. Wagner, B. Georgii (2000): Pflege und Entwicklungsplan Murnauer Moos, Moore westlich des Staffelsees und Umgebung. Unveröffentlichtes Gutachten im Auftrag des Landkreises Garmisch-Partenkirchen, Unterammergau und Ettal.

Wahl J., R. Dröschmeister, T. Langgemach, C. Sudfeldt (2011): Vögel in

Deutschland – 2011. DDA, BfN, LAG VSW, Münster.

WEISS I., H. WERTH, K. WEIXLER (2011): Erste Bruten und Status der Zippammer *Emberiza cia* im bayerischen Alpenraum. Otus 3: 34-45.

WEISS I. (2015a): Bestandserfassung ausgewählter Schilf- und Wiesenbrüter im Ammerseegebiet. Brutsaison 2015. Brutvogelmonitoring im Ramsargebiet. Unveröff. Gutachten im Auftrag der Regierung von Oberbayern.

WEISS I. (2015b): Bestandserfassung ausgewählter Wiesenbrüter in den Loisach-Kochelsee-Mooren. Brutsaison 2015. Unveröff. Gutachten im Auftrag des Bayerischen Landesamtes für Umwelt.

WEISS I. (2016): Monitoring und Artenhilfsmaßnahmen ausgewählter Wiesen- und Schilfbrüter im Murnauer Moos und den Loisachmooren. Brutsaison 2016. Unveröff. Gutachten im Auftrag des Landratsamtes Garmisch-Partenkirchen. 80 S.

WEIXLER K. (2006): Auftreten und Ausbreitungshistorie des Karmingimpels *Carpodacus erythrinus* in Bayern. Avifaunistik in Bayern 3: 56-72.

WEIXLER, K., H.-J. FÜNFSTÜCK & S. BIELE (2018): Seltene Brutvögel in Bayern 2016–2017, Otus 8: 60-116.

WINK U. (2008a): Brut der Zwergohreule *Otus scops* im Ammersee-Gebiet. Ornithologischer Anzeiger 47: 208-211.

WINK U. (2008b): Der Raubwürger *Lanius excubitor* als Wintergast im Ammersee-Gebiet: Langjährig besetzte Überwinterungsplätze von 2000 bis 2008. Ornithologischer Anzeiger 47: 186-197.

WINK U. (2016): Bestandsabnahmen beim Neuntöter *Lanius collurio* im Ammersee-Gebiet. Eine Langzeitstudie von 2002 bis 2016. Ornithologischer Anzeiger 55: 99-107.

WÜST W. (1976): Habichtsadler (*Hieraaetus fasciatus*) im Murnauer Moos, Obb. Anzeiger der ornithologischen Gesellschaft in Bayern 15: 216-217.

WÜST W. (1981, 1986): Avifauna Bavariae. Band 1 und 2. München.

Sachregister

Register der deutschen und wissenschaftlichen Vogelnamen

Fett gedruckte Zahlen geben die Hauptseite der jeweiligen Art an.

Register der englischen Vogelnamen

Danksagungen

Ohne die Datenbank „Avifauna Werdenfels“ und die Daten von www.ornitho.de wäre das Buch nicht möglich gewesen. Deswegen sollen die beiden Institutionen Bayerisches Landesamt für Umwelt (LfU), Staatliche Vogelschutzwarte Garmisch-Partenkirchen und der Deutsche Dachverband der Avifaunisten an erster Stelle mit einem großen Dank hervorgehoben werden.

Die Bayerische Ornithologische Gesellschaft e.V. hat wertvolle Daten aus dem Bayerischen Avifaunistischen Archiv beigesteuert.

Genauso wichtig sind die zahlreichen privaten Vogelbeobachterinnen und Vogelbeobachter, die ihre Daten an diese Institutionen weitergeben. Herzlichen Dank dafür.

Für konstruktive Kommentare und Anregungen zum Manuskript danken wir Peter Strohwasser, Thomas Guggemoos, Markus Faas, Richard Brummer und Prof. Dr. Hermann Liebel (Lektorat).

Thomas Guggemoos hat ehrenamtlich Verbreitungskarten ausgewählter Arten erstellt. Herzlichen Dank dafür.

Richard Brummer hat ehrenamtlich Piktogramme für das Buch erstellt. Herzlichen Dank dafür.

Wir danken weiterhin dem Landratsamt Garmisch-Partenkirchen und Waltraud Klammet für die freundliche Überlassung historischen Bildmaterials und der Vogelwarte Radolfzell für die Weitergabe gebietsbezogener Vogelberingungsdaten.

Wir danken Nils Agster, Christian Haass, Susanne Rieck, Beatrix Saadi-Varchmin und Ingo Weiß für die Bereitstellung von Tonaufnahmen aus dem Murnauer Moos und allen Fotografen, die ihr Bildmaterial zur Verfügung gestellt haben.

Ein Dank geht an Dr. Ludger Feldmann für die Überlassung seiner Zeichnungen zur Entstehungsgeschichte des Murnauer Mooses.

Die Arbeit wurde finanziell durch Frau Ruth Rosner, den Landkreis Garmisch-Partenkirchen und den Bayerischen Naturschutzfonds unterstützt.

Bildnachweis

Bodenbender, J. 10, 13 o
Daly, S. 280
Fünfstück, H.-J. 37 u, 38 u, 40 o, 44, 46, 47, 49, 51 o, 52 u, 53, 56, 57u, 59, 60 o, 61 o, 63, 64o, 65 o, 66 u, 69 o, 69 u, 71, 72, 74, 75, 76o, 77 u, 78, 79 o, 79 u, 81, 82, 83u, 84, 86, 89 o, 90, 95, 96, 101, 103 m, 103 o, 109, 112, 113 u, 114, 117, 118, 119 u, 122, 123 o, 123 u, 124 o, 124 u, 130u, 132, 136, 139, 140 o, 140 u, 141, 142, 145 u, 148, 149, 151, 153, 154, 157, 158 o, 161, 163 o, 167, 169, 170, 171, 172, 183, 184 u, 185, 186, 190, 191, 195 o, 197 o, 204, 205, 206, 209, 210, 211, 213 u, 216, 217, 219, 220, 224, 227, 228, 230, 231, 235 u, 241, 246, 248, 249, 250 u, 257, 258, 260o, 261, 264, 266, 268o, 269, 270, 271, 273, 275, 278, 279o, 289 u
Geigenberger, A. 39, 155, 158 u, 162, 163 u
Greif, S. 213 o
Hennigs, S. 99 o
Klammet, G. 29 li, 29 re, 31 o li, 31 o re, 31 u li, 31 u re, 125 u
Klammet, W. 16
Köhler, P. 184 o
Küblbeck, M. 115, 282
Landratsamt Garmisch-Partenkirchen 23 u, 24 o, 25 o, 76u, 283 o, 283 u, 285 o, 285 u, 287, 289 o
Langenberg, T. 197 u, 202 o, 239 o, 256 u
Liebel, H. 9, 13 u, 14 u, 17 li, 17 re, 18, 20 li, 20 re, 21 o, 21 u li, 21 u re, 22, 23 m, 24 u, 25 m, 25 u, 26 o, 26 u, 27 o, 27 u, 36, 37 o, 38 o, 40 u, 41 o, 41 u, 43, 45, 48, 49 u, 50 li, 50 re, 51 u, 52 o, 54 o, 54 u, 55, 57o, 58, 60 u, 61 u, 64u, 65 u, 66 o, 68, 83o, 89 u, 91, 92, 97, 98, 99 u, 103 u, 105, 106 o, 106 u, 107 o, 107 u, 108, 110 o, 110 u, 116, 119 o, 121, 125 o, 126, 127, 128, 130o, 131 o, 131 u, 133, 134, 135, 143, 147 o, 165, 168, 173, 174, 175, 176, 178, 179, 180, 181, 182, 187 o, 187 u, 188, 189, 192 o, 193, 195 u, 200, 202 u, 208, 214, 215, 218, 221, 222, 223, 225, 226, 229, 232, 235 o, 237, 242, 244, 245, 247, 250 o, 252 o, 252 u, 253, 254 u, 256 o li, 256 o re, 259, 260u, 265, 268u, 274, 276, 277, 279u, 281 o, 281 u, 291 o, 291 u, 293 o, 293 u, 305
Maier, F. 88
Moning, C. 192 u, 199 u
Mühlbauer, H. 129u
Pfützke, S. 199 o
Podszun, W. 150
Putze, M. 85
Römhild, M. 93, 94, 120, 138 o, 145 o
Rohde, C. 77 o
Schmaljohann, H. 254 o
Siedersbeck, E. 138 u
Thoma, M. 147 u, 238
Warnecke, F. 294
Wolf, H. 160, 239 u, 262
Weiß, I. 129o
Zach, P. 113 o
Zilker, G. 23 o

Die Autoren

Heiko Liebel ist promovierter Geoökologe. Das Murnauer Moos begeistert ihn seit seiner Anstellung als Koordinator des bayerischen „Artenhilfsprogramms Wiesenbrüter“ an der Staatlichen Vogelschutzwarte Garmisch-Partenkirchen. Seit 2016 arbeitet er am Landratsamt Garmisch-Partenkirchen als Gebietsbetreuer für das Murnauer Moos. Er engagiert sich im Natur- und Vogelschutz als Mitglied des Vorstands der Regionalgruppe Garmisch-Partenkirchen, Weilheim und Schongau des Landesbunds für Vogelschutz (LBV) und als Mitglied in der Ornithologischen Gesellschaft in Bayern und der Norwegischen Ornithologischen Gesellschaft.

Hans-Joachim Fünfstück ist seit 1981 Mitarbeiter am Institut für Vogelkunde, der jetzigen staatlichen Vogelschutzwarte (Bayerisches Landesamt für Umwelt). Er kennt das Murnauer Moos seit Jahrzehnten und hat selbst bei zahlreichen Kartierungen der Vogelwelt im Moos mitgearbeitet. Als ständiger Mitarbeiter ist er seit 1999 im Redaktionsteam der Zeitschrift „Der Falke“ tätig. Er engagiert sich im Natur- und Vogelschutz als Vorsitzender der Regionalgruppe Garmisch-Partenkirchen, Weilheim und Schongau und als Mitglied des Landesvorstandes des Landesbunds für Vogelschutz (LBV), als Mitglied des Beirats der Ornithologischen Gesellschaft in Bayern und als Mitglied der Deutschen Seltenheitenkommision.